高等教育系列教材

C#程序设计教程
第2版

崔 淼 贾红军 主编

机械工业出版社

本书以 Visual Studio 2015 为开发平台，采用"任务驱动"方式，全面细致地介绍了 Visual C#的基础知识、特点和具体应用，突出面向对象程序设计思想。本书主要包括 C#、.NET 和 Visual Studio 简介，C#语法基础，流程控制语句与控件，面向对象的程序设计方法，数组、结构与集合，接口、委托和事件，泛型，异常处理、程序调试和文件操作，数据库和数据绑定，创建数据库应用程序，使用 Microsoft Excel 输出报表，以及使用多线程等方面的内容。

本书可作为高等院校计算机专业 C#课程的教材，同时也可作为广大计算机爱好者和各类 Visual C#程序设计培训班的教学用书。

本书配有电子教案，需要的教师可登录www.cmpedu.com免费注册，审核通过后下载，或联系编辑索取（微信：15910938545，电话：010-88379739）。

图书在版编目（CIP）数据

C#程序设计教程 / 崔淼，贾红军主编. —2 版. —北京：机械工业出版社，2018.2（2022.8 重印）
高等教育系列教材
ISBN 978-7-111-59051-4

Ⅰ. ①C… Ⅱ. ①崔… ②贾… Ⅲ. ①C 语言—程序设计—高等学校—教材 Ⅳ. ①TP312.8

中国版本图书馆 CIP 数据核字（2018）第 018346 号

机械工业出版社（北京市百万庄大街 22 号　邮政编码 100037）
策划编辑：和庆娣　　责任编辑：和庆娣
责任校对：张艳霞　　责任印制：郜　敏

北京富资园科技发展有限公司印刷

2022 年 8 月第 2 版·第 6 次印刷
184mm×260mm・18.75 印张・456 千字
标准书号：ISBN 978-7-111-59051-4
定价：55.00 元

话服务	网络服务
客服电话：010-88361066	机 工 官 网：www.cmpbook.com
010-88379833	机 工 官 博：weibo.com/cmp1952
010-68326294	金 书 网：www.golden-book.com
封底无防伪标均为盗版	机工教育服务网：www.cmpedu.com

出 版 说 明

当前，我国正处在加快转变经济发展方式、推动产业转型升级的关键时期。为经济转型升级提供高层次人才，是高等院校最重要的历史使命和战略任务之一。高等教育要培养基础性、学术型人才，但更重要的是加大力度培养多规格、多样化的应用型、复合型人才。

为顺应高等教育迅猛发展的趋势，配合高等院校的教学改革，满足高质量高校教材的迫切需求，机械工业出版社邀请了全国多所高等院校的专家、一线教师及教务部门，通过充分的调研和讨论，针对相关课程的特点，总结教学中的实践经验，组织出版了这套"高等教育系列教材"。

本套教材具有以下特点：

1）符合高等院校各专业人才的培养目标及课程体系的设置，注重培养学生的应用能力，加大案例篇幅或实训内容，强调知识、能力与素质的综合训练。

2）针对多数学生的学习特点，采用通俗易懂的方法讲解知识，逻辑性强、层次分明、叙述准确而精炼、图文并茂，使学生可以快速掌握，学以致用。

3）凝结一线骨干教师的课程改革和教学研究成果，融合先进的教学理念，在教学内容和方法上做出创新。

4）为了体现建设"立体化"精品教材的宗旨，本套教材为主干课程配备了电子教案、学习与上机指导、习题解答、源代码或源程序、教学大纲、课程设计和毕业设计指导等资源。

5）注重教材的实用性、通用性，适合各类高等院校、高等职业学校及相关院校的教学，也可作为各类培训班教材和自学用书。

欢迎教育界的专家和老师提出宝贵的意见和建议。衷心感谢广大教育工作者和读者的支持与帮助！

机械工业出版社

前 言

Visual C#是微软公司 Visual Studio 开发平台中推出的完全面向对象的编程语言。利用这种面向对象的、可视化的编程技术，结合事件驱动的模块设计，将使程序设计变得轻松快捷。因此，Visual C#在国内外各个领域中得到了广泛应用。本书以 Visual Studio 2015 为开发平台，结合大量易于理解的实例，面向无编程基础的读者逐步学习 Visual C#程序设计的整个过程。在叙述上以深入浅出的语言并结合直观的图示、演练，使读者能够轻松地理解面向对象编程的基本概念与思想。

本书注重突出面向对象的程序设计思想，不仅在讲述内容上详细介绍了面向对象的相关概念及编程技巧，而且几乎在所有的演练和实训中都使用"任务驱动"的方式，强调使用面向对象的程序设计方法实现程序功能。强调程序功能由类及其属性、方法等实现，窗体中的控件仅组成用户操作界面（UI）的"松耦合"程序设计方式。

本书共分为 12 章，主要包括 C#、.NET 和 Visual Studio 简介，C#语法基础，流程控制语句与控件，面向对象的程序设计方法，接口、委托和事件，泛型，异常处理、程序调试和文件操作，数据库和数据绑定，创建数据库应用程序，使用 Microsoft Excel 输出报表，以及多线程等内容。

本书编者已在课堂上讲授程序设计语言多年，并参加过许多实际应用系统的开发，拥有丰富的教学经验和实践经验。在内容的处理上，以面向对象的程序设计作为主线，以相关的 C#控件作为辅助，通过本书的学习，读者不但能学会面向对象程序设计的基本知识、设计思想和方法，读者还能很容易地过渡到其他面向对象程序设计语言的学习与使用上。

本书由崔淼、贾红军主编，其中崔淼编写第 9、10 章，贾红军编写第 1、4 章，徐鹏编写 5、6 章，朱婷婷编写 2、3 章，赵晓华编写第 7 章，孙民瑞编写第 8 章，刘瑞新编写第 12 章，第 11 章及资料的收集整理、课件的制作由李建彬、刘大学、陈周、骆秋容、刘克纯、缪丽丽、刘大莲、彭守旺、庄建新、彭春芳、崔瑛瑛、翟丽娟、韩建敏、庄恒、徐维维、徐云林、马春锋、孙洪玲、田金雨完成。本书由刘瑞新教授策划并统稿。本书在编写过程中得到了许多一线教师的大力支持，提出了许多宝贵意见，使本书更加符合教学规律，在此一并表示感谢。

由于计算机信息技术发展迅速，书中难免存在不足和疏漏之处，恳请广大读者批评指正。

编　者

目 录

出版说明
前言
第1章 C#、.NET 和 Visual Studio 简介 1
1.1 .NET Framework 1
1.1.1 公共语言运行时（CLR） 1
1.1.2 .NET Framework 类库 2
1.1.3 C#项目与.NET Framework 的关系 2
1.2 Visual Studio 项目管理 3
1.2.1 新建和打开项目 3
1.2.2 集成开发环境中的主要子窗口 4
1.2.3 Visual Studio 的帮助系统 7
1.3 创建简单 Windows 应用程序 9
1.3.1 设计要求和设计方法分析 9
1.3.2 创建项目和设计界面 10
1.3.3 设置对象属性 10
1.3.4 编写代码和调试程序 11
1.4 实训 设计应用程序界面 12
1.4.1 实训目的 12
1.4.2 实训要求 12
1.4.3 实训步骤 13
第2章 C#语法基础 16
2.1 C#变量 16
2.1.1 变量的命名规范 16
2.1.2 声明变量 17
2.1.3 给变量赋值 17
2.1.4 变量的作用域 18
2.2 数据类型及类型转换 19
2.2.1 数值类型 19
2.2.2 字符类型 20
2.2.3 布尔类型和对象类型 20
2.2.4 数据类型转换 20
2.3 运算符与表达式 22
2.3.1 运算符与表达式类型 22
2.3.2 运算符的优先级与结合性 26

2.4 C#常用方法与属性 28
2.4.1 日期时间类常用方法与属性 28
2.4.2 常用数学方法与属性 28
2.4.3 常用字符串方法与属性 29
2.4.4 随机方法 29
2.5 实训 C#数据类型与常用方法 30
2.5.1 实训目的 30
2.5.2 实训要求 30
2.5.3 实训步骤 30
第3章 流程控制语句与控件 33
3.1 流程控制语句 33
3.1.1 选择结构 33
3.1.2 循环结构 40
3.2 常用控件 43
3.2.1 基本控件 43
3.2.2 选择类控件 44
3.2.3 图片框和图片列表框 49
3.2.4 焦点与〈Tab〉键顺序 50
3.3 使用控件类创建动态控件 51
3.3.1 控件类的实例化 51
3.3.2 控件对象的事件委托 51
3.3.3 使用动态控件 52
3.3.4 访问动态控件的属性 52
3.4 键盘鼠标事件 53
3.4.1 常用键盘事件 54
3.4.2 常用鼠标事件 58
3.5 实训 设计一个简单的商场收银台程序 60
3.5.1 实训目的 60
3.5.2 实训要求 60
3.5.3 实训步骤 61
第4章 面向对象的程序设计方法 64

V

4.1 面向对象程序设计的概念 …… 64	5.5.1 实训目的 …… 113
4.1.1 面向对象与传统编程方法的不同 …… 64	5.5.2 实训要求 …… 113
4.1.2 类和对象 …… 65	**第6章 接口、委托和事件** …… 115
4.1.3 类成员的基本概念 …… 67	6.1 接口 …… 115
4.2 创建自定义类 …… 67	6.1.1 接口的声明和实现 …… 115
4.2.1 创建类 …… 67	6.1.2 多接口继承 …… 118
4.2.2 类的方法与重载 …… 70	6.1.3 接口与抽象类的区别 …… 118
4.2.3 方法参数的传递方式 …… 71	6.2 委托 …… 119
4.2.4 构造函数与析构函数 …… 72	6.2.1 委托的声明 …… 119
4.2.5 类的静态成员 …… 74	6.2.2 委托的实例化和调用 …… 120
4.3 在应用程序中使用自定义类 …… 75	6.2.3 将多个方法关联到委托 …… 120
4.3.1 声明和访问类的对象 …… 75	6.3 事件 …… 122
4.3.2 向项目中添加类项和类库 …… 77	6.3.1 关于事件的几个概念 …… 122
4.3.3 引用第三方类库 …… 82	6.3.2 定义和使用事件 …… 123
4.4 类的继承 …… 83	6.3.3 事件的参数 …… 125
4.4.1 基类和派生类 …… 83	6.3.4 了解控件的预定义事件 …… 128
4.4.2 使用类关系图 …… 86	6.4 实训 接口、委托和事件的应用 …… 128
4.5 多态性 …… 87	6.4.1 实训目的 …… 128
4.5.1 虚方法 …… 87	6.4.2 实训要求 …… 129
4.5.2 抽象类与抽象方法 …… 89	6.4.3 实训步骤 …… 129
4.6 实训 类的继承应用 …… 90	**第7章 泛型** …… 135
4.6.1 实训目的 …… 90	7.1 泛型的概念 …… 135
4.6.2 实训要求 …… 91	7.1.1 泛型的特点 …… 135
4.6.3 实训步骤 …… 91	7.1.2 泛型类的声明和使用 …… 136
第5章 数组、结构与集合 …… 95	7.2 泛型集合 …… 138
5.1 数组 …… 95	7.2.1 List<T>泛型集合类 …… 138
5.1.1 声明和访问数组 …… 95	7.2.2 Dictionary<K,V>泛型集合类 …… 141
5.1.2 Array 类 …… 98	7.3 泛型方法和泛型接口 …… 148
5.2 控件数组 …… 99	7.3.1 泛型方法 …… 148
5.2.1 创建控件数组 …… 99	7.3.2 泛型接口 …… 148
5.2.2 使用控件数组 …… 99	7.3.3 自定义泛型接口 …… 151
5.3 结构和结构数组 …… 102	7.4 实训 泛型集合 List<T>应用 …… 151
5.3.1 结构 …… 102	7.4.1 实训目的 …… 151
5.3.2 结构与类的比较 …… 103	7.4.2 实训要求 …… 151
5.3.3 使用结构数组 …… 103	7.4.3 实训步骤 …… 152
5.4 集合类 …… 106	**第8章 异常处理、程序调试和文件操作** …… 157
5.4.1 ArrayList 集合 …… 106	8.1 异常处理 …… 157
5.4.2 HashTable 集合 …… 108	8.1.1 使用 try…catch…finally 语句捕获
5.5 实训 设计一个简单图书管理程序 …… 113	

　　　　和处理异常 ·················· 157
　8.1.2　抛出异常 ···················· 160
　8.1.3　用户自定义异常 ············ 161
8.2　应用程序调试 ······················ 161
　8.2.1　程序错误的分类 ············ 162
　8.2.2　常用调试窗口 ··············· 163
　8.2.3　程序断点和分步执行 ······ 164
8.3　文件操作类 ························ 165
　8.3.1　File 类 ······················· 165
　8.3.2　Directory 类 ················ 166
　8.3.3　DriveInfo 类 ················ 167
8.4　数据流 ······························ 167
　8.4.1　流的操作 ···················· 167
　8.4.2　文件流 ······················· 168
　8.4.3　文本文件的读写操作 ······ 170
8.5　实训　设计一个专家库管理
　　　程序 ····························· 173
　8.5.1　实训目的 ···················· 173
　8.5.2　实训要求 ···················· 174
　8.5.3　实训步骤 ···················· 175

第 9 章　数据库和数据绑定 ············ 182
9.1　使用数据库系统 ··················· 182
　9.1.1　创建 Microsoft SQL Server 数据库 ····· 182
　9.1.2　常用 SQL 语句 ·············· 185
　9.1.3　Microsoft SQL Server 常用操作 ····· 187
　9.1.4　创建 Microsoft Access 数据库 ········· 189
9.2　数据绑定 ··························· 190
　9.2.1　数据绑定的概念 ············ 190
　9.2.2　简单绑定和复杂绑定 ······ 191
9.3　BindingSource 和 BindingNavigator
　　　控件 ····························· 192
　9.3.1　BindingSource 控件 ········ 192
　9.3.2　使用 DataView 对象 ······· 196
　9.3.3　使用 BindingNavigator 控件 ····· 196
9.4　DataGridView 控件 ············· 197
　9.4.1　DataGridView 控件概述 ··· 198
　9.4.2　设置 DataGridView 控件的外观 ······· 199
　9.4.3　使用 DataGridView 控件 ·· 201
9.5　实训　简单数据库应用程序
　　　设计 ····························· 205

　9.5.1　实训目的 ···················· 205
　9.5.2　实训要求 ···················· 205
　9.5.3　实训步骤 ···················· 206

第 10 章　创建数据库应用程序 ······· 210
10.1　ADO.NET 概述 ················· 210
　10.1.1　ADO.NET 的数据模型 ··· 210
　10.1.2　ADO.NET 中的常用对象 ······· 211
10.2　数据库连接对象
　　　（Connection）················· 212
　10.2.1　创建 Connection 对象 ···· 212
　10.2.2　数据库的连接字符串 ···· 213
10.3　数据库命令对象
　　　（Command）··················· 215
　10.3.1　创建 Command 对象 ····· 216
　10.3.2　Command 对象的属性和方法 ······ 217
10.4　ExecuteReader()方法和
　　　DataReader 对象 ·············· 219
　10.4.1　使用 ExecuteReader()方法创建
　　　　　DataReader 对象 ·········· 219
　10.4.2　DataReader 对象的常用属性及
　　　　　方法 ·························· 220
10.5　数据适配器对象
　　　（DataAdapter）················ 223
　10.5.1　DataAdapter 对象概述 ··· 223
　10.5.2　DataAdapter 对象的属性和方法 ···· 224
　10.5.3　DataTable 对象 ············ 225
10.6　DataSet 概述 ····················· 226
　10.6.1　DataSet 与 DataAdapter ·· 227
　10.6.2　DataSet 的组成 ············ 227
　10.6.3　DataSet 中的对象、属性和方法 ····· 228
10.7　使用 DataSet 访问数据库 ···· 229
　10.7.1　创建和填充 DataSet ····· 229
　10.7.2　添加新记录 ··············· 230
　10.7.3　修改记录 ·················· 231
　10.7.4　删除记录 ·················· 232
10.8　实训　使用 DataSet 设计一个
　　　用户管理程序 ················· 232
　10.8.1　实训目的 ·················· 232
　10.8.2　实训要求 ·················· 233
　10.8.3　实训步骤 ·················· 236

VII

第 11 章 使用 Microsoft Excel 输出报表 251

11.1 操作 Excel 电子表格 251
11.1.1 使用 Excel 电子表格作为数据源 ... 251
11.1.2 操作 Excel 工作簿 253
11.1.3 操作 Excel 工作表 255
11.1.4 Excel 与数据库的数据交互 257

11.2 使用 Excel 输出报表实例 259
11.2.1 程序功能要求 259
11.2.2 程序设计要求 260
11.2.3 程序功能的实现 261

11.3 实训 使用 Excel 生成准考证 270
11.3.1 实训目的 270
11.3.2 实训要求 270
11.3.3 实训步骤 271

第 12 章 使用多线程 277

12.1 进程和线程的概念 277
12.1.1 进程 277
12.1.2 线程 277
12.1.3 线程和进程的比较 278
12.1.4 单线程与多线程程序 278

12.2 线程的基本操作 279
12.2.1 Thread 类的属性和方法 279
12.2.2 创建线程 279
12.2.3 线程的控制 280

12.3 多线程同步 284
12.3.1 多线程同步概述 284
12.3.2 lock（加锁）............ 285
12.3.3 Monitor（监视器）............ 285
12.3.4 Mutex（互斥体）............ 286

12.4 使用 backgroundWorker 组件 287
12.4.1 backgroundWorker 组件的常用属性、事件和方法 287
12.4.2 使用 backgroundWorker 组件时应注意的问题 287

12.5 实训 使用 Thread 类实现多线程 290
12.5.1 实训目的 290
12.5.2 实训要求 290
12.5.3 实训步骤 290

第 1 章 C#、.NET 和 Visual Studio 简介

2000 年 6 月，Microsoft 正式发布了一种全新的软件开发平台——Microsoft .NET Framework（.NET 框架），旨在提供一种创建和运行下一代应用程序和 Web 服务的新方式。Visual C#（简称为 C#）是专门为.NET Framework 开发的程序设计语言，它借鉴了 Delphi、C++及 Java 的语法及主要功能，是一种类型安全的面向对象通用语言，可用于编写任何类型的应用程序。

Visual Studio 是 Microsoft 推出的一套完整的、基于.NET Framework 的应用程序开发工具集。本书所讲解的版本为 Visual Studio 2015，内置最高.NET Framework 版本为 4.6.1，默认使用的.NET Framework 版本为 4.5.2。同时提供对.NET Framework 2.0、.NET Framework 3.0 等版本的支持。使用 Visual Studio 2015 可以方便地进行 Windows、ASP.NET Web 和移动端等各类应用程序的开发。

本书使用 Visual Studio 2015 Enterprise Update 3 和 Windows 10 专业版作为写作背景，但讲述内容除特别声明外也适用于 Visual Studio 2008 及以上各版本。

1.1 .NET Framework

.NET Framework 提供了一些工具和技术，使得开发人员能够以独立于语言和平台的方式创建、调试和运行应用程序或 Web 服务，它提供了庞大的类库，用来以简单、高效的方式提供对众多常见业务的支持。

1.1.1 公共语言运行时（CLR）

公共语言运行时（Common Language Runtime，CLR）是所有.NET 应用程序运行所必需的环境支持，是所有.NET 应用程序的编程基础。可以将 CLR 看作是一个在执行.NET 应用程序时，代码的"管理者"。通常将能够被.NET Framework 管理的代码称为"托管代码"（Managed Code），反之称为"非托管代码"（Unmanaged Code）。

CLR 主要包含有通用类型系统（CTS）、公共语言规范（CLS）、微软中间语言（MSIL）、虚拟执行系统（VES）、内存管理和垃圾回收等模块。

1. 通用类型系统（CTS）和公共语言规范（CLS）

通用类型系统（Common Type System，CTS）可以使所有基于.NET 的程序设计语言（如C#、Visual Basic 等）共享相同的类型定义，从而让这些使用不同语言编写的应用程序使用一致的方式操作这些类型。

由于 CTS 要兼容于不同语言编写的应用程序，所以它需要使用独立于任何一种编程语言的方式来定义类型，并且需要兼顾不同编程语言之间的差异。为此，CTS 提供了一个所有.NET 语言都必须遵守的、最基本的规则集，称为"公共语言规范"（Common Language Specification，CLS）。

2. 微软中间语言（MSIL）和虚拟执行系统（VES）

CTS 和 CLS 解决了独立于编程语言的问题，使程序开发人员可以自由地选择自己熟悉的

编程语言，甚至可以实现在同一个应用程序项目中使用不同的编程语言进行开发。但如果编译器生成的可执行代码不能摆脱对硬件的依赖，则上述优势将消失殆尽。为了解决这一问题，.NET Framework 在编译托管代码时，并未直接生成可执行的目标代码（本机代码），而是将其编译成一种类似于汇编语言的、能兼容不同硬件环境的通用中间语言（Microsoft Intermediate Language，MSIL）表示的代码。

虚拟执行系统（Virtual Execution System，VES）也称为“托管运行环境”，它是 CLR 的一个重要组成部分，负责处理应用程序所需要的低级核心服务。.NET 应用程序启动时，由 VES 负责加载并执行 MSIL 代码，由“虚拟执行系统”提供的“即时编译器”（Just-In-Time，JIT）在程序运行阶段将 MSIL 转换成本计算机代码。

3. 内存管理

内存管理主要是为应用程序运行分配必要的计算机内存空间，定期回收不再使用的内存空间。在许多早期的编程语言中，这一直都是一个很麻烦的问题，稍有不慎就可能导致程序运行错误。在这些编程语言中，开发人员需要考虑如何在恰当的时间，合理地分配或回收计算机内存，以保证整个系统的正常运行。而在.NET 中这项工作交由 VES 自动完成，一般情况下无须开发人员干预。这种机制提高了应用程序的稳定性，开发人员可以将关注点集中在应用程序所需的业务逻辑设计上，提高了开发效率。

1.1.2 .NET Framework 类库

.NET Framework 类库（Framework Class Library，FCL）是系统预设的、经过编译的、用于实现一些常用功能的程序模块集合。程序员在开发过程中只需简单地调用其中的某些类，即可实现希望的操作，而不必关心该操作是如何实现的。.NET Framework 类对用户来说就像一个“黑匣子”，输入原始数据或请求即可得到加工处理后的数据或实现某种操作，而不必关心黑匣子内部发生了什么。

目前，FCL 中包含 4000 多个公有类，是当今最大的类库之一。数量众多、功能强大的类库使.NET Framework 具有了将复杂问题简单化的特征，极大地提高了应用程序的运行稳定性和开发效率。

在 FCL 中使用“命名空间”（Name Space）将数量众多、功能各异的.NET 类划分为不同的层次。命名空间使用点分式语法表示该层次结构（每层之间使用符号“.”进行分隔）。例如，System.Data.SqlClient 表示 SqlClient 隶属于 Data，而 Data 又隶属于 System。为了减少程序代码的输入量，可以在项目的代码窗口最上方使用 using 语句添加对所需命名空间的引用。图 1-1 所示为新建一个 Windows 窗体项目后，由系统自动添加到项目中的命名空间引用代码。灰色显示的部分表示已添加但并未使用的命名空间引用。

```
using System;
using System.Collections.Generic;
using System.ComponentModel;
using System.Data;
using System.Drawing;
using System.Linq;
using System.Text;
using System.Threading.Tasks;
using System.Windows.Forms;
```

图 1-1 引用命名空间

1.1.3 C#项目与.NET Framework 的关系

C#项目与.NET Framework 之间的关系如图 1-2 所示。

可以看出，C#程序需要在.NET Framework 上运行，用 C#语言编写的源代码首先要被编译成 MSIL 中间语言。中间语言代码和资源（位图、字符串等）以“程序集”（可执行文件，扩展名通常为 exe 或 dll）的形式保存在磁盘中。

当执行 C#程序时，程序集将被加载到 CLR 中，如果程序集满足安全要求，CLR 会直接执行即时编译（JIT），将 MSIL 代码转换成本机指令。此外，CLR 还提供与自动垃圾回收、异常处理和资源管理相关的一些服务。

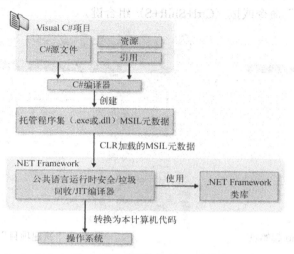

图 1-2 C#项目与.NET Framework 之间的关系

由于 C#编译器生成的中间语言代码符合通用类型系统（CTS），因此由 C#生成的中间语言代码可以与 Visual Basic、Visual C++等符合 CTS 的、20 多种基于.NET Framework 的编程语言生成的代码进行交互。这就使得一个程序集中可能包含多个用不同语言编写的、符合 CTS 规范的模块，并且其中包含的类型也可以相互引用，就像是用同一种语言编写的一样。这一特征被称为"语言互操作性"，是.NET Framework 的一项重要功能。

1.2 Visual Studio 项目管理

Visual Studio 是 Microsoft 专门为.NET Framework 设计的开发平台，它将程序设计中需要的各个环节（程序组织、界面设计、程序设计、运行和调试等）集成在同一个窗口中，极大地方便了开发人员的设计工作。通常将这种集多项功能于一身的开发平台称为"集成开发环境"（Integrated Development Environment，IDE）。

1.2.1 新建和打开项目

在 Visual Studio 中，一个完整的应用系统可能会包含在若干个"项目"中，与应用系统相关的所有项目集合被称为"解决方案"。创建一个 Windows 应用程序，首先需要在 Visual Studio 环境中创建一个新项目。

1. 新建和保存项目

启动 Visual Studio 后首先显示如图 1-3 所示的"起始页"内容，如在"开始"选项组中单击"新建项目"链接，将弹出如图 1-4 所示的"新建项目"对话框，选择 Visual C#模板下的"Windows 窗体应用程序"选项，选择使用的.NET Framework 版本（默认为.NET 4.5.2，最高支持.NET 4.6.1，同时提供对.NET 2.0 和.NET 3.0 的支持），并指定项目名称、保存位置及解决方案名称，然后单击"确定"按钮，系统将根据用户设置自动创建一个"空白"的 Windows 窗体应用程序框架。

创建好一个 Visual C#项目后，用户可以在 IDE 环境中完成界面设计、代码编写和运行调试等。需要保存项目文件时，可单击 Visual Studio 工具栏中的"全部保存"按钮，或选择"文件"→"全部保存"命令或按〈Ctrl+Shift+S〉组合键。

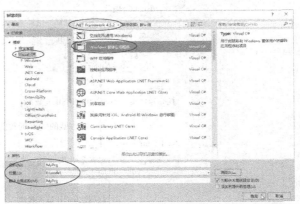

图 1-3　Visual Stutio 起始页　　　　　　　　　　图 1-4　"新建项目"对话框

此外，在关闭 Visual Studio 时系统会检查当前项目中是否有尚未保存的文件，若有，则弹出如图 1-5 所示的对话框，询问用户是否要保存更改。

"项目"（Project，也称为"工程"）是 Visual Studio 用来标识构建应用程序的方式。它作为一个容器对程序的源代码和相关资源文件进行统一管理和组织，项目文件是*.csproj（C#）或*.vbproj（Visual Basic）。

在 Visual Studio 中创建一个项目时，系统会自动创建相应的"解决方案"（Solution），解决方案文件默认与项目同名，其扩展名为 sln。需要注意的是，一个解决方案中可以包含多个项目，可以将解决方案理解为"项目的容器"，将项目理解为"程序的容器"。

图1-5　保存项目文件

2. 打开项目

在 Visual Studio 中创建一个项目时，系统会自动将项目包含到一个解决方案中，并默认为解决方案创建一个文件夹，解决方案文件（*.sln）就存放在该文件夹内。

可以通过以下几种途径打开已创建的项目。

1）在"起始页"的"开始"选项组中单击"打开项目"链接，在弹出的对话框中选择解决方案文件（*.sln）将其打开。

2）通过在 Windows 操作系统的"计算机"或"资源管理器"窗口中直接双击保存在解决方案文件夹中的*.sln 文件将其打开。

3）最近使用过的项目会出现在"起始页"的"最近"选项组中，单击其名称可再次打开到 Visual Studio 集成开发环境中。

1.2.2　集成开发环境中的主要子窗口

创建了一个新项目后，系统进入如图 1-6 所示的 Visual Studio 集成开发环境主界面。从图中可以看到除了具有菜单栏、工具栏外，还包含许多子窗口，其中最常用的是"工具箱""解决方案资源管理器""属性"和"输出"窗口。

用户的主要工作区域是"窗体设计器",该窗口用来显示 Windows 窗体的"设计"视图("Form1.cs[设计]"选项卡)或程序的"代码窗口"(Form1.cs 选项卡)。其他更多用于管理项目、调试程序等的子窗口,都可以通过在"视图"菜单中选择相应的命令将其打开。

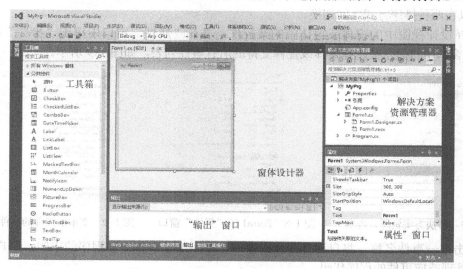

图 1-6 Visual Studio 2015 集成开发环境

在 Visual Studio 集成开发环境中,有两类子窗口,一类是在窗体设计器中显示的窗口,如"起始页""代码窗口"和"设计"视图等;另一类是在窗体设计器周围显示的子窗口,如"工具箱""解决方案资源管理器""服务器资源管理器""属性""输出"和"错误列表"等。

1. 解决方案资源管理器

使用 Visual Studio 开发的应用系统称为一个解决方案,每一个解决方案可以包含一个或多个项目。一个项目通常是一个完整的程序模块或类模块,其中可能包含若干个文件。

"解决方案资源管理器"子窗口中显示了 Visual Studio 解决方案的树形结构,单击项目名称前面的空心或实心三角标记可以使该项展开或折叠。

如图 1-7 所示,在"解决方案资源管理器"窗口中可以像 Windows 资源管理器那样,浏览组成解决方案的所有项目和每个项目中的文件,可以对解决方案的各元素进行各种操作,如打开文件、添加内容、重命名和删除等。在"解决方案资源管理器"窗口中双击某个文件,将在主窗口中显示相应的视图(设计视图或代码窗口),以便对该文件进行编辑。

2. "属性"窗口

"属性"窗口用于设置解决方案中各对象的属性,当选择 Windows 窗体的设计视图、项目名称或类视图中的某一项时,"属性"窗口将以两列表格的形式显示该子项的所有属性。图 1-8 所示为在窗体设计器中选择了窗体控件 Form1 时显示的属性内容。

在"属性"窗口中,左边显示的是属性名称,右边显示的是对应各属性的属性值。选择某一名称后,可以在右边修改该属性值。例如,若希望修改在窗体的标题栏中显示的文字,可直接在"属性"窗口中修改其 Text 属性值。

在"属性"窗口的上方有一个下拉列表框,用于显示当前选定的对象名称及所属类型(如本例中 Form1 为对象名称,System.Windows.Forms.Form 为对象的类型)。可以在该下拉列表框选择窗体中包含的其他对象。

如果选择的是窗体中的控件对象，在窗体的设计视图中，被选择对象会自动处于选定状态（四周出现 8 个控制点），原来选定的对象将取消选定。

属性名称默认按字母顺序排列，单击窗口中的"字母排序"按钮 与"分类排序"按钮 ，可以在两种排序方式之间切换。

选择设计视图中的窗体或窗体中的某控件，并在"属性"窗口中单击"事件"按钮 ，"属性"窗口中将显示被选择窗体或控件支持的所有事件列表，如图 1-9 所示。

图 1-7　解决方案资源管理器　　图 1-8　Form1 的"属性"窗口　　图 1-9　文本框控件的事件列表

双击某一事件名称，将自动打开代码窗口，并添加该事件处理程序的声明，用户可在其中填入处理响应事件的程序代码。

"属性"窗口的最下方有一个属性或事件功能的说明区域，当选择某一属性或事件时，说明区域会显示文字说明属性或事件的作用，这对初学者而言很有用。如果该区域没有显示，可将鼠标指向窗口列表框的下部边框，当鼠标指针变为双向箭头时向上拖动鼠标，该区域即可显示出来。

在事件子窗口中单击标题栏中的"属性"按钮 ，可返回"属性"窗口。

3. 工具箱

Visual Studio 工具箱中存放了众多系统预定义的、用于组成应用程序界面的"控件"，如文本框（TextBox）、按钮（Button）和标签（Label）等。

默认状态下，工具箱处于"自动隐藏"状态，窗口的左边框处显示有工具箱的选项卡标签。当鼠标指向该标签时，工具箱将显示到屏幕中。

工具箱用于向应用程序窗体中添加控件以构成应用程序的基本界面。利用工具箱使程序员可以像"拼图"一样，简单地设计程序界面。

如图 1-10 和图 1-11 所示，Visual Studio 将控件放在不同的分类中，各分类卡以空心三角符号表示折叠状态，以实心三角符号表示展开状态。默认情况下工具箱中的控件以名称的字母顺序排列，以方便用户查找控件。需要说明的是，工具箱中的内容只有在进入窗体设计视图时才会显示出来。

如果进入了窗体的设计视图，工具箱仍没有出现在 Visual Studio 的 IDE 环境中，可选择"视图"→"工具箱"命令将其打开。

图 1-10　公共控件

用户不但可以从工具箱中选择控件并将其拖动到窗体中，还可以将某一代码片断拖动到工具箱中暂存，以便将来重新使用。例如，可以将按钮（Button）控件从工具箱中拖放到窗体设计视图中，即向窗体中添加控件。也可从代码窗口中选择并拖出一个代码片段到工具箱中，待将来需要重复使用该代码段时，将其拖回代码窗口的适当位置即可。

4. 集成开发环境中子窗口的操作

如果在窗体设计器中显示的窗体或代码子窗口不止一个，则它们将会以选项卡的形式显示在窗体设计器的标题栏中，可以通过单击相应的选项卡标签进行切换。在这些选项卡的右侧都有一个"关闭"按钮×，用于关闭该子窗口。被关闭的子窗口，可在解决方案资源管理器中通过双击对应文件的方法将其再次打开。

所有子窗口的标题栏右侧都有 3 个操作按钮，一个"下拉菜单"按钮、一个"关闭"按钮×和一个"图钉"按钮 。下拉菜单按钮中提供了一些关于操作子窗口的菜单项，如"停靠""浮动"和"隐藏"等。关闭按钮用于关闭窗口，而图钉按钮用于决定窗口的隐藏与显示状态，在显示状态下又分为停靠显示与浮动显示两种方式。

图 1-11　工具箱中控件分类

当图钉 为横向时，窗口为自动隐藏状态，这时窗口以标签形式显示在 Visual Studio 的左、右、下边框上。单击标签后窗口才会显示，单击窗口以外其他位置，则窗口又重新隐藏。

当图钉 为纵向时，窗口为固定显示状态，默认为停靠方式，即窗口附着在 Visual Studio 的左、右、下边框上。这时将鼠标指向窗口的标题栏并拖动鼠标，使窗口离开边框，窗口即为浮动显示方式，这时标题栏上的图钉按钮将消失。如要使浮动方式变为停靠方式，只需拖动窗口至 Visual Studio 主窗口的边框上即可。

1.2.3　Visual Studio 的帮助系统

Visual Studio 是一个非常庞大的应用程序开发系统，其中涉及的概念、语法及函数自然很多，这使得程序员在工作时很难将需要的知识点准确无误地完全记忆下来。为了解决这一问题，Visual Studio 提供了一个完备的帮助系统。在 Visual Studio IDE 中，可以使用 F1 帮助、智能感知和 MSDN 资源等多种途径获取相关帮助信息。

1. 智能感知

在代码编写过程中，Visual Studio 提供了"智能感知"的帮助方式。利用这种帮助方式不仅可以提高代码输入效率，更重要的是避免了用户的输入错误。

（1）提示类、方法或对象名

在设计代码的过程中，当输入类名或对象名时，Visual Studio 会动态提供当前可用的类及对象列表，如图 1-12 所示。如果选择某一列表项，则在其右侧动态显示出简要说明。用户可通过双击某列表项完成自动输入，也可以用键盘上的〈↑〉〈↓〉方向键选择所需选项后按〈Enter〉键。

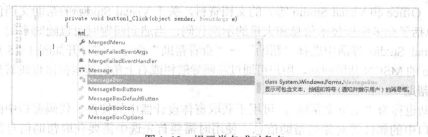

图 1-12　提示类名或对象名

C#代码是区分大小写的，使用智能提示就可以不用关心这一问题。例如，希望输入的类名称是 MessageBox，在输入时可以不考虑大小写直接输入首字母 m，通过观察提示列表中是否出现了希望的方法名以决定是否继续输入后续字母"e"。

（2）提示类成员或对象成员

希望的类或对象名已出现在智能感知列表中，且已成为当前选中项，若此时需要继续输入类或对象成员时，可直接输入"."号，系统将进一步提供新的可选项列表。例如，希望调用 MessageBox 类的 Show 方法显示一个提示信息框，则输入类的前两个字母 me 后，类名 MessageBox 成为当前选中项，此时直接输入"."号，智能感知首先自动输入类名 MessageBox，而后动态显示该对象所具有的 3 个静态成员，如图 1-13 所示，再输入 Show 方法的首字母 s 后，该方法成为当前选中项。方法名右侧显示的是 Show 方法的语法格式提示。

需要特别注意的是，如果输入"."号后没有出现正确的成员列表，很有可能是出现了输入错误。

图 1-13 显示类成员列表

（3）提示方法的参数说明

当使用类的静态方法或成员方法时，Visual Studio 动态显示该方法的功能、不同用法（重载）及每种用法的参数说明。如图 1-14 所示，通过智能提示输入了 MessageBox.Show 后，输入后续的前括号"("，系统将自动补全后括号")"，并显示方法的第 1 个（共 21 个）参数书写格式。单击列表框中的"向下"按钮▼、"向上"按钮▲或使用键盘上的〈↓〉、〈↑〉键，可依次显示每种格式的具体用法和参数的类型及含义。

图 1-14 提示方法的语法格式及重载

（4）拼写检查

实时进行语法、关键字的拼写检查是智能提示的另一个十分有用的功能。用户在输入代码时若出现了拼写或格式错误，系统将以红色下画波浪线、绿色下画波浪线等形式给出提示。红色表示错误，绿色表示不严谨。用鼠标指向出现下画波浪线的地方，系统将显示详细的说明信息。

2. MSDN Library 帮助系统

MSDN Library（https://msdn.microsoft.com，以下简称 MSDN）提供了所有 Microsoft 产品（Windows、Office 和 Visual Studio 等）的文档资料，关于 Visual Studio 的帮助文档仅是其中一部分。它包括了众多编程技术信息和大量的示例代码，当遇到问题时可以随时查阅。

在 Visual Studio 界面中选择"帮助"→"查看帮助"命令，将打开如图 1-15 所示的关于 Visual Studio 的 MSDN 帮助网站。用户可通过左侧导航栏或右上角的搜索按钮查找需要的信息。

3. F1 帮助

F1 帮助也称为"上下文帮助"，可用于获取窗体设计器中的控件、代码窗口中的关键字和"属性"窗口中的属性等对象的帮助信息。使用时需要首先选中需要获取帮助信息的对象或将插入点光标定位到代码的关键字中后按〈F1〉键，系统将自动在 MSDN 中搜索，并将找到的相关帮助信息显示到屏幕中。

图 1-15　MSDN 在线之 Visual Studio 2015

1.3　创建简单 Windows 应用程序

在 Visual Studio 中创建一个简单 Windows 应用程序，一般需要经过以下 6 个步骤。
1）根据用户需求进行问题分析，构思出合理的程序设计思路。
2）创建一个新的 Windows 应用程序项目。
3）设计应用程序界面。
4）设置窗体中所有控件对象的初始属性值。
5）编写用于响应系统事件或用户事件的代码。
6）试运行并调试程序，纠正存在的错误，调整程序界面，提高容错能力和操作的便捷性，使程序更符合用户的操作习惯。通常将这一过程称为提高程序的"友好性"。

本节将通过一个简单加法计算器的创建过程，介绍在 Visual Studio 环境中使用 C#语言创建 Windows 应用程序的基本步骤。

1.3.1　设计要求和设计方法分析

1. 设计要求

要求在 Visual Studio 环境中设计一个 Windows 应用程序，程序启动后窗体中显示如图 1-16 所示的简单加法计算器界面。用户分别在 2 个文本框中输入数字后单击"="按钮，在第 3 个文本框中将显示计算结果，如图 1-17 所示。

图 1-16　程序界面

图 1-17　简单加法计算器

2. 设计方法分析

1）程序界面由 3 个文本框、1 个标签和 1 个按钮控件组成，文本框用于接收用户输入的 2 个操作数和输入计算结果，标签和按钮用于显示组成算式的"+"和"="。
2）用户单击"="按钮时触发按钮控件的 Click 事件，在事件处理程序中编写代码将用户输入的 2 个操作数相加，并将所得结果显示到第 3 个文本框中。

1.3.2 创建项目和设计界面

启动 Visual Studio 后，在"起始页"中单击"开始"选项组中的"新建项目"链接，在弹出的对话框中选择"Visual C#"下的"Windows 窗体应用程序"选项，在指定了项目名称、解决方案名称和保存位置后单击"确定"按钮，进入 Visual Studio 集成开发环境。

新项目创建后，系统会自动创建一个空白 Windows 窗体，程序员可根据实际需要从工具箱向其中添加其他必要的控件，以构成希望的程序界面。

通常可以通过以下两种途径在设计时向窗体中添加控件。
- 双击工具箱中的某个控件图标。
- 直接从工具箱拖动某图标到窗体上。

本例需要向窗体中添加 3 个文本框（TextBox）、1 个标签（Label）和 1 个按钮（Button）控件。

1. 调整控件的大小和位置

（1）调整控件大小

添加到窗体的控件有默认的大小和放置位置，但往往不能恰好满足界面设计的需要。希望调整大小时可首先单击控件将其选中，被选中的控件四周会出现 8 个控制点，拖动任一个控制点即可更改控件的大小，也可通过设置控件的 Size 属性值来精确指定控件的大小。本例中需要以比例恰当、美观为原则，将窗体、文本框和按钮的大小进行适当调整。标签控件默认其 AutoSize 属性为 True，故能自动伸缩匹配 Text 属性值的长度，其大小无须调整。

（2）调整控件位置

调整控件位置最简单的方法就是使用鼠标直接将其拖动到希望的位置，也可通过设置控件的 Location 属性值来精确指定控件的位置。

2. 控件对齐

如果窗体中包含有众多控件，为了界面的美观自然存在一个对齐的问题。Visual Studio 提供了一个如图 1-18 所示的专门用于设置控件对齐方式的"布局"工具栏，用户可以在配合〈Ctrl〉键选择了多个控件后，单击其中某按钮来快速实现控件的对齐、间距设置等操作。用户将鼠标指向工具栏中的某个按钮时，屏幕上将显示其功能的提示信息。

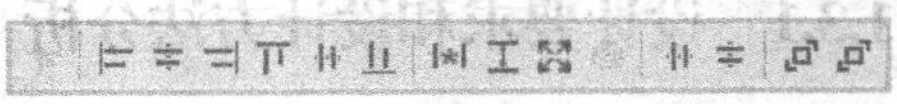

图 1-18 "布局"工具栏

如果"布局"工具栏没有显示出来，可在 Visual Studio 工具栏的空白处右击，在弹出的快捷菜单中选择"布局"命令。"布局"工具栏提供的功能也可以通过在 Visual Studio 中选择"格式"菜单中的相关命令来实现。

在窗体中拖动控件来改变其位置时，系统会自动显示出布局参考线来协助完成相邻控件的对齐设置。图 1-19 所示为在拖动标签控件时自动显示出来的对齐参考线。

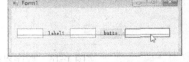

图 1-19 对齐参考线

1.3.3 设置对象属性

在面向对象的程序设计中，将控件或其他实体统称为对象，而对象的外观特征表现则需要通过对象的属性值来表现。在 Visual Studio 中可以通过"属性"窗口在程序设计时设置对象的属性，也可以编写代码在程序运行时设置对象的属性。

1. 在"属性"窗口中设置属性

"属性"窗口用来设置对象的初始属性,在窗体中选择了某对象后,"属性"窗口将自动列出该对象的属性名称及默认值列表,程序员只需为某属性设置或选择新的属性值即可。

本例中使用了 3 个文本框,它们默认的 Name 属性值分别为 textBox1、textBox2 和 textBox3;使用了 1 个标签控件和 1 个按钮控件,其默认 Name 属性值分别为 label1 和 button1。本例要求参照表 1-1 所示设置各控件的初始属性。

表 1-1 设置控件的初始属性

控 件	属 性	属 性 值
textBox1、textBox2、textBox3	Name	txtNum1、txtNum2、txtResult
button1	Name	btnEqual
	Text	=
label1	Text	+

将控件的 Name 属性设置成易于理解的名称不是必需的,但当窗体中存在较多控件时,这种设置方法对提高代码的可读性很有帮助,是一种良好的编程习惯。通用的命名方法是使用控件类型标识结合能表现其作用的单词或缩写。例如,txtNum1 中的 txt 表示这是一个文本框,Num1 表示第一个操作数;btnResult 中的 btn 表示这是一个按钮控件,Result 表示用于显示计算结果。

2. 通过代码设置属性

有些对象的属性在程序设计时并不是确定的,可能还需要根据程序运行情况动态地进行修改,对于这类属性,只能通过编写代码在程序运行时进行设置。通过代码设置对象属性值的语法格式如下。

  对象名.属性名 = 属性值;

本例在窗体装入事件中使用下列语句在窗体标题栏中显示"简单加法计算器"。

  this.Text = "简单加法计算器"; //为窗体的 Text 属性赋值,C#语句要以";"结束

1.3.4 编写代码和调试程序

面向对象的程序设计方法采用了"事件驱动"的代码编写方式,也就是将特定功能的代码片段放置在不同的事件过程中,只有触发了对应的系统事件(由系统触发的事件,如窗体装入等)或用户事件(由用户操作触发的事件,如单击按钮等)时,这些代码才会被执行。

Visual Studio 中多数控件都被预定义有若干事件,例如按钮控件 Button 的 Click 事件(用户单击了按钮时触发);文本框控件 TextBox 的 TextChange 事件(用户更改了文本框中的文字时触发);窗体的 Load 事件(应用程序启动,窗体被装入时触发)。

本例中需要编写两个事件的处理程序代码。

1)在窗体加载时设置窗体的标题属性值"简单加法计算器"。

2)在按钮被单击时计算结果值并输出。

具体操作方法如下。

在设计视图中双击窗体,系统将自动切换到代码视图,并创建如图 1-20 所示的窗体默认事件(Form1_Load)的框架,程序员只需在该框架中编写相应的代码即可。同样道理,如果在设计视图中双击按钮

```
private void Form1_Load(object sender, EventArgs e)
{
    //在这里书写事件代码
}
```

图 1-20 由系统自动创建的事件过程框架

控件，系统也将自动创建其默认事件（btnEqual_Click）的框架。

需要说明的是，代码中"//"后面的部分为注释内容，用于对代码的含义加以说明和解释，不会被程序执行。本例中需要编写的各事件的处理程序代码如下。

窗体装入时执行的事件处理程序代码如下。

```
private void Form1_Load(object sender, EventArgs e)
{
    this.Text = "简单加法计算器";//this 表示当前窗体，text 属性表示标题栏中显示的文字
}
```

"="按钮被单击时执行的事件处理程序代码如下。

```
private void btnEqual_Click(object sender, EventArgs e)
{
    //声明一个 float 类型的变量 n1，将文本框 1 中的数字转换成 float 类型后存放到 n1 中
    float n1 = float.Parse(txtNum1.Text);
    //声明一个 float 类型的变量 n2，将文本框 2 中的数字转换成 float 类型后存放到 n2 中
    float n2 = float.Parse(txtNum2.Text);
    //声明一个 float 类型的变量 result，存放 n1、n2 的和
    float result = n1 + n2;
    //使用 ToString()方法将变量 result 转换成字符串类型，并输出到文本框 txtResult
    txtResult.Text = result.ToString();
}
```

C#是一种强类型的编程语言，要求运算时变量的类型必须相同。例如，本例中用户输入到文本框中的数字是字符串类型，没有大小的概念，仅表示一些符号的组合（如电话号码、身份证号码等），不能进行数学运算。所以需要将其转换成 float 浮点类型数据（数值型）后，才能进行求和运算。同样道理，计算结果是 float 类型，自然不能直接被文本框的字符串类型属性 Text 接受，所以需要将其转换成 string（字符串）类型后，才能被输出到文本框中。关于C#的数据类型及转换将在第 2 章中详细介绍。

用于响应各类事件的代码编写完毕后，可单击工具栏中的"运行"按钮▶或按〈F5〉键运行程序，并在 txtNum1、txtNum2 中输入一组数据后单击"="按钮，观察并验证输出结果是否正确。在程序试运行、调试阶段要充分考虑用户操作可能出现的各种情况，尽可能提高程序的容错能力，提高程序的"友好性"。

1.4 实训 设计应用程序界面

1.4.1 实训目的

了解 C#集成开发环境中各窗口的作用及使用方法，熟练掌握在 Visual Studio 环境中创建项目、保存文件及打开项目的方法；熟练掌握控件工具箱、窗体设计器和"属性"窗口的使用方法；熟练掌握使用"属性"窗口设置对象属性的操作过程；熟练掌握"格式"菜单或"布局"工具栏中"对齐""使大小相同""水平间距"和"垂直间距"等控件布局功能，能够快速创建美观、大方的应用程序界面。

1.4.2 实训要求

在 C#的集成开发环境中，使用窗体设计器、控件工具箱及"属性"窗口创建如图 1-21

所示的应用程序登录界面。

具体要求如下。

1）窗体不显示"最小化"和"最大化"按钮，且窗体大小不能改变。

2）程序标题"软件学院教学管理"要相对窗体居中显示。

3）输入到"密码"文本框中的任何字符均以"*"号显示。

4）单击"重置"按钮时能清除上次输入的所有数据。

图1-21 程序界面

1.4.3 实训步骤

1. 创建应用程序项目

启动Visual Studio后在"起始页"中单击"开始"选项组中的"新建项目"链接，在弹出的对话框中选择"模板"类型为"Visual C#"，在项目类型列表中选择"Windows 窗体应用程序"选项，在对话框上方的下拉列表框中选择希望使用.NET Framework 版本（Visual Studio 2015 默认为.NET Framework 4.5.2），在对话框下方为项目和解决方案命名，并指定相关文件的保存位置后，单击"确定"按钮完成项目创建，进入Visual Studio集成开发环境。

2. 设计程序界面

设计步骤如下。

1）在窗体的设计视图中，通过控件工具箱向窗体添加2个标签label1、label2和1个文本框控件textBox1，按如图1-22所示适当调整窗体和各控件的大小及位置。label1用于显示标题文字"软件学院教学管理"，label2用于显示文本框输入提示"用户名"，textBox1用于接收用户输入的用户名信息。

2）如图1-23所示，用鼠标拖出一个包含label2和textBox1的矩形框，将这2个控件同时选中。如图1-24所示，在按住〈Ctrl〉键的同时（此时鼠标指针旁出现一个表示"复制"的"+"标记）拖动选中的2个控件到适当的位置放手（先松开鼠标后释放键盘），完成这2个控件的复制操作（分别用于提示和接收用户输入的密码信息）。

图1-22 添加控件　　　　　图1-23 选择多个控件　　　　　图1-24 拖动复制多个控件

可以看到，通过复制得到的标签上显示的默认文本与源控件相同，都是label2。选中复制得到的控件，在"属性"窗口中可以看到系统自动将其Name属性分别设置为label3和textBox2，是源控件Name属性的自动延续。

3）从工具箱中继续向窗体中添加2个按钮控件button1、button2，初步设计完成的程序界面如图1-25所示。

3. 设置对象属性

各控件的初始属性设置如表1-2所示。设置完毕后的程序界面如图1-26所示（注意，此时的程序标题并没有相对窗体居中显示）。

图 1-25 初步完成的界面设计　　　　　图 1-26 完成控件的初始属性设置

表 1-2 设置控件属性

控件	属性	属性值
Form1	Text	"登录"
	MaximizeBox、MinimizeBox	这 2 个属性用于表示窗体上是否显示最大化、最小化按钮。设置为 False 表示不显示，默认为 True
	Size、MaximumSize、MinimumSize	这 3 个属性分别表示窗体的默认和最大、最小尺寸。将它们都设置为固定值"399,226"（宽 399 像素，高 226 像素）可实现窗体大小不能改变的要求
label1	Text	"软件学院教学管理"
	Font	三号字、粗体
label2、label3	Text	"用户名""密　码"
button1、button2	Name	btnOK、btnReset
	Text	"确　定""重　置"
textBox1	Name	txtName
textBox2	Name	txtPwd
	PasswordChar	"*"，表示用"*"号代替用户输入的密码字符

4. 编写程序代码

在窗体设计器中双击窗体，切换到代码编写窗口，按如下所示编写窗体装入时和"重置"按钮被单击时执行的事件处理程序代码。双击窗口，系统将自动创建窗体装入时的事件处理程序框架。同样，在窗体设计器中双击"重置"按钮，系统将自动创建该按钮的单击事件处理程序框架。

窗体装入时执行的事件处理程序代码如下。

```
private void Form1_Load(object sender, EventArgs e)
{
    //Left 属性表示控件距容器的左边距，Width 表示控件的宽度（以像素为单位）
    label1.Left = (this.Width - label1.Width) / 2;    //使标题标签能够在窗体中居中显示
}
```

"重置"按钮被单击时执行的事件处理程序代码如下。

```
priv5ate void btnReset_Click(object sender, EventArgs e)
{
    txtName.Text = "";    //连续的两个双引号表示一个空字符串
    txtPwd.Text = "";     //为 Text 属性赋值一个空字符串表示清空
    txtName.Focus();      //为方便用户继续输入，使"用户名"文本框得到插入点光标（得到焦点）
}
```

5. 运行和调试程序

按〈F5〉键运行程序，观察界面设计是否得当，测试"重置"按钮被单击时是否能实现预期的程序功能。反复多次测试运行，直至所有问题均被纠正。

6. 保存或打开项目

（1）保存项目文件

保存项目文件通常可通过以下两种途径来实现。

1）在 Visual Studio 集成开发环境中若单击工具栏上的"运行"按钮▶或按〈F5〉键运行程序，系统将自动保存所有项目文件到创建项目时指定的文件夹中。

2）在设计过程中用户也可单击工具栏中的"保存窗体文件"按钮█或"保存所有文件"按钮█，随时保存项目文件。此外，用户在关闭 Visual Studio 窗口时系统也会判断用户是否在修改了文件内容后没有执行保存操作，若没有执行保存操作，则弹出对话框提示用户保存文件。

（2）打开项目

常规的方法是启动 Visual Studio，选择"文件"→"打开解决方案"命令，在弹出的对话框中找到保存项目的文件夹，双击解决方案文件（*.sln）即可打开程序项目。

此外，启动 Visual Studio 时，若在"起始页"的"最近"选项组中包含有要打开的项目名称，则单击该名称也可打开对应的程序项目。

第2章 C#语法基础

C#是 Visual Studio 提供的主要编程语言之一，它是一种完全面向对象的、可视化的程序设计语言。掌握 C#语言的代码结构、语法规则、数据类型及转换、表达式类型等最基本的语法知识是完成复杂代码编写、实现程序功能的基础。

2.1 C#变量

对用户来说，变量是用来描述一条信息的名称，在变量中可以存储各种类型的信息。而对计算机来说，变量代表一个存储地址，变量的类型决定了存储在变量中的数据的类型。简单地讲，变量就是在程序运行过程中其值可以改变的数据。程序是通过变量的名称来访问相应内存空间的。

在程序设计中，使用变量进行数据传递、数据读写等是最为基础的操作，正确理解和使用变量是程序设计工作的重要技术之一。

2.1.1 变量的命名规范

为使程序都符合相同的规范，保证一致性和统一性，要求程序必须遵守编码规范，主要内容有：代码规范、注释规范、变量命名规范、常量命名规范、类命名规范、接口命名规范、方法命名规范、文件名命名规范和程序版本号命名规范等。本节主要介绍变量的命名规范。

1. 变量命名的基本原则

变量命名的基本原则如下。

1）变量名的首字符应是英文字母、下画线或符号@。
2）变量名中不能包含空格、小数点及各种符号。
3）组成变量名的字符数不要太长，应控制在3~20个字符。
4）变量名不能是 C#的关键字（已被 C#占用并赋予特定含义的字符串），如 int、object 和 string 等不能用作变量名。
5）变量名在同一范围内必须是唯一的。

2. 为变量命名时的注意事项

在为变量命名时应注意以下几点。

1）变量名应该能够标识事物的特性，如用于存放用户名的字符串变量可使用 username 命名。
2）变量名应使用英文单词，尽量不要使用汉语拼音或汉字。此外，还应注意 C#中的变量是区分大小写的，如变量 Age 和变量 age 将被认为是两个不同的变量。
3）变量名尽量不使用缩写，除非它能较好地表达变量数据的含义。
4）一般情况下，内存变量可使用小写单词组合。例如，bool ispass（声明一个名为 ispass 的、bool 类型的内存变量）。类、对象及其属性和方法则应使用首字母大写的方式以示区别。例如，Student.Name（Student 表示一个类，Name 为类的一个属性）、PubClass.CheckUser()（PubClass 表示一个类，CheckUser()表示类的一个方法）等。

3. 常用的变量命名约定

在.NET Framework 名称空间中有两种命名约定，即 Pascal 命名法和 Camel（驼峰）命名法。它们都应用在由多个单词组成的名称中。

1）Pascal 命名法是 Pascal 语言中使用的一种命名方法，组成变量名的每个单词的首字母大写，其他字母均小写，如 Age、NameFirst、DateStart 和 WinterOfDiscontent 等。

2）Camel 命名法与 Pascal 命名法基本相同，区别是变量名的第一个单词的首字母为小写，以后的每个单词都以大写字母开头，如 age、nameFirst、timeOfDeath 和 myNumber 等。

Microsoft 建议，对于简单的变量，使用 Camel 规则，而对于比较复杂的命名则使用 Pascal 规则。

2.1.2 声明变量

变量总是和变量名联系在一起的，所以要使用变量，必须为变量命名。在 C#中，命名变量的过程称为"声明"。

声明变量就是把存放数据的类型告诉程序，以便为其安排需要的内存空间。变量的数据类型可以对应所有基本数据类型。声明变量最简单的格式为

   数据类型名称 变量名列表;

举例如下：

```
float result;              //声明一个单精度浮点型变量
bool usersex;              //声明一个布尔型变量
decimal salary;            //声明一个用于存放"工资"值的十进制变量
string username, useremail; //声明两个字符串型变量，变量名之间要使用逗号将其分隔开
```

语句是程序的基本组成，使用 C#编写的程序的每条语句均以一个分号结束，一条语句可以书写在一行或多行中。

需要注意的是，C#使用的变量必须"先声明，后使用"。直接使用没有进行类型和名称声明的变量时，将出现未找到变量的错误。为了尽量避免这类错误，Visual Studio 会将已声明的变量添加到智能感知提示选择列表中。

对于较长或拼写复杂的变量名，最好先输入首字母或前面若干个字母，再用上下光标键从供选列表中选择需要的名称，最后使用"."号、空格键或〈Enter〉键将其输入，这样可以有效避免拼写错误。

2.1.3 给变量赋值

一个变量只有在被赋予某数据（值）后，才有实际意义。为变量赋值需要使用赋值号"="。

1. 赋值表达式

C#的赋值表达式由变量、赋值号和值表达式组成，变量总是出现在赋值号的左边。举例如下。

```
int num;
num = 32;                  //为整型变量 num 赋值 32
bool usersex = true;       //声明布尔型变量 usersex 的同时赋值为 true
```

给字符和字符串变量赋值，举例如下。

```
char letter;               //声明一个字符型变量（字符型变量只能存放一个字符，不同于字符串型）
letter = 'w';
string uname = "张三";      //声明字符串变量 uname 的同时为其赋值"张三"
```

2. 使用变量为变量赋值

C#的赋值表达式中的值表达式可以是另一个变量，举例如下。

```
bool db_open , db_close;
db_open = true;
db_close = db_open;         //将变量 db_open 的值赋给同类型变量 db_close
//将文本框控件 textBox1 中 Text 属性值（文本框中的文本）保存到字符串变量 uname 中
string uname = textBox1.Text;
```

3. 同时为多个变量赋值

可以同时为几个变量赋以相同的值，举例如下。

```
int num1, num2, num3;
num1 = num2 = num3 = 7;
```

需要说明的是，赋值号"="与数学中的等号具有相同的外观，但它们的含义是完全不同的。例如，在数学中 x = 12 与 12 = x 均正确，但在赋值语句中 x = 12 是正确的，而 12 = x 就是错误的，因为语法格式要求变量只能出现在赋值表达式的左边。

2.1.4 变量的作用域

在面向对象的程序设计中，变量的作用域（有效范围）是一定的。在声明变量时可使用访问修饰符来对变量进行访问控制。C#中常用的访问修饰符及说明如表 2-1 所示。

表 2-1 常用访问修饰符及指定的变量作用域

访问修饰符	说 明
public	访问不受限制
protected	访问仅限于包含类或从包含类派生的类型
internal	访问仅限于当前项目
protected internal	访问仅限于从包含类派生的当前项目或类型
private	访问仅限于包含类型
static	表示变量为静态变量

除了使用访问修饰符外，在程序不同位置声明的变量，其含义及作用域也是不同的。常用的有静态变量、实例变量和局部变量等概念。举例如下。

```
static int x;               //x 为静态变量，静态变量必须声明在所有事件过程之外
protected void Page_Load(object sender, EventArgs e)
{
    int y = 3;
    if(y >= 1)
    {
        int i = 2;
        label1.Text = i.ToString();
    }
}
```

其中，x 为静态变量，y 为实例变量，i 是局部变量。

1）静态变量：指使用 static 修饰符声明的变量，它只需创建一次，在后面的程序中可以多次引用。若类中的一个成员变量被声明为静态的，则类中的所有成员都可以共享这个变量。

2）实例变量：指未用 static 修饰符声明的变量，如上述代码中的 y。实例变量的作用域为

从某个类的实例被创建，一直到该实例从内存中被释放。

3）局部变量：指在一个独立的程序块中声明的变量，如上述代码中的 i。局部变量只在声明它的程序块中有效，一旦程序离开这个范围局部变量立即失效。在 if、switch、for 和 while 等块结构语句中声明的变量都是局部变量。

2.2 数据类型及类型转换

程序在处理数据时，需要对数据进行临时保存，而保存不同类型的数据所用的存储空间是不同的，所以掌握各种数据类型及其转换方法是十分重要的。

根据数据的性质不同，可以将其分为数值型数据、字符型数据、日期时间型数据、逻辑型数据和对象型数据等。在程序设计过程中，除了需要理解各种类型的数据特点外，还需要掌握常用数据类型之间的转换，以便对数据进行存储、输出或加工等操作。

2.2.1 数值类型

数值类型有整数类型与实数类型两种，没有小数位的为整数类型，带小数位的为实数类型。

1. 整数类型

整数类型又分为有符号整数与无符号整数。有符号整数可以带正负号，无符号整数不需带正负号，默认为正数。

有符号整数包括 sbyte（符号字节型）、short（短整型）、int（整型）和 long（长整型）。

无符号整数包括 byte（字节型）、ushort（无符号短整型）、uint（无符号整型）和 ulong（无符号长整型）。

需要注意的是，不同的整数类型表示的数值范围不同，这为程序设计中根据实际需要进行灵活选择提供了方便，同时设置适当的类型对节约系统资源、提高程序运行效率也是十分重要的。

常用整数类型、占用的存储空间及取值范围如表 2-2 所示。

表 2-2　整数类型及说明

数 据 类 型	占用存储空间/字节	取 值 范 围
byte（字节型）	1	0～255 的整数
sbyte（有符号字节型）	1	-128～127 的整数
short（短整型）	2	-32768～32767 的整数
ushor（无符号短整型）	2	0～65535 的整数
int（整型）	4	-2 147 483 648～2 147 483 647 的整数
uint（无符号整型）	4	0～4 294 967 295 的整数
long（长整型）	8	-9 223 372 036 854 775 808～9 223 372 036 854 775 807 的整数
ulong（无符号长整型）	8	0～18 446 744 073 709 551 615 的整数

2. 实数类型

实数类型主要包括 float（单精度浮点型）、double（双精度浮点型）和 decimal（十进制型）。

常用实数类型占用的存储空间及取值范围如表 2-3 所示。

表 2-3　实数类型及说明

数 据 类 型	占用存储空间/字节	取 值 范 围
float（单精度浮点型）	4（32 位）	$\pm 1.5\times 10^{-45}$～$\pm 3.4\times 10^{38}$ 的数
double（双精度型浮点型）	8（64 位）	$\pm 5.0\times 10^{-324}$～$\pm 1.7\times 10^{308}$ 的数
decimal（十进制型）	16（128 位）	$(-7.9\times 10^{-28}$～$7.9\times 10^{28})/10^{0\sim 28}$ 的数

float 型数据可表示的精度为 7 位；double 型数据可表示的精度为 15 位或 16 位；decimal 型数据可以表示 28 位或 29 位有效数字，特别适合财务和货币计算时使用。

2.2.2 字符类型

字符型数据包括单个字符类型与多个字符（字符串）类型。

1. Unicode 字符集

Unicode 是一种重要的通用字符编码标准，它覆盖了美国、欧洲、中东、非洲和亚洲的语言，以及古文和专业符号。Unicode 允许交换、处理和显示多语言文本，以及公用的专业和数学符号。

Unicode 字符适用于所有已知的编码。Unicode 是继 ASCII（美国国家交互信息标准编码）字符码后的一种新字符编码，如 UTF-16 允许用 16 位字符组合为一百万或更多的字符。C#提供的字符类型按照国际标准采用了 Unicode 字符集。

2. char（字符型）

char（字符型）的数据范围是 0～65535 的 Unicode 字符集中的单个字符，占用 2 字节。

char 表示无符号 16 位整数，char（字符型）的可能值集与 Unicode 字符集相对应。虽然 char 型数据的表示形式与 ushort（短整型）相同，但 ushort 与 char 意义不同，ushort 代表的是数值本身，而 char 代表的则是一个字符。举例如下。

```
char FirstChar = 'A';              //字符型常量必须加单引号来表示
```

3. string（字符串型）

string（字符串型）是指任意长度的 Unicode 字符序列，占用字节根据字符多少而定。

string 表示包括数字与空格在内的若干个字符序列，允许只包含一个字符的字符串，甚至可以是不包含字符的空字符串。举例如下。

```
string UserName = "zhangsan";      //字符串型常量必须加双引号来表示
string UserPwd = "";               //连续两个双引号表示空字符串
```

2.2.3 布尔类型和对象类型

bool（布尔型）：表示布尔逻辑型数据，其值只能是 true（真）或 false（假）。需要注意的是，true 和 false 是 C#的关键字，不能用来定义其他对象的名称。

bool 型数据为程序进行复杂的判断提供了数据类型依据，另外，在程序进行关系运算或逻辑运算时，也将产生 bool 型数据结果，所以 bool 类型数据也常被称为逻辑型数据。

object（对象型）是所有其他类型的最终基类，其占用字节视具体表示的数据类型而定。C#中的每种类型都是直接或间接从 object 类型派生的，object 表示一个通用类型。一个 object 类型的变量可以存放任何其他类型的数据。

2.2.4 数据类型转换

在程序处理数据的过程中，经常需要将一种数据类型转换为另一种数据类型。例如，用户在文本框中输入的数据，若需对其进行数学运算，则首先要将其类型由字符串型转换为数值类型；而需要显示到标签控件中的数字却需要首先将其转换成字符串类型。在 C#中，数据类型的转换分为"隐式转换"与"显式转换"两种。

1. 隐式转换

隐式转换是系统自动执行的数据类型转换。隐式转换的基本原则是允许数值范围小的类型向数值范围大的类型转换，允许无符号整数类型向有符号整数类型转换。举例如下。

  int x = 123456; //为 int 类型变量赋值
  long y = x; //将 x 的值读取出来，隐式转换为 long 类型后，赋给长整型变量 y
  uint a = 123456; //为无符号整型变量 a 赋值
  long b = a; //将 a 的值读取出来，隐式转换为有符号的长整型后，赋给长整型变量 b

C#允许将 char（字符）类型的数据隐式转换为数值范围在短整型（含短整型）以上的数值类型。举例如下。

  char mychar = 'A'; //为字符型变量 mychar 赋值
  //读取 mychar 的值，隐式转换为整数 65（A 的 ASCII 码值），与 32 相加后将结果赋给 num
  int num = 32 + mychar;

之所以允许将字符型数据隐式转换为整数，是因为 char 类型的数据在内存中保存的实质是整型数据，只是从意义上代表的是 Unicode 字符集中的一个字符。

在数据之间进行隐式转换，通常是从低精度的数据类型向高精度的数据类型转换，它一般不会失败，也不会导致信息丢失。

2. 显式转换

显式转换也称为强制转换，是在代码中明确指明将某一类型的数据转换为另一种类型。显式转换语句的一般格式为

  类型 A 变量 =(类型 A)类型 B 变量; //将类型 B 变量中的数据转换成类型 A

举例如下。

  int x = 600;
  short z = (short)x;

将变量 x 中的值显式地转换为 short 类型，赋值后，变量 z 的值为 600。

实际上，显式转换包括了所有的隐式转换，也就是说把任何隐式转换写成显式转换的形式都是允许的。与隐式转换相同，使用显式转换同样可能出现精度下降的情况。举例如下。

  decimal d = 234.55M; //应使用 M 或 m 类型符说明类型，否则系统会提示出错
  //将十进制变量 d 中的数据（234.55）转换为整型后，赋值给整型变量 x
  int x = (int)d;

将十进制型变量 d 的值显式转换为整型后，其小数部分将被截去，x 得到的赋值为 234。

3. 使用方法进行数据类型的转换

有时通过隐式或显式的转换都无法将一种数据类型转换为另一数据类型，例如，在程序设计中经常遇到的，将数值类型转换为字符串类型，或将字符串类型转换为数值类型。这种情况通常发生在需要使用文本框中的数据进行数学运算，或者将数值类型的数据显示在文本框中时。由于文本框的 Text 属性是字符串类型，因而必须进行这种数据类型的转换。为解决类似问题，C#提供了一些专门用于数据类型转换的方法。

（1）Parse 方法

Parse 方法用于将特定格式的字符串转换为数值，其语法格式为

  数值类型变量 = 数值类型.Parse(字符串型表达式);

其中"字符串型表达式"的值必须严格符合"数据类型名称"对数值格式的要求。举例如下。

  int x = int.Parse("123"); //将整型字符串转换为对应的整型数据
  float f = float.Parse("123.45"); //将单精度型字符串转换为对应的单精度数据

Parse 方法也可用于将包含单个字符的字符串数据转换为 char 类型。举例如下。

  char mychar = char.Parse("A") //将包含单个字符的字符串转换为 char 类型

（2）ToString()方法

ToString()方法可将其他数据类型的变量值转换为字符串类型。其方法格式为

  String 类型变量 = 其他类型变量.ToString();

举例如下。

```
int x = 123;
string s = x.ToString();           //将整型变量 x 的值读取出来，转换为字符串"123"，然后赋值给 s
decimal y = 10M / 3M;              //使用标识符 M 表示这是两个 decimal 类型数据相除
label1.Text = y.ToString("f");     //将变量 y 的值显示到标签控件中，保留 2 位小数点（得到 3.33）
label2.Text = y.ToString("f4");    //保留 4 位小数点（得到 3.3333）
```

（3）Convert 类

Convert 类包含了众多进行数据类型转换的方法，如表 2-4 所示。

表 2-4 Convert 类包含的常用类型转换方法

方法与属性格式	功能说明	示例	示例结果
Convert.ToBoolean(数字字符串)	数值转换为布尔型	Convert.ToBoolean(123)	true
Convert.ToBoolean(字符串)	字符串转换为布尔型	Convert.ToBoolean("false")	false
Convert.ToByte(数字字符串)	字符串转换为无符号字节型数值	Convert.ToByte("123")	123
Convert.ToChar(整型值)	转换 ASCII 码值为对应字符	Convert.ToChar(65)	A
Convert.ToDateTime(日期格式字符串)	字符串转换为日期时间	Convert.ToDateTime("2015-12-21 16:32:57")	2015-12-21 16:32:57
Convert.ToDecimal(数字字符串)	字符串转换为十进制型数值	Convert.ToDecimal("123.56")	123.56
Convert.ToDouble(数字字符串)	字符串转换为双精度型数值	Convert.ToDouble("123.56")	123.56
Convert.ToInt16(数字字符串)	字符串转换为短整型数值	Convert.ToInt16("-123")	−123
Convert.ToInt32(数字字符串)	字符串转换为整型数值	Convert.ToInt32("-123")	−123
Convert.ToInt64(数字字符串)	字符串转换为长整型数值	Convert.ToInt64("-123")	−123
Convert.ToSByte(数字字符串)	字符串转换为有符号字节型数值	Convert.ToSByte("-123")	−123
Convert.ToSingle(数字字符串)	字符串转换为浮点型数值	Convert.ToSingle(123.56)	123.56
Convert.ToUInt16(数字字符串)	字符串转换为无符号短型数值	Convert.ToUInt16("123")	123
Convert.ToUInt32(数字字符串)	字符串转换为无符号整型数值	Convert.ToUInt32("123")	123
Convert.ToUInt64(数字字符串)	字符串转换为无符号长整型数值	Convert.ToUInt64("123")	123
Convert.ToString(各种类型数据)	其他类型转换为字符串	Convert.ToString(DateTime.Now)	"2017-6-28 16:32:57"

2.3 运算符与表达式

  描述各种不同运算的符号称为运算符，而参与运算的数据称为操作数。表达式用来表示某个求值规则，它由运算符、配对的圆括号，以及常量、变量、函数和对象等操作数组合而成。表达式可用来执行运算、处理字符串或测试数据等，每个表达式都产生唯一的值。表达式的类型由运算符的类型决定。

2.3.1 运算符与表达式类型

  根据运算符的不同，C#将运算符和表达式分为以下 5 种类型：算术运算符和算术表达

式、字符串运算符和字符串表达式、位运算符和位运算表达式、关系运算符和关系表达式、布尔运算符和布尔表达式。

1. 算术运算符与算术表达式

算术运算符包括一元运算符与二元运算符。

由算术运算符与操作数构成的表达式称为算术表达式。

（1）一元运算符

一元运算符包括：–（取负）、+（取正）、++（增量）、--（减量）。

一元运算符作用于一个操作数，其中"–"与"+"只能放在操作数的左边，表示操作数为负或为正。

增量与减量符只能用于变量，不能用于常量。表示操作数增1或减1。举例如下。

```
int x = 10;
++x;        //增量，x 的值为 11，等价于 x = x + 1
x = 5;
x--;        //减量，x 的值为 4，等价于 x = x - 1
```

增量与减量运算符既可以放在操作数的左边，也可以放在操作数的右边。如果在赋值语句中使用增量或减量运算符，其出现的位置不同，具有的含义也不同。

若增量或减量运算符出现在操作数的左侧，表示将操作数先执行增量或减量，再将增（减）结果赋值给"="左侧的变量。

若增量或减量运算符出现在操作数的右侧，表示先将未执行增（减）量操作的操作数赋值给"="左侧的变量，再执行增量或减量操作，并将增（减）结果保存在操作数中。举例如下。

```
int a, b, c, d;
a = b = 10;
c = ++a;    //先执行增量，再执行赋值，c 的值为 11
c = b++;    //先执行赋值，再执行增量，c 的值为 10
d = b;      //b 在上一语句中已执行了增量，故 d 的值为 11
```

（2）二元运算符

二元运算符包括：+（加）、–（减）、*（乘）、/（除）、%（求余）。其意义与数学中相应运算符的意义基本相同。

说明：%（求余）运算符是以除法的余数作为运算结果，故求余运算也称为模运算。举例如下。

```
int x = 6, y = 4, z;
z = x % y;      //z 的值为 2，即 6 被 4 除得余数 2
z = y % x;      //z 的值为 4，即 4 被 6 除得商 0，得余数 4
```

在 C#中，求余运算符不仅支持整型数值的运算，也支持实型数值的运算。例如，5%1.5 的结果为 0.5。

（3）算术表达式

算术表达式是指使用若干二元运算符、数学方法、括号和操作数等元素共同组成的数学式子，与大家熟悉的数学表达式十分相似。举例如下。

```
int a, b, c;
c = a * b / (32 + b%3);     //由运算符、操作数和括号组成的算术表达式
```

需要注意的是，在算术表达式中所有的括号都要使用圆括号"()"，不能使用"[ ]"和"{ }"。此外，在使用算术表达式时，要特别注意数据类型对最终计算结果的影响。

在使用算术表达式时应特别注意变量的类型，不同数据类型的变量中存储的数据也可能是不同的，尽管这些数据都是来自相同的计算结果。举例如下。

  int a, b = 39;
  a = b / 2;   //a 的值为 19，而不是 19.5

这是由于相除的两个数都是整型，结果也是整型，小数部分被截去。即使被赋值的是实型变量，两个整型数相除，也不会保留相除结果的小数部分。举例如下。

  double x;
  int a = 37, b = 4;
  x = a / b;   //x 的值是 9 而不是 9.25

这是由于 a 和 b 都是整型，所以运算的结果只能是整型，这个整型结果在赋给双精度变量 x 时，才被隐式转换为双精度型。因此，x 的值自然是 9 而不是 9.25。

两个整型数相除如果想保留住小数，必须进行显式转换。举例如下。

  double x;
  int a=37, b=4;
  x=(double)a / b; //x 的值是 9.25

由于 a 被强制转换为双精度型，则 b 在运算前也被隐式转换为双精度型（向数值范围宽的类型转换），运算的结果自然也是双精度型。

2. 字符串运算符与字符串表达式

字符串表达式由字符串常量、字符串变量、字符串方法和字符串运算符组成。C#提供的字符串运算符只有一个"+"，它用于连接两个或更多的字符串。

当两个字符串用连接运算符"+"连接起来后，第二个字符串直接添加到第一个字符串的尾部，得到一个包含两个源字符串全部内容的新的字符串。如果要把多个字符串连接起来，每两个字符串之间都要用"+"分隔开。举例如下。

  string str = "中国" + "人民"; //连接后结果为："中国人民"
  string str = "ABC" + "D" + "EFG"; //连接后结果为："ABCDEFG"
  string str = "12 3" + "45" + "6 7"; //连接后结果为："12 3 45 6 7"

字符串连接运算符"+"还可以将字符型数据与字符串型数据或多个字符型数据连接在一起，得到的结果为一个新字符串。举例如下。

  string str = 'E' + "abcd" + 'F'; //str 的值为"EabcdF"

3. 关系运算符与关系表达式

（1）关系运算符

关系运算符用于对两个操作数进行比较，判断关系是否成立，若成立则结果为 true，否则为 false，即关系运算符的运算结果为布尔型。常用的关系运算符及说明如表 2-5 所示。

表 2-5 C#中常用的关系运算符

关系运算符	含义	关系表达式示例	运算结果
==	等于	"Abcd" == "abcd"	false
>	大于	5 > 3	true
>=	大于或等于	x=5; x>= 3;	true
<	小于	32<5	false
<=	小于或等于	3 <= 23	true
!=	不等于	"张三" != "李四"	true

需要注意以下两点。

1）等于运算符由两个连续的等号"=="构成，以区别于"="（赋值号）运算符。

2）凡是由两个符号构成的关系运算符（如==、>=、<=、!=），在使用时两个符号之间不能有空格，否则将出错。

（2）关系表达式

关系表达式由操作数和关系运算符组成。关系表达式中既可以包含数值，也可以用于字符或字符串，但是用于字符串的关系运算符只有相等（==）和不等（!=）两种运算符。

下面的代码给出了常见的关系表达式使用方法。

```
int a = 5, b = 3;
char ca = 'A', cb = 'B';
string sa = "abcd", sb = "abc";
bool i, c, s;
i = a > b;          //先进行 a>b 的比较，然后把比较结果 true 赋值给 i
c = ca > cb;        //c 的值为 false
s = (sa==sb);       //s 的值为 false
```

需要说明的是，在进行字符或字符串比较时，实际上比较的是字符的 Unicode 值。上例中两个字符变量的比较，由于 A 的 ASCII 码值小于 B 的 ASCII 码值，所以 ca>cb 的关系不成立，运算的结果为 false。

字符串的比较与字符比较道理相同，相等运算要求两个字符串的个数与相应位置上的字符完全相同时运算结果为 true，否则运算结果为 false。

4. 逻辑运算符与逻辑表达式

逻辑表达式（也称为"布尔表达式"）由关系运算符、逻辑运算符（也称为"布尔运算符"）连接常量或关系表达式组成，其取值为布尔值（true 或 false）。通过条件表达式或逻辑表达式可对应用程序计算结果及用户输入值进行判断，并根据判断结果选取执行不同的代码段。

逻辑运算符的操作数是布尔类型，运算结果也是布尔类型。在 C#中，最常用的逻辑运算符是!（非）、&&（与）、||（或）。

"非"运算是一元运算符，是求原布尔值相反值的运算，如果原值为真，非运算的结果为假，否则为真。

"与"运算是求两个布尔值都为真的运算，当两个布尔值都为真时，运算结果为真，即所谓同真为真。

"或"运算是求两个布尔值中至少有一个为真的运算，当两个布尔值中至少有一个为真时运算结果为真，只有在两个布尔值均为假时，运算结果才为假，即所谓同假为假。举例如下。

```
bool b1 = !(5>3);              //b1 的值为 false
bool b2 = (5>3) && (1>2);      //b2 的值为 false
bool b3 = (5>3) || (1>2);      //b3 的值为 true
```

5. 赋值运算符与赋值表达式

在赋值表达式中，赋值运算符左边的操作数称为左操作数，赋值运算符右边的操作数称为右操作数。其中左操作数必须是一个变量或属性，而不能是一个常量。

前面介绍过的赋值运算符"="称为"简单赋值运算符"，它与其他算术运算符结合在一起可组成"复合赋值运算符"，如*=、/=、%=、+=、-=等。C#中常用的复合运算符及等价关系如表 2-6 所示。

表 2-6 C#中常用的复合运算符

复合运算符	等价于	复合运算符	等价于
x++, ++x	x = x + 1	x %= y	x = x % y
x--, --x	x = x - 1	x >>= y	x = x >> y
x += y	x = x + y	x <<= y	x = x << y
x -= y	x = x - y	x &= y	x = x & y
x *= y	x = x * y	x |= y	x = x | y
x /= y	x = x / y	x ^= y	x = x ^ y

赋值表达式的一般格式为

  左操作数 赋值运算符 右操作数;

使用复合赋值运算符时,系统先将左操作数与右操作数进行"其他运算符"要求的运算,然后再将运算结果赋值给左操作数。例如,x + = y 表示先执行 x + y 的运算,然后再将运算结果赋值给 x,所以 x + = y 等效于 x = x + y。

6. 条件赋值运算符及表达式

条件赋值表达式可以看作是逻辑表达式和赋值表达式的组合,它可根据逻辑表达式的值(true 或 false)返回不同的结果。条件运算符由符号?与:组成,通过操作 3 个操作数完成运算,其一般格式为

  变量 = 关系表达式 ? 表达式 1 : 表达式 2;

条件赋值表达式在运算时,首先运算"关系表达式"的值,如果为 true,则运算结果为"表达式 1"的值,否则运算结果为"表达式 2"的值。举例如下。

```
int x, y;
x=400;
y = x > 500 ? x*0.8 : x*0.9;        //y 的值为 360
```

由于 x 的值为 400,小于 500,故条件赋值表达式执行时将返回后一个表达式(x*0.9)的值。条件赋值表达式也可以嵌套使用,举例如下。

```
int x=100,y=100;
string s;
s = x>y ? "greater than" : x==y ? "equal to" : "less than";        //s 的结果为 equal to
```

上例中的条件赋值表达式对照一般格式分析,其中布尔类型表达式为"x>y",表达式 1 为""greater than"",表达式 2 本身又是一个完整的条件赋值表达式"(x==y?"equal to":"less than")"。

显然,通过条件赋值表达式的嵌套,可以实现多分支的选择判断。

2.3.2 运算符的优先级与结合性

运算符的优先级与结合性本质上都是运算顺序问题,优先级是指当一个表达式中出现不同的运算符时,先进行何种运算。结合性是指当一个表达式中出现两个以上的同级运算符时,是由左向右运算还是由右向左运算。

1. 优先级

运算符的优先级具有以下几个特点。

1)一元运算符的优先级高于二元和三元运算符。

2)不同种类运算符的优先级有高低之分,算术运算符的优先级高于关系运算符,关系运

算符的优先级高于逻辑运算符，逻辑运算符的优先级高于条件运算符，条件运算符的优先级高于赋值运算符。

3）有些同类运算符优先级也有高低之分，在算术运算符中，乘、除、求余的优先级高于加、减；在关系运算符中，小于、大于、小于或等于、大于或等于的优先级高于相等与不等；逻辑运算符的优先级按从高到低排列为非、与、或。

事实上，一个表达式常常是各种运算符混合在一起使用的，当一个表达式中包含不同类型的运算符时，将按照各运算符优先级的不同安排运算顺序。举例如下。

    bool b = 5*2 + 8>= 9*8 || "ABC" == "ABC" && !(3-2<3*5);

上述表达式的运算执行过程如下。

1）先运算括号内的表达式，括号内的表达式先运算"3*5"结果为15，再运算"3-2"结果为1，然后运算"1<15"，结果为 true，这时整个表达式运算的中间结果为"5*2+8>=9*8|| "ABC"=="ABC"&&!true"。

2）由于一元运算符的优先级高于二元运算符，所以在第1）步中得出的中间结果的基础上先运算"!true"，结果为 false，得出的中间结果为"5*2+8 >= 9*8 || "ABC" == "ABC" && false"。

3）在第2）步的中间结果中，优先级最高的是算术运算符，而算术运算符中乘运算符又高于加运算符，所以先运算"5*2"与"9*8"，结果分别为10与72，然后运算"10+8"，结果为18，至此算术运算全部完成，表达式中只剩下关系运算符与逻辑运算符，其中间结果为

    18 >= 72 || "ABC" == "ABC" && false

4）在第3）步的中间结果中，关系运算符优先级高于逻辑运算符，而关系运算符中">="运算符的优先级又高于"="运算符，所以先运算 18 >= 72 结果为 false，再运算"ABC" == "ABC"，结果为 true，其中间结果为

    false || true && false

5）表达式运算到第4）步，只剩下逻辑或（||）运算符和逻辑与（&&）运算符，由于与运算符的优先级高于或运算符，所以先运算"true && false"，根据与运算"同真为真"的规则，运算结果为 false，表达式的中间结果为"false || false"，最后进行或运算，根据"同假为假"的规则，最终运算结果为 false。

2. 圆括号

为了使表达式按正确的顺序进行运算，避免实际运算顺序不符合设计要求，同时为了提高表达式的可读性，可以使用圆括号明确运算顺序。举例如下。

    string s = x>y ? "greater than" : x==y ? "equal to" : "less than";

上述表达式是一个正确的表达式，但为了提高表达式的可读性，可以添加括号使之成为

    string s = x>y ? "greater than" : (x==y ? "equal to" : "less than");

使用括号还可以改变表达式的运算顺序。例如，b*c+d 的运算顺序是先进行"b*c"的运算，然后再加"d"，如果表达式加上括号，变为 b*(c+d)，则运算时会先进行括号内的运算，然后将结果乘"b"。

3. 结合性

在多个同级运算符中，赋值运算符与条件运算符是由右向左结合的，除赋值运算符以外的二元运算符是由左向右结合的。例如，x + y + z 是按(x + y) + z 的顺序运算的，而 x = y= z 是按 x = (y = z)的顺序运算（赋值）的。

2.4 C#常用方法与属性

为了方便程序设计中各种数据类型的处理，C#提供了丰富的类方法与类属性，使用这些方法与属性，可以提高程序设计的效率。在.NET 中为了管理方便，而将各种类、对象划分到不同的"命名空间"（Namespace）中，各命名空间中又可能包含子空间。在使用类和对象时，如果对应的命名空间尚未使用 using 命令引用将会出现错误。

2.4.1 日期时间类常用方法与属性

C#中的 DateTime 类提供了一些常用的日期时间方法与属性，该类属于 System 命名空间。在使用模板创建应用程序时，该命名空间的引用已自动生成，因此可以直接使用 DateTime 类。对于以当前日期时间为参照的操作，可以使用该类的 Now 属性及其方法。

以 2017 年 7 月 31 日星期一，16 点 17 分 25 秒的当前日期时间为例，日期时间类的 Now 属性的常用方法与属性如表 2-7 所示。

表 2-7 日期时间类的常用方法与属性

方法与属性格式	功能说明	示 例	示例结果
DateTime.Now.ToLongDateString()	获取当前日期字符串	DateTime.Now.ToLongDateString()	2017 年 7 月 31 日
DateTime.Now.ToLongTimeString()	获取当前时间字符串	DateTime.Now.ToLongTimeString()	16:17:25
DateTime.Now.ToShortDateString()	获取当前日期字符串	DateTime.Now.ToShortDateString()	2017-7-31
DateTime.Now.ToShortTimeString()	获取当前时间字符串	DateTime.Now.ToShortTimeString()	16:17
DateTime.Now.Year	获取当前年份	DateTime.Now.Year	2017
DateTime.Now.Month	获取当前月份	DateTime.Now.Month	7
DateTime.Now.Day	获取当前日	DateTime.Now.Day	31
DateTime.Now.Hour	获取当前小时	DateTime.Now.Hour	16
DateTime.Now.Minute	获取当前分钟	DateTime.Now.Minute	17
DateTime.Now.Second	获取当前秒	DateTime.Now.Second	25
DateTime.Now.DayOfWeek	当前为星期几	DateTime.Now.DayOfWeek.ToString()	Monday
DateTime.Now.AddDays(以天为单位的双精度实数)	增减天数后的日期	DateTime.Now.AddDays(1.5).ToString() DateTime.Now.AddDays(-1.5).ToString()	2017-8-2 4:17:25 2017-7-30 4:17:25

2.4.2 常用数学方法与属性

C#中的 Math 类提供了一些常用的数学方法与属性，该类属于 System 命名空间。Math 类是一个密封类，有两个公共属性和若干静态数学方法。Math 类常用的属性与方法如表 2-8 所示。

表 2-8 数学类常用属性与方法

方法与属性格式	功能说明	示 例	示例结果
Math.PI	得到圆周率	Math.PI	3.14159265358979
Math.E	得到自然对数的底	Math.E	2.71828182845905
Math.Abs(数值参数)	求绝对值方法	Math.Abs(-38.5)	38.5
Math.Cos(弧度值)	求余弦值方法	Math.Cos(Math.PI/3)	0.5
Math.Sin(弧度值)	求正弦值方法	Math.Sin(Math.PI/6)	0.5
Math.Tan(弧度值)	求正切值方法	Math.Tan(Math.PI/4)	1
Math.Max(数值1,数值2)	求最大值方法	Math.Max(3,2)	3
Math.Min(数值1,数值2)	求最小值方法	Math.Min(3,2)	2

方法与属性格式	功能说明	示例	示例结果
Math.Pow(底数,指数)	求幂方法	Math.Pow(3,2) 求 3 的 2 次方	9
Math.Round(实数) Math.Round(实数,小数位)	求保留小数值方法	Math.Round(3.54) Math.Round(3.1415926,3)	4 3.142
Math.Sqrt(平方数)	求平方根方法	Math.Round(Math.Sqrt(2),3)	1.414

2.4.3 常用字符串方法与属性

任何字符串变量与常量对象都具有字符串的方法与属性,可以使用这些方法与属性来处理字符串。假设有一个字符串变量 s,其值为" abCDeFg"(注意,该字符串前两个字符为空格),则 s 就具有如表 2-9 中所示的字符串常用方法与属性。

表 2-9 处理字符串常用方法与属性

方法与属性格式	功能说明	示例	示例结果
源字符串.CompareTo(目标字符串)	字符串比较。源串大于目标串为 1,等于目标串 0,小于目标串为-1	s.CompareTo("abCDeFg") s.CompareTo("　　abCDeFg") "abCDeFg".CompareTo(s)	-1 0 1
字符串.IndexOf(子串,查找起始位置)	查找指定子串在字符串中的位置	s.IndexOf("b",0)	3
字符串.Insert(插入位置,插入子串)	在指定位置插入子串	s.Insert(3,"hij")	ahijbCDeFg
字符串.LastIndexOf(子串)	指定子串最后一次出现的位置	s.LastIndexOf("F")	7
字符串.Length	字符串中的字符数	s.Length	9
字符串.Remove(起始位置,移除字符数)	移除子串	s.Remove(3,2)	aDeFg
字符串.Replace(源子串,替换子串)	替换子串	s.Replace("eFg","hij")	abCDhij
字符串.Substring(截取起始位置) 字符串.Substring(截取起始位置,截取字符数)	截取子串	s.Substring(3) s.Substring(3,4)	bCDeFg bCDe
字符串.ToLower( )	字符串转小写	s.ToLower( )	abcdefg
字符串.ToUpper( )	字符串转大写	s.ToUpper( )	ABCDEFG
字符串.Trim( )	删除字符串前后的空格	s.Trim( )	abCDeFg

2.4.4 随机方法

Random 类提供了产生伪随机数的方法,该方法必须由 Random 类创建的对象调用。Random 类创建对象的格式为

Random 随机对象名称 = new Random();

如果要声明一个随机对象 r,则代码为

Random r = new Random();

现假定已经声明了一个随机对象 r,则随机方法的使用如表 2-10 所示。

表 2-10 常用随机方法

方法与属性格式	功能说明	示例	示例结果
对象名称.Next( )	产生随机整数	r.Next()	随机整数
对象名称.Next(正整数)	产生0~指定整数之间的随机整数	r.Next(100)	0~100 的随机整数
对象名称.Next(整数1,整数2)	产生两个指定整数之间的随机整数	r.Next(-100,100)	-100~100 的随机整数
对象名称.NextDouble( )	产生 0.0~1.0 之间的随机实数	r.NextDouble()	0.0~1.0 的随机实数

需要说明的是，使用 Random 对象产生某区间内的随机整数时，下界包含在随机数内，而上界不包含在随机数内。例如，随机数中包含 1，但不包含 10，即随机数范围为 1～9。

```
Random rd =new Random();
int Num = rd.Next(1, 10);
```

2.5　实训　C#数据类型与常用方法

2.5.1　实训目的

了解 C#语言的语法规则，理解与掌握 C#各种基本数据类型的知识。理解表达式的概念及作用，根据需要正确设计各种类型的表达式。掌握处理各种数据类型常用的方法、属性和字段，根据需要灵活运用，以提高程序代码设计效率。

2.5.2　实训要求

设计一个 Windows 应用程序，程序启动时显示如图 2-1 所示的界面。单击不同的按钮页面中将显示对应数据类型常用方法的使用示例。图 2-2 所示为"日期时间"按钮被单击时显示的结果，图 2-3 所示为"数学"按钮被单击时显示的结果，图 2-4 所示为"字符串"按钮被单击时显示的结果，图 2-5 所示为"随机数"按钮被单击时显示的结果。

图 2-1　程序初始界面

图 2-2　日期时间类型常用方法

图 2-3　常用数学方法

图 2-4　常用字符串方法

图 2-5　常用随机数方法

2.5.3　实训步骤

1. 设计程序界面

新建一个 Windows 应用程序项目，向窗体中添加 1 个用于显示输出信息的标签控件 label1 和 4 个按钮控件 button1～button4。

2. 设置各控件的属性

在设计视图中选中 label1 控件，在"属性"窗口中设置其 Name 属性为 lblResult；分别选中 4 个按钮控件，设置它们的 Name 属性分别为 btnDataTime、btnMath、btnSting 和 btnRandom，设置它们的 Text 属性分别为"日期时间""数学""字符串"和"随机数"。

3. 编写程序代码

在设计视图中双击某对象可切换到代码窗口，并由系统自动创建该对象的默认事件框架。例如，双击窗体将切换到代码窗口，并由系统自动创建一个名为 Form1_Load 的事件处理程序框架。

所谓"事件"，是指用户或系统对程序执行了某种操作，如页面加载、单击按钮或更改选项等。"事件过程"是指当某事件发生时执行的程序代码段。例如，书写在 Form1_Load 事件过程中的代码，当窗体装入时会自动被执行；书写在 button1_Click 事件过程中的代码，在用户单击按钮 button1 时将被自动执行，这就是 Visual Studio 的事件驱动编程模式。

窗体装入时执行的事件过程代码如下。

```
private void Form1_Load(object sender, EventArgs e)
{
    this.Text = "常用数据类型及方法";
    lblResult.Text = "请单击一个按钮";
}
```

"时间日期"按钮被单击时执行的事件处理程序代码如下。

```
private void btnDateTime_Click(object sender, EventArgs e)
{
    this.Text = "常用日期时间方法使用示例";
    lblResult.Text = "获取当前日期字符串，DateTime.Now.ToLongDateString()：" +
        DateTime.Now.ToLongDateString() + "\n\n";
    lblResult.Text += "获取当前时间字符串(1)，DateTime.Now.ToLongTimeString()：" +
        DateTime.Now.ToLongTimeString() + "\n\n";
    lblResult.Text += "获取当前日期字符串(2)，DateTime.Now.ToShortDateString()：" +
        DateTime.Now.ToShortDateString() + "\n\n";
    lblResult.Text += "获取当前时间字符串(3)，DateTime.Now.ToShortTimeString()：" +
        DateTime.Now.ToShortTimeString() + "\n\n";
    lblResult.Text += "今天是星期几，DateTime.Now.DayOfWeek：" + DateTime.Now.DayOfWeek +
        "\n\n";
    lblResult.Text += "今天是一年中的第几天，DateTime.Now.DayOfYear：" +
        DateTime.Now.DayOfYear + "\n\n";
    lblResult.Text += "增减天数后的日期，DateTime.Now.AddDays(1.5)：" +
        DateTime.Now.AddDays(1.5) + "\n\n";
}
```

"数学"按钮被单击时执行的事件处理程序代码如下。

```
private void btnMath_Click(object sender, EventArgs e)
{
    this.Text = "常用数学方法使用示例：";
    lblResult.Text = "求绝对值方法 Math.Abs(-38.5)：" + Math.Abs(-38.5) + "\n\n";
    lblResult.Text += "求正弦值方法（30°），Math.Sin(Math.PI/6)：" + Math.Sin(Math.PI / 6) +
        "\n\n";
    lblResult.Text += "求余弦值方法（60°），Math.Cos(Math.PI/3)：" + Math.Cos(Math.PI / 3) +
        "\n\n";
    lblResult.Text += "求最大值方法，Math.Max(3,2)：" + Math.Max(3, 2) + "\n\n";
    lblResult.Text += "求最小值方法，Math.Min(3,2)：" + Math.Min(3, 2) + "\n\n";
```

```
        lblResult.Text += "求幂方法（3 的平方），    Math.Pow(3,2)： " + Math.Pow(3, 2) + "\n\n";
        lblResult.Text += "保留小数值方法，   Math.Round(3.54)： " + Math.Round(3.54) + "\n\n";
        lblResult.Text += "求平方根方法（2 的平方根），    Math.Sqrt(2)： " + Math.Sqrt(2) + "\n\n";
    }
```

"字符串"按钮被单击时执行的事件处理程序代码如下。

```
    private void btnString_Click(object sender, EventArgs e)
    {
        this.Text = "字符串方法及属性使用示例：";
        lblResult.Text = "查找指定子串在字符串中的位置，\"abCDeFg\".IndexOf(\"b\",0)： " +
                "abCDeFg".IndexOf("b", 0) + "\n\n";
        lblResult.Text += "在指定位置插入子串，\"abCDeFg\".Insert(3,\"hij\")： " +
                "abCDeFg".Insert(3, "hij") + "\n\n";
        lblResult.Text += "指定子串最后一次出现的位置，\"abCDeFg\".LastIndexOf(\"F\")): " +
                "abCDeFg".LastIndexOf("F") + "\n\n";
        lblResult.Text += "字符串中的字符数，\"abCDeFg\".Length： " + "abCDeFg".Length + "\n\n";
        lblResult.Text += "移除子串，\"abCDeFg\".Remove(3,2)： " + "abCDeFg".Remove(3, 2) + "\n\n";
        lblResult.Text += "替换子串，\"abCDeFg\".Replace(\"eFg\",\"hij\")： " +
                "abCDeFg".Replace("eFg", "hij") + "\n\n";
        lblResult.Text += "截取子串，\"abCDeFg\".Substring(3,4)： " + "abCDeFg".Substring(3, 4) +
                "\n\n";
        lblResult.Text += "字符串转小写，\"abCDeFg\".ToLower()： " + "abCDeFg".ToLower() + "\n\n";
        lblResult.Text += "字符串转大写，\"abCDeFg\".ToUpper()： " + "abCDeFg".ToUpper() + "\n\n";
    }
```

"随机数"按钮被单击时执行的事件处理程序代码如下。

```
    private void btnRandom_Click(object sender, EventArgs e)
    {
        this.Text = "随机数方法使用示例";
        Random r = new Random();              //声明一个随机数对象 r（也称为"实例化"）
        lblResult.Text = "产生随机整数，r.Next()： " + r.Next() + "\n\n";
        lblResult.Text += "产生 0~100 的随机整数，   r.Next(100)： " + r.Next(100) + "\n\n";
        lblResult.Text += "产生-100~100 的随机整数，   r.Next(-100, 100)： " + r.Next(-100, 100) +
                "\n\n";
        lblResult.Text += "产生 0.0~1.0 的随机实数，  r.NextDouble()： " + r.NextDouble() + "\n\n";
    }
```

说明：

1）双引号是字符串常量的定界符，若字符串的内容中也使用了双引号，则应当使用"\""转义符，否则程序将出错。

2）为了使标签控件中的文字产生换行，程序中使用了表示换行符的转义符"\n"（"\n\n"表示产生两个换行符，使行与行之间保留一个空行）。

3）程序中使用了复合运算符"+="。如，"x += y;"等效于"x = x + y;"。

第3章 流程控制语句与控件

C#是一种完全面向对象的程序设计语言,所谓"面向对象",是指将程序中的所有实体都看作一个"对象"(Object),并将具有相同特征的对象归于一个"类"(Class)中。在进行程序设计时,开发人员的主要工作是在特定的时间(某事件被触发时),通过代码控制对象的属性、调用对象的方法,以最终实现程序的设计目标。

3.1 流程控制语句

所谓"流程控制",是指在程序设计时通过选择、循环等语法结构来控制代码的执行顺序,以达到判断、重复执行等运行效果。

3.1.1 选择结构

所谓"选择结构",是指程序可以根据一定的条件有选择地执行某一程序段,即对不同的问题采用不同的处理方法。最简单的选择结构可以概括成"如果 A,则 B,否则 C",显然 A 是一个条件,而 B 和 C 是处理问题的方法,也就是说如果条件 A 成立,则按方案 B 执行,否则按方案 C 执行。

C#提供了多种形式的语法格式来实现选择结构。

1. if…else 结构

if 语句是程序设计中基本的选择语句,if 语句的语法格式为

```
if(条件表达式)
{
    语句序列 1;
}
else
{
    语句序列 2;
}
```

说明:

1)条件表达式可以是关系表达式、布尔表达式或布尔常量值真(true)与假(false),当条件表达式的值为真时,程序执行语句序列 1,否则执行语句序列 2。

2)语句序列 1 和语句序列 2 可以是单语句,也可以是语句块。如果语句序列中为单语句,大括号可以省略。

3)else 子句为可选部分,可根据实际情况决定是否需要该部分。

根据条件表达式的值进行判断,当该值为真(true)时执行 if 后的语句序列;当该值为假时,执行 else 后的语句序列。该结构一般用于两种分支的选择。下面结合实例介绍 if…else 语句的使用方法。

【演练3-1】 设计一个字符长度判断程序。要求用户在文本框中输入一个字符串,单击"确定"按钮时判断字符串的长度是否为 6~10 个字符,并分别给出如图 3-1 和图 3-2 所示的

提示信息。

图 3-1 字符串长度符合规定

图 3-2 字符串长度未在 6～10 个字符之间

程序设计步骤如下。

（1）设计程序界面

新建一个 Windows 项目，向窗体中添加 1 个文本框和 1 个按钮控件，适当调整各对象的大小及位置。

（2）设置对象属性

分别选中各对象，在"属性"窗口中设置按钮控件的 Name 属性为 btnOK，Text 属性为"确定"；设置文本框控件的 Name 属性为 txtStr；设置窗体的 Text 属性为"测试字符串的长度"。

（3）编写程序代码

在窗体设计视图中双击按钮控件，系统将切换到代码编辑视图，并自动创建按钮控件的单击（Click）事件的代码框架。

编写按钮控件的单击事件响应代码如下。

```
private void btnOK_Click(object sender, EventArgs e)
{
    if (txtStr.Text.Length < 6 || txtStr.Text.Length > 10)
    {
        MessageBox.Show("字符串长度只能为6～10个字符！ ", "提示", MessageBoxButtons.OK,
            MessageBoxIcon.Warning);
    }
    else
    {
        MessageBox.Show("字符串长度符合规定","通过",
            MessageBoxButtons.OK,MessageBoxIcon.Information);
    }
}
```

说明：

1）设置控件的 Name 属性是为了在编写代码时更容易区分，使代码的可读性更好。这种做法在窗体中存在大量控件时尤为必要。

2）本例使用 if…else 选择结构对用户输入到文本框中的字符串长度进行判断，布尔表达式"txtStr.Text.Length < 6 || txtStr.Text.Length > 10"为 true 或 false 时将弹出不同内容的信息框。

3）字符串变量的 Length 属性用于测试并返回一个整型数来表示字符串的长度值。

4）布尔表达式中"||"表示一个"或运算"，只要两个关系表达式中任何一个为 true，布尔表达式的值就为 true。也就是说，字符串的长度小于 6 或者大于 10 都将使布尔表达式的值为 true，此时程序将弹出信息框，显示"字符串长度只能为6～10个字符"的提示信息。

5）MessageBox 类的 Show()方法用于弹出一个信息框，其常用语法格式为

MessageBox.Show("提示信息", "标题", 按钮类型, 图标类型);

2. if…else if 结构

使用 if…else if 语句可以进行多条件判断,故也称为"多条件 if 语句"。它适合用于对 3 种或 3 种以上的情况进行判断的选择结构。if…else if 语句的语法格式为

```
if(条件表达式 1)
    {条件表达式 1 成立时执行的语句序列;}
else if(条件表达式 2)
    {条件表达式 2 成立时执行的语句序列;}
        ⋮
else if(条件表达式 n)
    {条件表达式 n 成立时执行的语句序列;}
else
    {上述所有条件都不成立时执行的语句序列;}
```

例如,挑选男子篮球队员。要求应征者首先性别为"男",而且身高要不低于 1.78m,体重应在 75～100kg,判断过程如下。

```
if(性别 = "女")
{
    //按不符合条件处理
}
else if(身高 < 1.78)         //else if 可以理解为"否则,如果…"
{
    //按不符合身高条件处理
}
else if(体重 < 75 || 体重>100)
{
    //按不符合体重条件处理
}
else
{
    //按符合条件处理
}
```

【演练 3-2】 设计一个用户登录界面,如果用户输入的用户名为 zhangsan,输入的密码为 123456,则显示主程序界面,否则给出相应的出错提示信息。程序运行结果如图 3-3～图 3-5 所示。

图 3-3 用户名出错　　　　　图 3-4 密码出错　　　　　图 3-5 登录成功

程序设计步骤如下。

(1) 设计程序界面

新建一个 Windows 窗体项目,将由系统自动创建的默认窗体的 Name 属性设置为 frmLogin,在解决方案资源管理器中将默认的 Form1.cs 重命名为 frmLogin.cs。向 frmLogin 窗

体中添加 2 个标签、2 个文本框和 1 个按钮控件，适当调整各对象的大小及位置。

在解决方案资源管理器中右击项目名称，在弹出的快捷菜单中选择"添加"→"Windows 窗体"命令，弹出如图 3-6 所示的对话框，将新窗体命名为 frmMain.cs，然后单击"添加"按钮。

图 3-6　向项目中添加新窗体

frmMain 窗体作为登录成功后显示的程序主界面，需要在窗体中添加一个用于显示标识信息的标签控件 label1（不同窗体上的控件可以拥有相同的 Name 属性）。

（2）设置对象属性

设置 frmLogin 窗体中的 2 个标签控件的 Text 属性分别为"用户名"和"密码"；设置 textBox1 的 Name 属性为 txtName，textBox2 的 Name 属性为 txtPassword；设置按钮控件的 Name 属性为 btnLogin，Text 属性为"登录"，窗体的 Text 属性为"请登录"。

设置 frmMain 窗体中标签 label1 的 Text 属性为"这是程序主界面"。

（3）编写程序代码

"登录"按钮被单击时执行的代码如下。

```
private void btnLogin_Click(object sender, EventArgs e)
{
    //Trim()方法用于压缩掉字符串变量前后端包含的空格
    if (txtName.Text.Trim() != "zhangsan")         //如果用户名不是 zhangsan
    {
        MessageBox.Show("用户名出错！","出错",MessageBoxButtons.OK,MessageBoxIcon.Error);
    }
    else if (txtPassword.Text.Trim() != "123456")    //否则，再判断如果密码不是 123456
    {
        MessageBox.Show("密码出错！","出错",MessageBoxButtons.OK,MessageBoxIcon.Error);
    }
    else      //用户名是 zhangsan，并且密码是 123456 时执行的代码
    {
        this.Hide();                        //通过身份验证，隐藏登录窗体
        frmMain fmain = new frmMain();      //声明一个主窗体对象 fmain
        fmain.Show();                       //调用对象的 Show()方法显示主窗体
    }
}
```

说明：当一个 Windows 窗体应用程序项目中包含多个窗体时，系统默认从自动添加的窗体（第一个窗体）启动程序。其他窗体何时，在何条件下显示，以及其他窗体显示后启动窗体是否隐藏（启动窗体关闭将使应用程序结束运行），完全由程序员通过代码来进行控制。通过修改项目中的 Program.cs 文件，可以变更默认的启动窗体。

3. if 语句的嵌套

所谓"if 语句的嵌套"，是指在一个 if 选择结构程序段中包含另一个 if 选择结构。例如，可将上述登录程序修改成如下结构。

```
if(TextName.Text.Trim() == "zhangsan")
{
    if(TextPassword.Text.Trim() == "123456")        //if 语句的嵌套使用
    {
        this.Hide();                                //通过身份验证，隐藏登录窗体
        frmMain fmain = new frmMain();              //声明一个主窗体对象
        fmain.Show();                               //调用对象的 Show()方法显示主窗体
    }
    else
    {
        MessageBox.Show("密码出错！","出错");
    }
}
else
{
    MessageBox.Show("用户名出错！","出错");
}
```

4. 多分支选择结构（switch 语句）

在多重分支的情况下，虽然可以使用 if…else if 语句或 if 语句的嵌套实现，但层次较多，结构比较复杂。使用专门用于多重分支选择的 switch 语句，则可以使多重分支选择结构的设计更加方便，层次更加清晰。switch 语句的语法格式为

```
switch (控制表达式)
{
    case 常量表达式 1:
        语句序列 1;
        break;
    case 常量表达式 2:
        语句序列 2;
        break;
    …
    case 常量表达式 n:
        语句序列 n;
        break;
    default:
        语句序列 n+1;
        break;
}
```

其中"控制表达式"所允许的数据类型为整数类型（sbyte、byte、short、ushort、uint、long 和 ulong）、字符类型（char）、字符串类型（string）或者枚举类型。

各个 case 语句后的常量表达式的数据类型与控制表达式的类型相同，或能够隐式转换为

37

控制表达式的类型。

switch 语句基于控制表达式的值选择要执行的语句分支。switch 语句按以下顺序执行。

1）控制表达式求值。

2）如果 case 标签后的常量表达式的值等于控制表达式所的值，则执行其后的内嵌语句。

3）如果没有常量表达式等于控制语句的值，则执行 default 标签后的内嵌语句。

4）如果控制表达式的值不满足 case 标签，并且没有 default 标签，则跳出 switch 语句而执行后续代码。

需要注意的是，如果 case 标签后含有语句序列，则语句序列最后必须使用 break 语句，以便跳出 switch 结构，缺少 break 语句将会产生编译错误。

【演练 3-3】 设计一个程序，具体要求如下。

1）按用户输入的身份不同（"教师""职工"或"学生"，不支持其他），单击"确定"按钮或按〈Enter〉键后，进一步提示输入"职称""工龄"或"班级"。程序启动后显示如图 3-7 所示的界面，按〈Enter〉键后显示如图 3-8 所示的界面。

图 3-7 初始界面

图 3-8 按身份不同显示不同的进一步提示

2）用户更改了"请输入身份"文本框中输入的内容时，第 2 行标签和文本框能自动隐藏。

程序设计步骤如下。

（1）设计程序界面

向窗体中添加 2 个标签 label1 和 label2，添加 2 个文本框 textBox1 和 textBox2，添加 1 个按钮控件，参照图 3-7 和图 3-8 适当调整各控件的大小及位置。

（2）设置对象属性

在"属性"窗口中设置 label1 的 Text 属性为"请输入身份"，设置 Label2 的 Name 属性为 lblID；设置 textBox1 的 Name 属性为 txtType，textBox2 的 Name 属性为 txtID；设置 button1 的 Name 属性为 btnOK，Text 属性为"确定"。

（3）编写事件代码

窗体装入时执行的程序代码如下。

```
private void Form1_Load(object sender, EventArgs e)
{
    this.Text = "switch 语句使用示例";
    this.AcceptButton = this.btnOK;    //指定窗体上能响应〈Enter〉键的按钮为"确定"按钮
    lblID.Visible = false;             //将 Visible 属性设置为 false，可使控件不可见（隐藏）
    txtID.Visible = false;
}
```

"确定"按钮被单击时执行的事件代码如下。

```
private void btnOK_Click(object sender, EventArgs e)
{
    lblID.Visible = true;    //将 Visible 属性设置为 true，恢复控件的可见性
    txtID.Visible = true;
```

```
            switch (txtType.Text)        //多分支选择
            {
                case "教师":
                    lblID.Text = "请输入职称";
                    break;
                case "职工":
                    lblID.Text = "请输入工龄";
                    break;
                case "学生":
                    lblID.Text = "请输入班级";
                    break;
                default:          //以上分支都不能匹配时执行的代码
                    lblID.Text = "身份只能是教师、职工或学生";
                    txtID.Visible = false;
                    break;
            }
```
"请输入身份"文本框中的文本内容发生变化时执行的事件处理程序代码如下。
```
            private void txtType_TextChanged(object sender, EventArgs e)
            {
                Form1_Load(null, null);    //调用窗体的Load事件处理程序
            }
```
说明：

1）窗体控件的 AcceptButton 和 CancelButton 两个属性分别用于指定当用户在窗体中按下〈Enter〉键或〈Esc〉键时相当于单击了哪个按钮（指定能响应〈Enter〉键或〈Esc〉键的按钮）。

2）C#允许在某控件的某个事件中调用其他控件或自身的事件处理程序。本例在发生身份内容改变事件中，也就是用户在"请输入身份"文本框中添加或删除文字时发生的事件中，调用了窗体的 Load 事件处理程序，用于隐藏第 2 行标签和文本框。

5. 在 switch 语句中共享处理语句

在 switch 语句中，多个 case 标记可以共享同一处理语句序列。例如，描述 10 分制学生成绩时，设 9 分以上等级值为"优"，7 分以上为"良"，6 分为"及格"，6 分以下为"不及格"。实现代码如下。
```
            switch (TextBox1.Text)
            {
                case 10:
                case 9:
                    Label1.Text = "优";      //成绩值为 10 或 9 时的共享代码
                    break;
                case 8:
                case 7:
                    Label1.Text = "良";      //成绩值为 8 或 7 时的共享代码
                    break;
                case 6:
                    Label1.Text = "及格";
                    break;
                case 5:
```

```
            case 4:
            case 3:
            case 2:
            case 1:
            case 0:
                Label1.Text = "不及格";          //成绩为 0~5 时的共享代码
                break;
        }
```

3.1.2 循环结构

循环是在指定的条件下重复执行某些语句的运行方式。例如，计算学生总分时没有必要对每个学生都编写一个计算公式，可以在循环结构中使用不同的数据来简化程序的设计。

C#中提供了 4 种循环语句：for 循环、while 循环、do…while 循环和 foreach 循环。本节介绍前 3 种循环，foreach 循环将在数组中介绍，其中 for 和 while 是最常用的循环语句。

1. for 循环

for 循环常用于已知循环次数的情况（也称为"定次循环"），使用该循环时，测试是否满足某个条件，如果满足条件，则进入下一次循环，否则，退出该循环。for 循环语句的语法格式为

```
        for (表达式 1; 表达式 2; 表达式 3)
        {
            循环语句序列（循环体）；
        }
```

其中：

1）表达式 1：用于设置循环变量的初始值，该表达式仅在初次进入循环时执行一次。

2）表达式 2：为一个条件表达式，即每次执行循环语句序列前，判断该表达式是否成立，如果成立（表达式的值为 true），则执行循环语句序列（进入循环体），否则循环结束，执行循环语句的后续语句。

3）表达式 3：用于改变循环变量值，一般通过递增或递减来实现。

4）循环语句序列：每次循环重复执行的语句（性质相同的操作），当语句序列中仅含有一条语句时，大括号可以省略。

例如，下列代码表示当用户分别在 textBox1 和 textBox2 中输入一个整数范围后，单击按钮 button1 将在 label1 和 label2 中分别显示范围内所有偶数的和及所有奇数的和。

```
        protected void Button1_Click(object sender, EventArgs e)
        {
            int num1 = int.Parse(textBox1.Text);   //将用户输入转换为整型数
            int num2 = int.Parse(textBox2.Text);
            int sum1 = 0, sum2 = 0;
            for (i = num1; i <= num2; i++)         //开始循环
            {
                if (i % 2 != 0)                    //如果 i/2 的余数不为零，则 i 为奇数（%为求余运算符）
                {
                    sum1 = sum1 + i;               //累加奇数的和
                }
                else                               //如果能被 2 整除，则 i 为偶数
                {
```

```
            sum2 = sum2 + i;              //累加偶数的和
        }
    }
    label1.Text = "范围内所有奇数之和为：" + sum1.ToString();
    label2.Text = "范围内所有偶数之和为：" + sum2.ToString();
}
```

说明：for 循环的循环变量 i 的值从用户输入的范围起始值（输入在 textBox1 中的值）开始，到范围结束值（输入在 textBox2 中的值）结束，每次循环 i 值加 1。这使得程序能对范围内的所有数据实现一个遍历。

思考：如果用户在 textBox1 中输入的值大于在 textBox2 中输入的值会出现什么情况？如何修改代码才能使程序在这种情况下仍能正常运行？

2. while 循环

在实际应用中经常会遇到一些不定次循环的情况。例如，统计全班学生的成绩时，不同班级的学生人数可能是不同的，这就意味着循环的次数在设计程序时无法确定，能确定的只是某条件被满足（例如，后面不再有任何学生了）。此时，使用 while 循环最为合适。

while 循环执行时首先会判断某个条件是否满足，当循环的条件判断为真时（满足条件），进入循环，否则退出循环。while 循环语句的格式为

```
while (条件表达式)
{
    循环语句序列;
}
```

条件表达式是每次进入循环前进行判断的条件，当条件表达式的值为 true 时，执行循环，否则退出循环。

while 循环在使用时应注意以下几个问题。

1）条件表达式为关系表达式或逻辑表达式，其运算结果为 true（真）或 false（假）。在条件表达式中必须包含控制循环的变量，即循环变量。

2）作为循环体的语句序列可以是多条语句，也可以是一条语句。如果是一条语句，大括号可以省略。如果省略了大括号，则循环语句往后碰到的第一个分号即为循环的结尾。

3）循环语句序列中至少应包含改变循环条件的语句（即条件表达式的值有可能为 false），以避免陷入永远无法结束的"死循环"。

例如，要求程序产生一系列的随机整数，当产生的随机整数正好为 9 时结束循环，程序设计方法如下。

```
int i = 0;
Random r = new Random();          //声明一个随机数对象 r
while (i != 9)                    //如果 i 的值不等于 9，则执行循环体语句
{
    i = r.Next(10);               //循环体语句，产生一个 0～10 的随机整数
}
```

3. do…while 循环

do…while循环非常类似于while循环。一般情况下，二者可以相互转换使用。它们之间的差别在于while循环的测试条件在每一次循环开始时执行，而do…while循环的测试条件在每一次循环体结束时进行判断。do…while语法的一般格式为

```
do
{
    循环语句序列;
}
while (条件表达式);
```

当程序执行到 do 后,立即执行循环体中的语句序列,然后再对条件表达式进行测试。若条件表达式的值为真(true),则返回 do 语句重复循环,否则退出循环执行 while 语句后面的语句。举例如下。

```
int i = 0;
Random r = new Random();          //声明一个随机数对象 r
do
{
    i = r.Next(10);               //循环体语句,产生一个 0~10 的随机整数
}
while (i != 9);    //如果 i 的值不等于 9,则返回 do 语句,否则执行后续语句
```

4. 循环的嵌套

若一个循环结构中包含有另一个循环,则称为"循环的嵌套"。这种语句结构称为多重循环结构。内层循环中还可以包含新的循环,形成多层循环结构,循环嵌套的层数在理论上无限制。

在多重循环结构中,3 种循环语句(for 循环、while 循环和 do…while 循环)可以互相嵌套。在多重循环中,需要注意循环语句所在循环的层次,内循环必须完全包含在外循环内部。

在程序设计过程中,多重循环的使用非常普遍,循环的层数可根据具体情况而定。但是如果多重循环的层数过多,则可能导致程序的执行速度有所降低。

【演练 3-4】 使用 for 循环嵌套实现在标签控件中显示如图 3-9 所示的"九九乘法表"。

(1)程序设计方法分析

本例使用了双重循环来完成乘法表输出的问题,外层循环(i 循环)决定第一个操作数。内层循环(j 循环)决定了第二个操作数。当 i=1 时,内循环分别产生 1×1,1×2,1×3,…,当 i=2 时内循环分别产生 2×1,2×2,2×3,…,内外循环各循环 9 次,在屏幕上排列出 9 行 9 列的乘法表。

图 3-9 程序运行结果

(2)设计程序界面

新建一个 Windows 应用程序项目,切换到设计视图,向窗体中两个标签控件 label1(用于显示标题文字)和 label2(用于显示乘法表内容),适当调整对象的大小及位置。

(3)编写事件代码

窗体装入时执行的程序代码如下。

```
private void Form1_Load(object sender, EventArgs e)
{
    this.Text = "for 循环嵌套示例";
    label1.Text = "九九乘法表";
    //设置标签中的字体为楷体、16 磅、加粗
    label1.Font = new Font("楷体_GB2312", 16, FontStyle.Bold);
    label1.Left = (this.Width - label1.Width) / 2;    //使标签自动居中(左右两边空白宽度相同)
```

```
            label2.Text = "";
            string expression;                    //用于存储算式
            int result;
            for (int i = 1; i <= 9; i++)          //外层循环用于行的控制
            {
                for (int j = 1; j <= 9; j++)      //内层循环用于列的控制
                {
                    result =i*j;
                    expression = i.ToString() + "×" + j.ToString () + " = " + result.ToString();
                    expression = expression.PadRight(10);  //右侧补空格使其长度始终为 10 个字符
                    label2.Text = label2.Text + expression;
                }
                label2.Text = label2.Text + "\n";          //每行结束后，使用转义符 "\n" 产生换行
            }
```

说明：

1）PadRight()方法采用在原字符串右侧补空格的方式产生一个定长字符串。与 PadRight() 方法对应的是 PadLeft()方法，该方法采用左侧补空格的方式产生定长字符串。

2）"\n" 为 C#转义符中的一个，表示一个换行符。

3.2 常用控件

Visual Studio 为开发人员提供了大量程序设计中需要的各类控件，并为这些控件预定义了一些通用的属性、事件和方法。设计简单应用程序时，开发人员只需将工具箱中的控件添加到窗体构成用户操作界面，再通过"属性"窗口设置这些控件的初始属性，最后使用流程控制语句编写响应系统事件或用户事件的代码，在程序运行时更改控件的属性值，从而实现程序设计目标。由此可见，控件是构成应用程序的重要组成部分，掌握常用控件所支持的属性、事件和方法是程序设计的基础。

3.2.1 基本控件

基本控件包括标签（Label）、文本框（TextBox）和命令按钮（Button）3 个控件。它们是程序设计中使用最为频繁的 Windows 应用程序控件。

所有控件都有一个 Name 属性，供编写代码时调用。当控件被添加到窗体时系统会自动以控件类型加一个序号的方式定义其 Name 属性值，如 textBox1、textBox2 等。如果窗体中的控件较多，为了增加程序的可读性，建议采用控件类型缩写加一个能表明其作用的英文单词为 Name 属性值，如 lblResult、txtName、btnOK 等。

1. 标签控件（Label）

在 Visual Studio 设计视图中双击工具箱中的标签控件图标，即可将一个标签控件添加到当前光标所在位置。标签控件的主要作用是在页面中显示输出结果、输入提示等文本信息。

标签控件的主要属性有 Text 属性和 Visible 属性。Text 属性用于设置或获取标签中显示的文本信息，Visible 属性用于设置标签控件是否可见。

2. 文本框控件（TextBox）

在 Visual Studio 设计视图中双击工具箱中的文本框控件图标，即可将一个文本框控件添加到当

前光标所在位置。文本框控件的主要作用是在页面中提供用户输入界面，接收用户的输入数据。

（1）文本框控件的常用属性

文本框控件的常用属性如表 3-1 所示。

表 3-1 文本框控件的常用属性

属 性 名	说　　明
Text	用于设置或获取文本框中的文本信息
Height、Width	以像素为单位设置控件的高和宽
Enable	设置文本框控件是否可用，设置为 False 时文本框呈灰色显示，不接收用户的输入
ReadOnly	用于设置文本框中的文本是否可以被编辑，默认值为 False，即非只读文本框
PasswordChar	用于设置文本框被用作密码输入框时的密码替代字符

（2）文本框控件的主要事件

控件的事件是指能被程序感知到的用户或系统发起的操作，如单击鼠标、输入文字或选择选项等。在代码窗口中设计人员可以编写响应事件的代码段来实现程序的具体功能，这就是面向对象程序设计方法的"事件驱动"机制。

TextBox 控件最常用的事件是 TextChanged 事件，该事件在文本框的内容发生变化（向文本框中输入或删除文本）时发生。TextChanged 事件也是文本框的默认事件，在窗体设计器中双击文本框控件，系统将自动在代码窗口中创建 TextChanged 事件的框架。

3. 命令按钮控件（Button）

命令按钮是用户与程序进行交互的主要手段之一。在程序运行时，用户通常可以单击页面中的某按钮来触发实现某特定功能的程序段。例如，单击"确定"按钮将用户在表单中填写的数据保存到数据库中；单击"取消"按钮清除已填写的数据，回到初始状态等。

命令按钮控件与其他控件相似，也具有 Text、Visible 和 Enable 等属性，其含义与前面介绍的完全相同。

命令按钮控件最常用的事件是 Click 事件，即用户在程序运行时单击按钮触发的用户事件。在设计视图中，双击 Button 控件，系统将自动切换到代码窗口并创建出 Click 事件的过程头和过程尾，程序员仅需在其间编写响应该事件的代码即可。

3.2.2 选择类控件

选择类控件是指在应用程序中提供选项供用户选择的控件。常用的选择类控件有列表框（ListBox）、组合框（ComboBox）、单选按钮（RadioButton）、复选框（CheckBox）和复选列表框（CheckListBox）等。

1. 列表框和组合框

列表框（ListBox）和组合框（ComboBox）都是以列表的形式向用户提供可选项的控件。在列表框中任何时候都能看到多个项，而在组合框中一般只能看到一个项，单击其右侧的▼按钮可以看到多项的列表，可以将组合框理解成一个折叠起来的列表框，故常将其称为"下拉列表框"。列表框与组合框还有一点不同是，列表框只能在供选项中进行选择，而组合框除了具有列表框的选择功能外，也可以通过键盘输入列表中未提供的选项。

（1）列表框

表 3-2 列出了列表框常用的属性，表 3-3 列出了列表框常用的方法。

表 3-2 列表框常用属性

属 性 名	说 明
Items	向列表框中添加供选项
Items.Count	反映列表中的项数
MultiColumn	设置为 True 时，列表框以多列形式显示项，并且会出现一个水平滚动条
SelectionMode	确定一次可以选择多少列表项
SelectedIndex	返回对应于列表框中第一个选定项的整数值。如果未选定任何项，则 SelectedIndex 值为-1。如果选定了列表框中的第一项，则 SelectedIndex 值为 0。当选定多项时，SelectedIndex 值反映列表框中最先出现的选定项
SelectedItem	类似于 SelectedIndex，但它返回列表项内容

表 3-3 列表框常用方法

方 法 名	说 明
Items.Add()	向列表框中添加项
Items.Insert()	将项插入到列表框中指定的索引处
Items.Clear()	从集合中移除所有项
Items.Remove()	从集合中移除指定对象

ListBox 最常用的事件是 SelectedIndexChanged 事件，该事件在用户单击了 ListBox 中不同列表项时触发，即选项的索引值被改变时发生的事件。

（2）组合框

组合框控件的属性和方法与列表框基本相同，其控件上方的文本框内显示的信息可由 Text 属性设置。组合框还特有一个 DropDownStyle 属性，该属性决定了组合框的外观样式，可选值有 DropDown、Simple 和 DropDownList 共 3 种，其外观如图 3-10 所示。

图 3-10 ComboBox 的不同外观

关于组合框的 DropDownStyle 属性的取值说明如下。

1）DropDown：文本框部分是可以编辑的，列表项处于折叠状态，需要单击文本框部分右侧的▼按钮才能将其显示出来。

2）Simple：文本框部分是可以编辑的，列表项部分是直接显示出来不折叠的。当列表项高度大于控件高度时将自动添加纵向滚动条。

3）DropDownList：文本框部分不可编辑，用户只能从提供的选项列表中选择。列表项处于折叠状态，需要单击文本框部分右侧的▼按钮才能将其显示出来。从外观上看与将 DropDownStyle 属性设置为 DropDown 时是完全相同的。

2. 单选按钮和复选框

（1）单选按钮

如图 3-11 所示，单选按钮（RadioButton）通常以若干个独立控件组成一组的形式出现在窗体中，可以为用户提供输入选项，并显示该选项是否被选中（内部有一黑点者表示选中，其 Checked 属性为 true）。该控件只能用于"多选一"的情况，当组内某个按钮被选中时，其他按钮将自动失效。如果需要在同

图 3-11 单选按钮

一个窗体中创建多个单选按钮组，则需要使用容器控件（GroupBox、Panel 等）将其分配在不同的"组"中。其主要属性及事件如表 3-4 所示。

表 3-4 单选按钮控件的主要属性和事件

	名 称	说 明
属性	Checked	表示 RadioButton 是否处于被选中状态，True 表示选中，False 表未被选中
	Text	设置显示在控件旁边的说明文字
	Appearance	设置单选按钮外观，Normal 表示默认样式，Button 表示为压下按钮样式
事件	CheckedChanged	用户单击 RadioButton 控件时触发该事件

（2）复选框

复选框（CheckBox）是用于向用户提供多选输入数据的控件。用户可以在控件提供的多个选项中选择一个或多个。被选中的对象中带有一个"√"标记，CheckBox 控件的外观如图 3-12 所示。

图 3-12 CheckBox 控件

单个 CheckBox 控件，可在页面中作为用于控制某种状态的开关控件使用，也可将若干个 CheckBox 控件组合在一起向用户提供一组多选选项。CheckBox 控件的主要属性及事件与 RadioButton 控件基本一致，这里不再赘述。

【演练 3-5】 设计一个个人情况调查程序，程序启动后显示如图 3-13 所示的界面。用户在填写了姓名、选择了性别、喜爱的名著、居住城市及个人爱好后单击"提交"按钮后，屏幕显示如图 3-14 所示的数据信息。若用户没有填写姓名而直接单击"提交"按钮，屏幕上将显示出错提示信息。

程序设计步骤如下。

（1）设计程序界面

新建一个 Windows 应用程序项目，按如图 3-15 所示向窗体中添加 5 个标签控件 label1～label5，1 个文本框控件 textBox1，6 个单选按钮控件 radioButton1～radioButton6，1 个组合框控件 comboBox1，4 个复选框 checkBox1～checkBox4 和 1 个按钮控件 button1。

  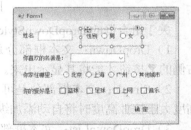

图 3-13 程序运行时的界面　　图 3-14 显示用户数据　　图 3-15 设计程序界面

为了使提供性别选择的 radioButton1 和 radioButton2 与其他单选按钮分属于不同的选项组，还需要向窗体中添加一个容器控件 panel1，并将与性别选择相关的 1 个标签和 2 个单选按钮放置其中。

（2）设置对象属性

设置 5 个用于显示提示文本的标签控件的 Text 属性分别为"姓名""性别""你喜欢的名著是：""你家住哪里："和"你的爱好是："；设置文本框 textBox1 的 Name 属性为 txtName；设置组合框 ComboBox1 的 Name 属性为 cboBook；设置提供性别选项的单选按钮的 Name 属性分别为 rbtnSex1 和 rbtnSex2；设置 4 用于提供城市名称选项的单选按钮的 Name 属性分别为

rbtnHome1～rbtnHome4；设置4个用于提供爱好选项的复选框的 Name 属性分别为 chkLike1～chkLike4；设置按钮控件的 Name 属性为 btnOK，Text 属性为“确定”。

（3）设置单选按钮和复选框的共享事件

用户单击单选按钮和复选框时将触发 CheckedChanged 事件，并通过 object（对象）型参数 sender 返回触发事件的具体控件。默认情况下各控件都拥有自己独享的事件定义，但可以通过修改 Form1.Designer.cs 文件（窗体设计文件）内容使若干控件共享同一事件。

具体修改方法如下。

在“解决方案资源管理器”中双击 Form1.Designer.cs 文件，在代码窗口中将其打开，单击“Windows 窗体设计器生成的代码”项前面的“+”将其展开。按如图 3-16 所示为单选按钮组添加相同的事件“委托”。图中所示的是为 rbtnSex1 和 rbtnSex2 指定了相同的 CheckedChanged 事件处理程序 rbtnSex_CheckedChanged，也就是说无论 rbtnSex1 还是 rbtnSex2 触发了 CheckedChanged 事件，都将执行 rbtnSex_CheckedChanged 中的代码，从而使 2 个单选按钮拥有相同的事件处理程序。

```
//
// rbtnSex1
//
this.rbtnSex1.AutoSize = true;
this.rbtnSex1.Location = new System.Drawing.Point(45, 8);
this.rbtnSex1.Name = "rbtnSex1";
this.rbtnSex1.Size = new System.Drawing.Size(35, 16);
this.rbtnSex1.TabIndex = 2;
this.rbtnSex1.TabStop = true;
this.rbtnSex1.Text = "男";
this.rbtnSex1.UseVisualStyleBackColor = true;
this.rbtnSex1.CheckedChanged += new System.EventHandler(this.rbtnSex_CheckedChanged);
//
// rbtnSex2
//
this.rbtnSex2.AutoSize = true;
this.rbtnSex2.Location = new System.Drawing.Point(86, 8);
this.rbtnSex2.Name = "rbtnSex2";
this.rbtnSex2.Size = new System.Drawing.Size(35, 16);
this.rbtnSex2.TabIndex = 3;
this.rbtnSex2.TabStop = true;
this.rbtnSex2.Text = "女";
this.rbtnSex2.UseVisualStyleBackColor = true;
this.rbtnSex2.CheckedChanged += new System.EventHandler(this.rbtnSex_CheckedChanged);
```

图 3-16　创建控件的共享事件处理委托

上述修改完成后，切换到窗体的代码窗口（打开 Form1.cs 文件），手工添加以下代码以创建共享事件的处理程序框架。

```
private void rbtnSex_CheckedChanged(object sender, EventArgs e)
{
    //在此编写共享事件代码
}
```

再使用同样的方法分别在 Form1.Designer.cs 文件和 Form1.cs 文件中，创建居住城市单选按钮的共享 CheckedChanged 事件委托和事件处理代码框架。

```
private void rbtnHome_CheckedChanged(object sender, EventArgs e)
{
    //在此编写共享事件代码
}
```

（4）编写程序代码

窗体装入时执行的程序代码如下。

```
string UserSex, UserHome;                    //将 UserSex 和 UserHome 声明为窗体级变量
private void Form1_Load(object sender, EventArgs e)
{
    cboBook.Items.Add("西游记");        //为组合框添加供选项
```

```csharp
cboBook.Items.Add("水浒传");
cboBook.Items.Add("红楼梦");
cboBook.Items.Add("三国演义");
cboBook.SelectedIndex = 0;          //设置组合框中第一个选项默认处于选中状态
rbtnSex1.Select();                  //设置"男"单选按钮处于选中状态
rbtnHome1.Select();                 //设置"北京"单选按钮处于选中状态
this.Show();                        //调用窗体的 Show()方法
txtName.Focus();                    //使"姓名"文本框得到焦点
this.Text = "个人信息调查";
}
```

"性别"单选按钮的共享事件代码如下。

```csharp
private void rbtnSex_CheckedChanged(object sender, EventArgs e)
{
    //声明一个 RadioButton 类型变量，并从 sender 对象中取得具体触发该共享事件的具体按钮
    RadioButton rbtnSex = (RadioButton)sender;   //实际上是得到用户具体单击了哪个单选按钮
    if (rbtnHome1.Checked)                       //如果被单击的按钮处于选中状态
    {
        UserSex = rbtnSex.Text;                  //保存用户选项名称
    }
}
```

"城市"单选按钮的共享事件代码如下。

```csharp
private void rbtnHome_CheckedChanged(object sender, EventArgs e)
{
    RadioButton rbtnHome = (RadioButton)sender;
    if (rbtnHome.Checked)
    {
        UserHome = rbtnHome.Text;
    }
}
```

"确定"按钮被单击时执行的程序代码如下。

```csharp
private void btnOK_Click(object sender, EventArgs e)
{
    if (txtName.Text == "")              //未输入姓名值时弹出信息框提示
    {
        MessageBox.Show("请输入姓名！", "提示", MessageBoxButtons.OK,
                        MessageBoxIcon.Warning);
        return;                          //结束事件处理程序，不再执行后续代码
    }
    string UserName = txtName.Text;      //获取用户输入的姓名
    string UserLike = "";
    //判断各"爱好"供选项是否被选中。若是，则将其名称累加到变量 UserLike 中
    if (chkLike1.Checked)
    {
        UserLike = chkLike1.Text;
    }
    if (chkLike2.Checked)
    {
        UserLike = UserLike + " " + chkLike2.Text;  //各名称间使用一个空格分隔
    }
```

```
            if (chkLike3.Checked)
            {
                UserLike = UserLike + " " + chkLike3.Text;
            }
            if (chkLike4.Checked)
            {
                UserLike = UserLike + " " + chkLike4.Text;
            }
            string Result = UserName + ", " + UserSex + "\n\n" + "你喜欢的名著是: " + cboBook.Text +
                    "\n\n" + "你家住在: " + UserHome;
            if (UserLike != "")
            {
                Result = Result + "\n\n" + "你的爱好是: " + UserLike;
            }
            MessageBox.Show(Result, "提交结果", MessageBoxButtons.OK, MessageBoxIcon.Information);
        }
```

说明:程序中 UserSex 和 UserHome 两个变量需要在不同的事件处理程序中使用,故需要将相应的声明语句书写在所有事件处理程序之外,使之成为窗体级变量(窗体销毁时,变量中保存的数据才销毁)。

思考:若用户没有选中任何"爱好"供选项,单击"确定"按钮后会得到怎样的结果?

3.2.3 图片框和图片列表框

图片框控件 PictureBox 与图片列表控件 ImageList 用于在窗体中显示和辅助显示图片,是最基本的图形图像控件。

1. 使用图片框(PictureBox)

图片框控件 PictureBox 用来在窗体上显示一个图片,并支持多种格式的图片。前面介绍过的 Label 和 Button 控件也可通过其 Image 属性来显示图片,但 PictureBox 显示图片的方法更加灵活,用户除了可通过 PictureBox 的 Image 属性显示指定的图片,还可以通过其 SizeMode 属性设置控件或图片的大小及位置关系。

图片框的 BorderStyle 属性可设置其边框样式: None 表示没有边框; FixedSingle 表示单线边框; Fixed3D 表示立体边框。

SizeMode 属性值及说明如表 3-5 所示。

表 3-5 SizeMode 属性值及说明

属 性 值	说 明
AutoSize	PictureBox 控件调整自身大小,使图片能正好显示其中
CenterImage	若控件大于图片则图片居中; 若图片大于控件则图片居中, 超出控件的部分被剪切掉
Normal	图片显示在控件左上角, 若图片大于控件则超出部分被剪切掉
StretchImage	若图片与控件大小不等, 则图片被拉伸或缩小以适应控件

可以通过创建一个 Bitmap 实例,并将它赋值给 PictureBox 控件的 Image 属性来实现图片显示。下列语句使用 Bitmap 实例将存放在 C 盘 GIF 目录下的图片文件 001.gif 显示到图片框中。

pictureBox1.Image = new Bitmap("C:\\GIF\\001.gif");

也可以通过 Image 类的静态方法 FromFile 获取图像文件,并将它赋值给 PictureBox 控件的 Image 属性来实现图片显示。下列语句使用 FromFile 方法将存放在 C 盘 GIF 目录下的图片文件 006.gif 显示到图片框中。

pictureBox1.Image = Image.FromFile("C:\\GIF\\006.gif");

2. 使用图片列表框（ImageList）

图片列表框控件 ImageList 本身并不显示在窗体上，它只是一个图片容器，用于保存一些图片文件，因此程序运行时，图片列表框控件 ImageList 是不可见的。但是，这些图片和 ImageList 控件本身可被项目中其他具有 ImageList 属性的对象使用，如 Label、Button、TreeView、ListView 和 ToolBar 等。

例如，在图片列表框 imageList1 中已通过其 Images 属性添加了一些图片文件，当图片列表框充当标签控件 label1 的图片源时，可使用以下代码。

```
label1.ImageList = imageList1;      //指定标签控件使用的图片源（图片列表框）
label1.ImageIndex = 0;              //显示图片列表框中第1张图片
```

图片列表框控件的常用属性如表 3-6 所示。

表 3-6 图片列表框控件的常用属性

属 性 值	说　　明
Image	ImageList 中所有图片组成的集合
ImageSize	ImageList 中每个图片的大小，有效值为 1~256
ColorDepth	表示图片每个像素占用几个二进制位，当然位数越多图片质量越好，但占用的存储空间也越大

3.2.4 焦点与〈Tab〉键顺序

焦点是控件接收用户鼠标或键盘输入的能力。当对象具有焦点时，可接收用户的输入。在 Windows 环境中，任一时刻都可以同时运行多个程序，但只有具有焦点的应用程序才有活动标题栏（蓝色标题栏），也只有具有焦点的程序才能接收用户输入（键盘或鼠标的动作）。

当对象得到或失去焦点时，会产生 GotFocus 或 LostFocus 事件。窗体和多数控件都支持这些事件。从事件的名称上不难看出，GotFocus 事件发生在对象得到焦点时，LostFocus 事件发生在失去焦点时。使用以下几种方法可以将焦点赋予对象。

1）运行时选择对象。
2）运行时用快捷键选择对象。
3）在代码中使用对象的 Focus() 方法。

在代码中使用对象的 Focus() 方法获得焦点的语法格式为

　　对象名称.Focus();

并非所有的控件都具有接收焦点的能力，通常是能和用户交互的控件才能接收焦点。其中，按钮与文本框就是这种控件，而标签框通常是向用户显示信息，所以标签虽然也有 GotFocus 和 LostFocus 事件，却没有获得焦点的功能。

大多数的控件得到或失去焦点时的外观是不相同的，如命令按钮得到焦点后周围会出现一个虚线框。文本框得到焦点后会出现闪烁的光标等。

只有当对象的 Enabled 和 Visible 属性均为 true 时，它才能接收焦点。Enabled 属性允许对象响应由用户产生的事件，如键盘和鼠标事件。Visible 属性决定了对象在屏幕上是否可见。

所谓〈Tab〉键序是指在用户按下〈Tab〉键时，焦点在控件间移动的顺序。每个窗体都有自己的〈Tab〉键序。默认状态下〈Tab〉键序与建立这些控件的顺序相同。例如在窗体上建立 3 个命令按钮 C1、C2 和 C3，程序启动时 C1 首先获得焦点。当用户按下〈Tab〉键时焦点依此向 C2、C3 转移，如此这般往复循环。

如果希望更改〈Tab〉键序，例如希望焦点直接从 C1 转移到 C3，可以通过设置 TabIndex 属性来改变一个控件的〈Tab〉键顺序。控件的 TabIndex 属性决定了它在〈Tab〉键顺序中的位置。按照默认规定，第一个建立的控件其 TabIndex 值为 0，第二个的 TabIndex 值为 1，以此类推。可以通过修改控件的 TabIndex 属性值改变控件的 Tab 键顺序位置。

注意：不能获得焦点的控件，如 Label 控件，虽然也具有 TabIndex 属性，但按〈Tab〉键时这些控件将被跳过。

通常，运行时按〈Tab〉键能选择键序中的每一个控件。将控件的 TabStop 属性设为 false，便可将此控件从键序中排除，但仍然保持它在实际〈Tab〉键序中的位置，只不过在按〈Tab〉键时这个控件将被跳过。

3.3 使用控件类创建动态控件

Visual Studio 将控件存放在工具箱中，使用时可通过双击工具箱中的某个控件图标或直接拖动的方式将其添加到窗体中。按照面向对象程序设计的概念，可以将所有控件归纳为"控件类"，控件类中又包含了"按钮类""文本框类"等，当然用户也可以创建具有特殊功能的专用自定义控件类。

存放在工具箱中的各种控件是以"类"的形式出现的。例如，工具箱中的按钮控件图标就代表了各种表现形式的所有按钮。也就是说工具箱中的控件表现的是一种"类型"，将其添加到窗体的操作实际上是完成了"类的实例化"，即将抽象的类型转换成实际的对象。

由于控件是控件类的实例化结果，自然可以在程序运行中使用代码动态地创建、显示和操作控件。通常将由代码动态创建的控件称为"动态控件"。

3.3.1 控件类的实例化

可以像声明一个变量一样实例化一个控件类，从而得到一个控件对象。控件类实例化的语法格式为

  控件类名 对象名 = new 控件类名;

例如，下列语句用于实例化一个按钮对象。

  Button btn = new Button();

通过控件类实例化得到的控件对象，可以像处理普通控件一样设置其初始属性。举例如下。

  Button btn = new Button();
  btn.Text = "确定";

3.3.2 控件对象的事件委托

动态创建控件对象后，通常需要使用带有两个参数的 EventHandler 委托来定义控件的某个事件。举例如下。

  Button btn = new Button();
  btn.Click += new EventHandler(btn_Click);

上述代码声明了 btn 对象的一个 Click 事件，事件处理程序以如下形式表示。

  private void btn_Click(object sender, EventArgs e)

参数 sender 表示触发该事件的具体对象，参数 e 用于传递事件的细节。概括地说，使用

EventHandler 委托声明对象事件的语法格式为

    对象名.事件名 += new EventHandler(事件处理程序名);

例如，声明某文本框对象 txt 的 TextChanged 事件可使用以下语句。

    txt.TextChanged += EventHandler(txt_TextChanged);

3.3.3 使用动态控件

将控件对象添加到窗体中需要使用 Controls 类的 Add 方法，其语法格式为

    Controls.Add(对象名称);

例如，下列代码可以将一个按钮对象添加到窗体的指定位置。

```
Button btn = new Button();          //实例化一个按钮类对象 btn
btn.Top = 30;                       //按钮距窗体顶端 30 像素
btn.Left = 40;                      //按钮距窗体左侧 40 像素
Controls.Add(btn);                  //将按钮对象 btn 显示到指定位置
```

3.3.4 访问动态控件的属性

访问控件对象的属性需要首先使用 Controls 类的 Find 方法查找控件，该方法带有的两个参数分别表示被查找控件的 Name 属性值和是否查找子控件。其语法格式为

    Control[] 结果集名称 = Controls.Find("对象 Name 属性值",true/false)

Find 方法的返回值为一个控件集合（存放所有找到的控件）。

如果希望访问结果集中第 n 个控件的某个属性值，可使用如下代码。

    变量类型 变量名 = 结果集名称[n-1].属性名; //结果集的索引值从零开始

【演练 3-6】 创建和使用动态控件。要求程序运行时由代码生成 9 个动态按钮和 1 个标签。按钮排列成 3 行 3 列显示到窗体中，设置按钮的 Text 属性为 1~9 数字字符，标签显示在按钮区的下方。单击某按钮时在标签中显示用户单击了几号按钮，被单击过的按钮的 Text 属性设置为●符号。程序运行效果如图 3-17 所示。

（1）学习要点

1）掌握声明一个动态控件并将其添加到窗体中的方法。
2）设置动态控件的初始属性。
3）为动态控件创建事件。
4）在其他事件中操作动态控件的属性。

（2）程序设计步骤

图 3-17 程序运行效果

新建一个 Windows 应用程序项目，适当调整默认窗体的大小。双击窗体进入代码编辑窗口。
窗体装入时执行的程序代码如下。

```
private void Form1_Load(object sender, EventArgs e)
{
    this.Text = "动态控件使用示例";
    int num = 1;            //变量 num 用于表示显示在动态按钮上的数字
    for (int i = 1; i <= 3; i++)
    {
        for (int j = 1; j <= 3; j++)
        {
```

```
            //声明一个 Button 类型的变量 btn，也就是创建按钮类的一个实例（对象）
            Button btn = new Button();
            btn.Width = 24;                    //设置 btn 对象的初始属性
            btn.Left = j*24 + 50;
            btn.Top = i*24;
            btn.Text = num.ToString();
            //调用 Controls.Add 方法（控件类的添加方法）将 btn 对象添加到窗体中
            Controls.Add(btn);
            //btn 定义对象的事件委托，也就是单击控件时执行哪个事件处理程序
            btn.Click += new EventHandler(btn_Click);
            num = num + 1;
        }
    }
    Label lbl = new Label();           //创建标签类的一个实例 lbl 对象
    lbl.Top = 110;                     //设置对象的初始属性
    lbl.Left = 64;
    lbl.Name = "LabelD";
    Controls.Add(lbl);                 //将 lbl 对象添加到窗体的指定位置
}
```

所有动态按钮的共享单击事件处理代码如下。

```
private void btn_Click(object sender, EventArgs e)
{
    //9 个按钮都共享本事件处理程序，sender 返回具体是哪个按钮触发了本事件
    Button b = (Button)sender;    //声明 1 个 Button 类型的变量，获取得到触发本事件的具体按钮
    //调用 Controls 类的 Find 方法查找 Name 属性为 LabelD 的控件
    Label newlabel = (Label)Controls.Find("LabelD",true)[0];
    newlabel.Text = "你单击了" + b.Text + "号按钮";
    b.Text = "●";                 //设置被单击按钮的 Text 属性
}
```

说明：

1）本例中使用了 Controls 类的 Find 方法，该方法的两个参数分别表示被查找控件的 Name 属性值和是否查找子控件。Find 方法的返回值为一个控件集合（存放所有找到的控件），本例中使用索引值 0 表示要操作集合中的第一个控件。下面语句

    Label newlabel = (Label)Controls.Find("LabelD",true)[0];

表示查找 Name 属性为 LabelD 的控件（包括子控件），将返回结果集中第一个控件转换为 Label 类型，赋值给 Label 类型变量 newlabel。

2）所有按钮的共享单击事件 private void btn_Click(object sender, EventArgs e)需要完全手工创建，而且程序段不能写在任何其他事件处理程序中，该事件应与其他事件处理程序并列隶属于窗体类 Class Form1。

3.4 键盘鼠标事件

在 Windows 应用程序中，用户主要依靠鼠标和键盘下达命令、输入各种数据，C#应用程序可以响应多种键盘及鼠标事件，支持键盘鼠标事件的控件也有很多。

C#提供的与键盘鼠标相关的事件主要有 KeyPress、KeyDown、KeyUp 和 MouseMove、MouseDown、MouseUp 等。

3.4.1 常用键盘事件

C#主要为用户提供了 3 种键盘事件：按下某 ASCII 字符键时发生 KeyPress 事件；按下任意键时发生 KeyDown 事件；释放键盘上任意键时发生 KeyUp 事件。

只有获得焦点的对象才能够接收键盘事件。只有当窗体为活动窗体且其上所有控件均未获得焦点时，窗体才获得焦点。这种情况只有在空窗体和窗体上的控件都无效时才发生。但是，如果将窗体上的 KeyPreview 属性设置为 True，则窗体就会在控件识别其键盘事件之前抢先接收这些键盘事件。

键盘事件彼此之间并不相互排斥。按下某一键时产生 KeyPress 和 KeyDown 事件，放开该键时产生一个 KeyUp 事件。但应注意 KeyPress 并不能识别所有的按键。

按下〈Tab〉键时，除非窗体上每个控件都无效或每个控件的 TabStop 属性均为 False，否则将产生焦点转移事件，而不会触发键盘事件。若窗体上有一个命令按钮，且窗体的 AcceptButton 或 CancelButton 属性指向该按钮，则用户按下〈Enter〉键或〈Esc〉键时将激发按钮的 Click 事件，而不是键盘事件。

1. KeyPress 事件

当用户按下又放开某个 ASCII 字符键时，会引发当前拥有焦点对象的 KeyPress 事件。

通过 KeyEventArgs 类的返回参数可以判断用户按下的是哪个键。例如在窗体、文本框等控件的 KeyPress 事件过程中书写类似如下代码，可实现用户按键的判断。

其中，e 为由系统定义的 System.Windows.Forms.KeyPressEventArgs 类对象，e 对象的 KeyChar 属性用于返回用户按键字符的 ASCII 码。注意，有些键属于非显示字符，无法直接显示在屏幕上，如〈Enter〉〈Esc〉〈Tab〉和〈Space〉键等。举例如下。

```
private void textBox1_KeyPress(object sender, KeyPressEventArgs e)
{
    if ((int)e.KeyChar == 13)
    {
        label1.Text = "你按下了〈Enter〉键";
    }
}
```

ASCII 字符集不仅包含标准键盘上的字符、数字和标点符号，还包含大多数控制键。但是 KeyPress 事件只能识别〈Enter〉〈Tab〉和〈Backspace〉等键。下列情况是 KeyPress 事件不能识别的。

1）不能识别〈Shift〉〈Ctrl〉和〈Alt〉键的特殊组合。

2）不能识别箭头（方向）键。注意，有些控件（如命令按钮、单选按钮和复选框）不接收箭头键事件。但按下箭头键后会使焦点移动到下一控件。

3）不能识别〈PageUp〉和〈PageDown〉键。

4）不能区分数字小键盘与主键盘数字键。

5）不能识别与菜单命令无联系的功能键。

但由于编写 KeyPress 事件的代码稍微简单一些，所以通常能够用 KeyPress 事件解决的问题不要使用 KeyUp 或 KeyDown 事件。

注意，Windows ANSI 字符集对应 256 个字符，包括标准拉丁字母、出版符（如版权标志、em 虚线和省略号），以及替换字符和重音符号字符。这些字符用一个字节内的某一数值

（0～255）表示。ASCII 字符集实际上是 ANSI 的一个子集（0～127），代表键盘上的标准字母、数字和标点符号。

2. KeyDown 和 KeyUp 事件

KeyDown 和 KeyUp 事件发生在用户按下键盘上某键时，通常可编写其事件代码以判断用户按键的情况。

（1）判断、处理用户按键

当用户按下键盘上的任意键时，会引发当前拥有焦点对象的 KeyDown 事件。用户放开键盘上任意键时，会引发 KeyUp 事件。KeyDown 和 KeyUp 事件通过 e.KeyCode 返回用户按键对应的 ASCII 码。常用键的 KeyCode 值及对应的 Keys 枚举常数如表 3-7 所示。

表 3-7 常用非字符键的 KeyCode 值

功能键	KeyCode	常数	功能键	KeyCode	常数
F1～F10	112～121	Keys.F1～Keys.F10	End	35	Keys.End
BackSpace	8	Keys.Back	Insert	45	Keys.Insert
Tab	9	Keys.Tab	Delete	46	Keys.Delete
Enter	13	Keys.Enter	Caps Lock	20	Keys.Capital
ESC	27	Keys.Escape	←	37	Keys.Left
PageUp	33	Keys.Prior	↑	38	Keys.Up
PageDown	34	Keys.Next	→	39	Keys.Right
Home	36	Keys.Home	↓	40	Keys.Down

（2）判断、处理组合键

在 KeyDown 和 KeyUp 事件中，如果希望判断用户曾使用了怎样的〈Ctrl〉〈Shift〉和〈Alt〉组合键，可通过对象 e 的 Control、Shift 和 Alt 属性判断。

例如，下列代码使用户按下〈Ctrl+Shift+Alt+End〉键时结束运行。

```
if (e.Alt && e.Control && e.Shift && e.KeyValue == 35)      // 〈End〉键的 KeyValue 值为 35
{
    this.Close();
}
```

KeyDown 和 KeyUp 事件的重要功能之一就是能够处理组合按键动作，这也是它们与 KeyPress 事件主要的不同点之一。

【演练 3-7】 设计一个数字文本加密程序。如图 3-18 所示，当用户在文本框中输入一个数字字符时，程序自动将其按一定的规律（算法）转换成其他字符并显示到文本框中，同时在标签控件中显示原始字符。按〈BackSpace〉键可删除光标前的一个字符，标签中的内容随之变化。按〈Enter〉键时显示如图 3-19 所示的信息框，单击"确定"按钮可结束程序运行。若用户按下〈Ctrl+Shift+End〉组合键，则不提示直接退出程序。

图 3-18 程序运行结果

图 3-19 确认退出

本例中的数字字符转换规则如表 3-8 所示。

表 3-8 数字字符转换规则

原始字符	转换后字符	原始字符	转换后字符
1	!	6	$
2	&	7	*
3	#	8	@
4	/	9	\
5	)	0	+

例如，若用户在文本框中输入的是数字"1"，则在文本框中显示的是"!"。

程序设计步骤如下。

（1）程序设计分析

本例通过文本框的 KeyDown 和 KeyUp 事件实现程序功能。当用户在文本框中输入数字时，首先触发文本框 TextBox1 的 KeyDown 事件，此时要求程序将用户输入的内容进行连接（〈BackSpace〉键除外）。如果用户按下的是〈BackSpace〉键，则从文本框和标签的现有内容中减去最后一个字符。

当用户按键并抬起时触发 TextBox1 的 KeyUp 事件，此时要求程序判断用户按下的是哪个键，并根据上述字符转换表进行转换。如果用户按下的是〈Enter〉键，则显示信息框提示用户确认退出。

（2）设计程序界面

新建一个 C#项目，向窗体上添加 1 个文本框 textBox1 和 1 个标签 label1 控件，适当调整各对象的大小及位置。

（3）编写程序代码

首先在 Form1 类定义的类体中（所有事件处理程序之外）声明窗体级 string 类型变量 x，该变量在两个事件处理程序中都要使用。

```
string x;      //声明窗体级变量
```

窗体装入时执行的程序代码如下。

```
private void Form1_Load(object sender, EventArgs e)
{
    label1.Text = "您实际输入的是：";
    this.Text = "数字加密示例";
}
```

文本框中发生 KeyDown 事件时执行的代码如下。

```
private void textBox1_KeyDown(object sender, KeyEventArgs e)
{
    x = textBox1.Text;
    //如果用户按下的是〈BackSpace〉键以外的数字键（主键盘区或数字键盘的数字键）
    if((int)e.KeyCode != (int)Keys.Back && (e.KeyValue >= 48 &&
                e.KeyValue <= 57 || e.KeyValue >= 96 && e.KeyValue <= 105))
    {
        //将输入的实际字符存入 label1 的 Text 属性中
        if (e.KeyValue < 96)       //主键区的数字键
        {
            label1.Text = label1.Text + (char)e.KeyValue;
        }
```

```csharp
        else         //数字键区的数字键
        {
            label1.Text =label1.Text + (char)(e.KeyValue - 48);
        }
    }
    //如果按下的是〈BackSpace〉键,则删除标签中的最后一个字符
    else if ((int)e.KeyCode == (int)Keys.Back)
    {
        if (textBox1.Text != "")
        {
            label1.Text = label1.Text.Remove(label1.Text.Length - 1);
        }
    }
}
```
文本框中发生 KeyUp 事件时执行的代码如下。
```csharp
private void textBox1_KeyUp(object sender, KeyEventArgs e)
{
    //如果用户按下了〈Ctrl+Shift+End〉组合键,则直接退出
    if (e.Control && e.Shift && e.KeyValue == 35)
    {
        this.Close();
    }
    //如果用户按下的不是〈BackSpace〉或〈Enter〉键
    if ((int)e.KeyCode != (char)Keys.Back && (int)e.KeyCode != (char)Keys.Enter)
    {
        switch ((int)e.KeyCode)
        {
            case (char)Keys.D1:         //主键区的"1"与数字键区的"1"共享同一操作
            case (char)Keys.NumPad1: textBox1.Text = x + "!"; break;
            case (char)Keys.D2:
            case (char)Keys.NumPad2: textBox1.Text = x + "&"; break;
            case (char)Keys.D3:
            case (char)Keys.NumPad3: textBox1.Text = x + "#"; break;
            case (char)Keys.D4:
            case (char)Keys.NumPad4: textBox1.Text = x + "/"; break;
            case (char)Keys.D5:
            case (char)Keys.NumPad5: textBox1.Text = x + ")"; break;
            case (char)Keys.D6:
            case (char)Keys.NumPad6: textBox1.Text = x + "$"; break;
            case (char)Keys.D7:
            case (char)Keys.NumPad7: textBox1.Text = x + "*"; break;
            case (char)Keys.D8:
            case (char)Keys.NumPad8: textBox1.Text = x + "@"; break;
            case (char)Keys.D9:
            case (char)Keys.NumPad9: textBox1.Text = x + "\\"; break;
            case (char)Keys.D0:
            case (char)Keys.NumPad0: textBox1.Text = x + "+"; break;
        }
        textBox1.SelectionStart = textBox1.TextLength;     //将文本框中的光标移动到最后
```

```
        }
        if ((int)e.KeyCode == (int)Keys.Enter)    //如果用户按下的是〈Enter〉键
        {
            //如果用户单击了"确定"按钮,则结束程序运行
            if (MessageBox.Show("您确实要退出程序吗？", "确认退出",
                    MessageBoxButtons.OKCancel, MessageBoxIcon.Information) == DialogResult.OK)
            {
                this.Close();
            }
        }
    }
```

说明：

1）本例从最简单的原理上结合 KeyDown 和 KeyUp 事件介绍了数字加密的基本方法，在实际应用中通常是将用户的输入转换（加密）后保存在数据库中，读取时还需要一个反向转换（解密）程序将数据还原。

2）本例只对 0~9 共 10 个数字字符进行了转换处理，如果用户输入其他可显示或不可显示的字符，则不起作用。

3.4.2 常用鼠标事件

所谓鼠标事件，是指用户操作鼠标时触发的事件，如单击、右击，以及用鼠标指向某个对象等。C#支持的鼠标事件有许多，本节重点介绍 MouseDown、MouseUp 和 MouseMove、MouesEnter 和 MouseLeave 事件。可通过这 3 种事件使应用程序对鼠标位置及状态的变化做出响应。大多数控件都能识别这些鼠标事件。

1. 鼠标事件发生的顺序

当用户操作鼠标时，将触发一些鼠标事件。这些事件的发生顺序如下。

1）MouseEnter：当鼠标指针进入控件时触发的事件。

2）MouseMove：当鼠标指针在控件上移动时触发的事件。

3）MouseHover/MouseDown/MouseWheel：其中 MouseHover 事件当鼠标指针悬停在控件上时被触发；MouseDown 事件在用户按下鼠标键时被触发；MouseWheel 事件在拨动鼠标滚轮并且控件有焦点时被触发。

4）MouseUp：当用户在控件上按下的鼠标键释放时触发 MouseUp 事件。

5）MouseLeave：当鼠标指针离开控件时触发 MouseLeave 事件。

掌握各种鼠标事件的触发顺序对合理响应用户的鼠标操作，编写出正确、高效的应用程序有十分重要的意义。

2. MouseDown 和 MouseUp 事件

当鼠标指针指向某个控件，用户按下鼠标键时，将发生 MouseDown 事件。当指针保持在控件上，用户释放鼠标键时，发生 MouseUp 事件。当用户移动鼠标指针到控件上时，将发生 MouseMove 事件。程序员可通过编写 MouseDown、MouseUp 事件代码来判断和处理用户对鼠标的操作。

MouseEventArgs 类的常用属性如表 3-9 所示。

表 3-9　MouseEventArgs 类的常用属性

属　性　名	说　　明
Button	获取曾按下的是哪个鼠标按钮，Button 属性的取值可使用 MouseButtons 枚举成员，见表 3-10
Clicks	获取按下并释放鼠标按钮的次数（整型）。1 表示单击，2 表示双击
Delta	获取鼠标滚轮已转动的制动器数的有符号计数。制动器是鼠标轮的一个凹口
X 或 Y	获取当前鼠标所在位置的 X 或 Y 坐标

MouseButtons 枚举成员的常用值如表 3-10 所示。

表 3-10　MouseButtons 枚举成员的常用值

成　员	值	说　　明
Left	1048576	按下了鼠标左键
Middle	4194304	按下了鼠标中键（仅对三键鼠标有效）
Right	2097152	按下了鼠标右键
None	0	没有按键

例如，下列语句判断用户是否右键双击了窗体，若是则退出程序。

```
private void Form1_MouseDown(object sender, MouseEventArgs e)
{
    if (e.Button == MouseButtons.Right && e.Clicks == 2)
    {
        this.Close();
    }
}
```

3. MouseMove 事件

当用户在移动鼠标指针到控件上时触发 MouseMove 事件，与该事件相关的事件还有 MouesEnter 和 MouseLeave 事件，分别在鼠标指针进入控件和离开控件时发生。

MouseMove 事件与前面介绍过的 MouseDown 和 MouseUp 事件一样，是通过 MouseEventArgs 类的属性为事件提供数据的。对于 MouseMove 事件来说，应用最多的是 MouseEventArgs 类的 X 属性和 Y 属性，这两个属性用于返回当前鼠标位置的坐标值。

【演练 3-8】 如图 3-20 所示，设计一个程序。要求将鼠标指针指向和离开按钮 button1 时，按钮上显示的图片不同。当鼠标在窗体上移动时，标签中实时显示当前指针的坐标值 (X,Y)。

图 3-20　MouseMove、MouseEnter 和 MouseLeave 事件应用示例

程序设计步骤如下。

新建一个 Windows 窗体应用程序项目，向窗体中添加 1 个标签 label1 和 1 个按钮控件 button1。适当调整控件的大小及位置。设置 Form1 的 Text 属性为"鼠标事件应用示例"。

窗体 Form1 的 Load 事件处理代码如下。

```
private void Form1_Load(object sender, EventArgs e)
```

```
        {
            this.Text = "鼠标事件应用示例";
            label1.Text = "当前鼠标的位置为：";
            button1.Text = "";
            button1.Image = Image.FromFile("face04.ico");    //向按钮上添加图标
        }
```

窗体 Form1 的 MouseMove 事件处理代码如下。

```
        private void Form1_MouseMove(object sender, MouseEventArgs e)
        {
            //e.X 和 e.Y 为 MouseEventArgs 类返回的当前鼠标位置坐标
            label1.Text = "当前鼠标的位置为: " + " " + e.X + ", " + e.Y;
        }
```

按钮 Button1 的 MouseEnter 事件处理代码如下。

```
        private void button1_MouseEnter(object sender, EventArgs e)
        {
            button1.Image = Image.FromFile("face03.ico");
        }
```

按钮 Button1 的 MouseLeave 事件处理代码如下。

```
        private void button1_MouseLeave(object sender, EventArgs e)
        {
            button1.Image = Image.FromFile("face04.ico");
        }
```

说明：程序中用到的两个图标文件，被复制到了项目文件夹下的 bin/Debug 文件夹中，这样在为按钮加载图像时可以不指定文件路径。

3.5 实训　设计一个简单的商场收银台程序

3.5.1 实训目的

通过上机操作掌握 C#中流程控制语句的基本使用方法；掌握 if…else、switch 等常用流程控制语句的使用方法。

3.5.2 实训要求

假设某商场共提供 6 种商品（编号为 001～006，单价可自行设置），且规定一次购物满 100 元可享受 9 折优惠；一次购物满 300 元可享受 8.5 折优惠；一次购物在 300 元以上可享受 8 折优惠。客户购物付款时仅需要连续输入所购商品的编号和数量，程序将自动显示购物清单、折扣率和应付金额。

具体要求如下。

1）若没有输入商品数量，则默认为 1。

2）若没有输入商品的编号，直接单击"确定"按钮，则表示统计完毕，屏幕上显示购物金额、折扣率和应付金额。

3）为了防止因用户误单击"确定"按钮导致结算数据重复出现，在显示了结算数据后，"确定"按钮呈灰色显示（不可用）。

4）单击"返回"按钮，则清除上次购物详细清单及结算数据，将程序恢复到初始状态。

程序运行后显示如图 3-21 所示的页面，在输入了商品编号和数量后单击"确定"按钮，在屏幕上将显示包含有"品名""单价""数量"和"小计"的购物详细清单。如果没有输入商品编号直接单击"确定"按钮，在购物清单下方将显示包含有"购物金额""折扣率"和"应付款"的结算数据，如图 3-22 所示。

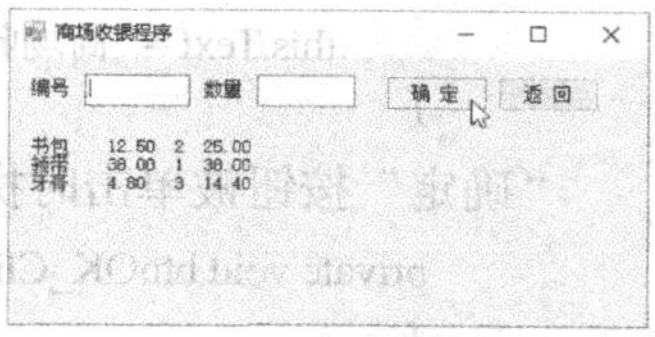

图 3-21　显示购物明细清单

5）要求"确定"按钮能响应〈Enter〉键，"返回"按钮能响应〈Esc〉键。

3.5.3 实训步骤

图 3-22　显示结算信息

1. 问题分析

用户输入商品"编号"及"数量"值后，使用 switch 语句对商品"编号"进行判断，从而得到相应的商品名称和单价，根据"数量"计算出小计值并将结果显示到标签控件中。为了得到总购物金额，还需要将小计值累加到内存变量中。

用户未输入编号直接单击"确定"按钮，意味着要求执行结算操作。程序根据累加的小计值得到购物总金额，再根据购物总金额判断出相应的折扣率，最后根据总金额和折扣率计算出应付款值，并将结算数据显示到标签控件中。如果用户输入了不存在的商品编号，则屏幕上显示出错提示信息。

2. 设计程序界面

新建一个 Windows 窗体应用程序项目，向窗体中添加 3 个标签、2 个文本框和 2 个按钮控件，适当调整各控件的大小及位置。

3. 设置对象属性

页面中各控件的初始属性设置如表 3-11 所示。

表 3-11　各控件对象的初始属性设置

控件	属性	值	说明
Form1	AcceptButton	btnOK	使"确定"按钮能响应〈Enter〉键
	CancelButton	btnBack	使"返回"按钮能响应〈Esc〉键
label1、label2	Text	编号、数量	在 Label1、Label2 中显示文本框的提示信息
textBox1、textBox2	Name	txtAmount、txtSerial	文本框 1 和文本框 2 在程序中使用的名称
button1、button2	Name	btnOK、btnBack	按钮 1 和按钮 2 控件在程序中使用的名称
	Text	确定、返回	按钮 1 和按钮 2 控件上显示的文本
label3	Name	lblBill	标签控件在程序中使用的名称

控件的其他初始属性在窗体的装入事件中通过代码进行设置。

4. 编写程序代码

窗体装入时执行的事件处理程序代码如下。

```
    decimal Sum, Total;    //声明窗体级变量，用于存放小计值和累加购物金额
    private void Form1_Load(object sender, EventArgs e)
    {
        lblBill.Text = "";
```

```
            this.Text = "商场收银程序";
        }
```

"确定"按钮被单击时执行的事件处理程序代码如下。

```
        private void btnOK_Click(object sender, EventArgs e)
        {
            if (txtSerial.Text == "")    //结账处理,计算总金额、折扣率和应付款
            {
                decimal Agio;              //存放折扣率
                if (Total > 300)           //计算折扣率
                {
                    Agio = 0.8M;
                }
                else if (Total > 100 && Total <= 300)
                {
                    Agio = 0.85M;
                }
                else if (Total == 100)
                {
                    Agio = 0.9M;
                }
                else
                {
                    Agio = 1;
                }
                decimal Pay = Total * Agio;    //计算应付款
                lblBill.Text = lblBill.Text + "\n" + "购物金额: " + Total.ToString("f2") + " " +
                    "折扣: " + Agio.ToString() + "  " + "应付款: " + Pay.ToString("f2");
                btnOK.Enabled = false;
                return;
            }
            decimal Price;                     //存放单价
            string Merchandise;                //存放商品名称
            switch (txtSerial.Text)            //通过用户输入的编号确定商品名称及单价
            {
                case "001":
                    Price = 12.5M;             //在实际应用中,这些数据应保存在数据库中
                    Merchandise = "书包";
                    break;
                case "002":
                    Price = 38M;
                    Merchandise = "领带";
                    break;
                case "003":
                    Price = 4.8M;
                    Merchandise = "牙膏";
                    break;
                case "004":
                    Price = 68M;
                    Merchandise = "衬衣";
                    break;
```

```csharp
        case "005":
            Price = 12M;
            Merchandise = "电池";
            break;
        case "006":
            Price = 98M;
            Merchandise = "夹克";
            break;
        default:                //编号输入出错时执行的代码
            MessageBox.Show("商品编号不存在！", "出错", MessageBoxButtons.OK,
                    MessageBoxIcon.Information);
            return;              //退出程序，不再执行后续代码
    }
    int Num = 1;                 //若用户没有输入商品数量，则默认为1
    if (txtAmount.Text != "")
    {
        Num = int.Parse(txtAmount.Text);
    }
    Sum = Num * Price;
    Total = Total + Sum;
    //将结算信息显示到标签中，PadRight(n)方法用于在字符串右侧补空格，使总长度始终为n
    lblBill.Text = lblBill.Text + Merchandise.PadRight(6) + Price.ToString("f").PadRight(7) +
            Num.ToString().PadRight(3) + Sum.ToString("f") + "\n";
    txtSerial.Text = "";
    txtAmount.Text = "";
    txtSerial.Focus();
}
```

"返回"按钮被单击时执行的事件处理程序代码如下。

```csharp
private void btnBack_Click(object sender, EventArgs e)
{
    lblBill.Text = "";
    Sum = 0;
    Total = 0;
    txtSerial.Focus();
    btnOK.Enabled = true;
}
```

第4章 面向对象的程序设计方法

面向对象的程序设计（Object Oriented Programming，OOP）是一种计算机编程架构。其基本原则是，"计算机程序是由单个能够起到子程序作用的单元或对象组合而成"。面向对象的程序设计思想达到了软件工程的 3 个主要目标：重用性、灵活性和扩展性。为了实现整体运算，每个对象都能够接收信息、处理数据和向其他对象发送信息。

4.1 面向对象程序设计的概念

C#是一种完全面向对象的程序设计语言。所谓"面向对象"，是指将程序中遇到的所有实体都看作一个"对象"（Object），并将具有相同特征的对象归于一个"类"（Class）中。在进行程序设计时，开发人员的主要工作是在特定的时间（某事件被触发时），通过代码控制对象的属性、调用对象的方法以最终实现程序的设计目标。

在.NET Framework 中已经预定义了大量的类、属性和方法，能帮助开发人员解决绝大多数问题。对于一些特殊的应用需求，程序员也可自行定义需要的类及其属性、事件和方法。

4.1.1 面向对象与传统编程方法的不同

传统的程序设计方法是"面向过程"的，开发人员需要按照事情的发展一步步编写相应的代码。本书前面的例题虽然引入了一些面向对象的概念，但主要的程序设计思路还是面向过程的。

1. 传统程序设计方法的设计思路

例如，设计一个用户登录程序时，面向过程的程序设计思路如下。

1）创建一个提供用户输入用户名和密码的应用程序界面。

2）用户提交数据后首先判断用户名和密码是否为空，若为空则提示出错，否则继续。

3）判断用户输入的用户名是否为合法用户名。若是，则继续；否则提示用户名出错。

4）判断用户输入的密码是否与输入的用户名匹配。若是，则登录成功；否则提示密码出错。

可以看出整个程序设计思路是按照事情的发展进行的，也就是围绕着事情发展的过程展开的。程序设计完毕后，用户的操作顺序不能发生变化。

2. 面向对象设计方法的设计思路

面向对象的程序设计方法模拟人类认识世界的思想方法，将所有实体看作一个对象。仍然是上面的例子，面向对象的程序设计思路如下。

1）同样，首先需要创建一个提供用户输入用户名和密码的应用程序界面。

2）创建一个"用户类"，并为其创建"用户名""密码"等属性和一个用于检验用户名和密码合法性的方法。

3）在事件处理程序中，通过实例化用户类得到一个"用户对象"。

4）提交数据后，调用用户对象的方法对数据进行检验，并根据检验返回结果确定用户登录是否成功。

3. 面向对象程序设计方法的优点

首先，上述两种方法都能完成用户登录程序的设计，但采用面向对象的程序设计方法具有以下几个优点。

1）可扩展性：在传统的设计方法中，功能的实现分散在了很多步骤中，对功能的扩展极为不利。而在面向对象的设计中，功能靠方法来实现，需要新功能时只需要创建新的方法即可，保证了面向对象设计的可扩展性。

2）分工明确：面向对象的设计方法中将所有问题都划分成相应的对象，程序功能依靠方法来实现，从而使程序各部分有了明确的分工。当因对象发生变化需要修改程序时，可通过较小的局部改动来完成新的需求，保证程序具有良好的可移植性。

4. 面向对象程序设计的基本步骤

前面介绍过，在 Visual Studio 中进行简单应用程序设计时的主要步骤为

需求分析→设计程序界面→设置控件对象属性→编写实现功能及控制界面的代码

使用面向对象技术进行程序设计时的基本步骤如下。

1）需求分析。

2）创建一个或多个需要的类，声明其属性和方法。必要时也可以为类创建事件。

3）设计程序界面（用户操作界面）。

4）在事件处理程序中对类进行实例化得到相应的对象，通过操作对象的属性和调用对象的方法来实现设计目标。

4.1.2 类和对象

现实生活中的类是人们对客观对象不断认识而产生的抽象的概念，而对象则是现实生活中的一个个实体。例如，人们在现实生活中接触了大量的汽车、摩托车和自行车等实体，从而产生了交通工具的概念，交通工具就是一个类，而现实生活中具体的汽车、摩托车和自行车等，则是该类的对象。

1. 类和对象的概念

面向对象程序设计中，"类"的概念从本质上和人们现实生活中的类概念是相同的。例如，在编程实践中经常使用按钮（Button）控件，实际上每一个具体的按钮都是一个按钮对象，而按钮类则是所有按钮对象的抽象。把这种抽象用计算机编程语言表示为数据集合与方法集合的统一体，就构成了类，然后再用这个类创建一个个具体的按钮对象。

也可以把类比作一种蓝图，而对象则是根据蓝图所创建的实例。可以把类比作生产模具，而对象则是由这种模具产生的产品（实例）。所以人们又把对象称为类的实例。类是对事物的定义，而对象则是该事物本身。

在 Visual Studio 集成开发环境的工具箱中，所有的控件都是被图形文字化的、可视的类，而把这些控件添加到窗体设计器中后，窗体设计器中的控件则是对象，即由工具箱中的类创建的对象，这个过程称为"类的实例化"。

在面向对象的程序设计中，类是一种数据类型，这种数据类型将数据与对数据的操作作为一个统一的整体来定义，类的这种特点称为"封装性"。在.NET Framework 中，类可以分为两种：一种是由系统提供的预先定义的，这些类包含在.NET 框架的类库中；另一种是用户根据实际需要自定义的。

对象通过类进行声明，由于类本质上是一种数据类型，所以用类声明对象的方法与用基本数据类型声明变量的方法基本相同。事实上，在 Visual Studio 中像 int、float 等基本数据类型也是特殊的类。那么，用基本数据类型可以声明变量，用类也可以声明变量，只不过用类声明的变量称为"类的对象"或"类的实例"。用同一个类可以声明无数个该类的对象，这些对象具有相同的数据，相同的数据操作方法，所不同的仅仅是数据的具体值。正如只要是人，就具有人所具备的共同特点，如身高、体型等，不同的仅仅是高、矮、胖、瘦等个体数据而已。

2. 面向对象的3个重要特征

将数据及对数据的操作方法放在一起，作为一个相互依存的整体——"对象"。对同类对象抽象出其共性，形成类。类中的大多数数据只能用本类的方法进行处理。类利用一个简单的外部接口与外界发生关系，对象与对象之间通过消息进行通信。类是面向对象编程中的核心技术，一切皆为对象，这就是面向对象的基本思想。面向对象的编程方法具有封装性、继承性和多态性等特点。

（1）封装性

类是属性和方法的集合，是为了实现某项功能而专门定义的，开发人员并不需要完全了解类体内每句代码的具体含义，只需通过对象来调用类中的某个属性和方法即可实现需要的功能，这就是类的封装性。封装是一种信息隐蔽技术，用户只能见到对象封装界面上的信息，对象内部对用户是隐蔽的。简单地说，封装技术使类具有了"黑匣子"的特征。也就是说，"进去的是数据，出来的是结果，不必关心中间实现过程"。

例如，一台计算机就是一个封装体。从设计者的角度来讲，不仅需要考虑内部各种元器件，还要考虑主板、内存和显卡等元器件的连接与组装；从使用者的角度来讲，只关心其型号、颜色、外观和重量等属性，只关心电源开关按钮、显示器的清晰度及键盘灵敏度等，根本不用关心其内部构造。因此，封装的目的在于将对象的使用者与设计者分开，使用者不必了解对象行为的具体实现，只需要用它提供的消息接口来访问该对象就可以了。

（2）继承性

继承是面向对象编程最重要的特性之一。一个类可以从另一个类中继承其全部属性和方法。这就是说，这个类拥有它继承的类的所有成员，而不需要重新定义，这种特性在面向对象编程技术中称为对象的"继承性"，继承在.NET Framework 中也被称为"派生"。被继承的类称为基类或父类，继承的类称为派生类或子类。继承性的优势在于降低了软件开发的复杂性和成本，使软件系统更易于扩充。

例如，灵长类动物包括人类和大猩猩，那么灵长类动物就称为基类或父类，人类和大猩猩称为灵长类的派生类或子类。灵长类具有的属性包括手和脚（其他动物类称为前肢和后肢），具有的行为（方法）是抓取东西（其他动物类不具备），人类和大猩猩也具有灵长类动物所定义的所有属性和行为（方法）。

（3）多态性

在实际应用中往往会存在派生类里的属性和方法较基类有所变化，需要在派生类中更改从基类中自动继承的属性和方法。针对这种问题，面向对象的程序设计提出了"多态性"的概念。多态性是指在基类中定义的属性或方法被派生类继承后可以进行更改。

例如，假设手机是一个基类，它具有一个拨打电话的方法。一般的手机拨打电话都是输入号码后按拨号键即可完成。但某些手机采用了语音拨号方式，与一般的拨号方法不同，于是只能通过改写基类的方法来实现派生类的拨号方法。

4.1.3 类成员的基本概念

类的定义中包含多种类成员，概括起来，类的成员主要有两种形式：存储数据的成员与操作数据的成员。

1．字段

存储数据的成员称为"字段"，操作数据的成员有很多种。本节主要介绍属性、方法、构造函数和析构函数的基本概念。

"字段"是类定义中的数据，也称类的变量。类的字段可以是基本数据类型，也可以是由其他类型声明的对象。例如创建一个 Windows 应用程序时，向窗体中添加的各种控件就是控件类对象，这些对象就是窗体类的字段。

2．属性

"属性"用于读取和写入"字段"值，是字段的自然扩展。对用户而言，"属性"等同于"字段"本身，因为字段通常具有私有特性（private），所以需要通过属性对外提供访问接口。对程序员而言，属性就是一种对外公开的、读写"字段"的特殊方法。

3．方法

"方法"实质上就是一种函数，通常用于对字段进行计算和操作，也就是对类中的数据进行操作以实现特定的功能。

C#内置的 Windows 窗体及控件类定义中，常用的方法有以下两种类型。

1）用于响应特定事件的方法。这类方法的名称与参数无法由用户定义，但用户可以定义方法中的代码，以完成特定的功能，如按钮控件的 Click()事件方法。

2）用于实现某一特定功能的方法，这类方法的名称与代码已经确定，且被封装成一个整体，用户可以直接调用以完成特定的功能。例如，整型（int）变量的 ToString()方法，其特定功能就是将整型变量的值转换成字符串型（string）。

在创建 Windows 应用程序时，除了可以使用系统内置的各种方法外，还可以自定义类及类中的方法成员，也可以在由系统自动生成的类中声明自定义的方法成员。

4．构造函数与析构函数

在.NET Framework 中，一个对象的初始化工作被放在"构造函数"中，而对象的清除工作被放在"析构函数"中。对象创建时，构造函数自动执行。当对象离开自己的作用范围或被赋值为 null 后，该对象的生命周期结束，此时析构函数将自动执行。

4.2 创建自定义类

.NET Framework 给开发人员提供了大量预设的类，使用时只需使用 new 关键字将其实例化即可。举例如下：

```
Button MyButton = new Button();      //实例化一个命令按钮对象 MyButton
MyButton.Text = "OK";                //设置对象的属性
```

同时，为了满足特殊需要，.NET Framework 还允许开发人员自定义需要的类。

4.2.1 创建类

在某些情况下，开发人员可能希望根据自己的需要定义一些特殊的类，此时就需要用到

关键字 class，其语法格式为

    [访问修饰符] class 类名 [: [基类名或接口序列]]
    {
        [字段成员]
        [属性成员]
        [方法成员]
        [事件成员]
        [构造函数]
        [析构函数]
    }

其中，"[]"中的内容为可选项，冒号":"后面的内容为继承的基类或基接口。访问修饰符用于指明可以访问该类的范围，常用修饰符如表 4-1 所示。

表 4-1 访问修饰符

访问修饰符	说 明
public	访问不受限制，可以被任何其他类访问
private	访问只限于含该成员的类，即只有该类的其他成员能访问
protected	访问只限于含该成员的类及该类的派生类
internal	访问只限于本程序集内所有的类
new	只能用于继承的类，表示对继承父类同名类的隐藏
abstract	指明该类为抽象类，表示类只能作为父类供其他类继承，而不能进行对象实例化

从最基础入手，最简单的类定义格式为

    [访问修饰符] class 类名
    {
        //类体代码
    }

"类名"是一个合法的 C#标识符，表示数据类型（类类型），"类体"以一对大括号开始和结束。类的所有成员均在类体内通过类体代码实现。

1. 声明类字段

字段的声明格式与普通变量的声明格式相同。在类体中，字段声明的位置没有特殊要求，习惯上将字段声明在类体的最前面，以便于阅读。举例如下。

    class Student   //定义一个 Student 类
    {
        private string _name;   //定义类的 3 个字段（类变量，也称字段变量）
        private string _class;
        private float _grade;
    }

2. 声明类属性

属性是类定义中的字段读写器，在类定义中声明属性的语法格式为

    访问修饰符 类型 属性名
    {
        get
        {
            …;
            return 类变量;

```
            set
            {
                …;
                类变量 = value;
            }
```

在属性声明中，get 与 set 称为属性访问器。get 完成对数据值的读取，代码中使用 return 语句返回读取的值；set 完成对数据值的设置修改，value 是一个关键字，表示要写入字段的值。

在属性声明中，如果只有 get 访问器，则该属性为只读属性。表示数据成员的值是不能被修改的。在属性声明中如果只有 set 访问器，则该属性为只写属性。只写属性在程序设计中不经常使用。在 C#环境中，当选中窗体或控件时，在"属性"窗口中显示的均为读写属性。

一般情况下，为了便于理解和阅读，可将属性名用首字母大写表示，而字段名可用同名全部小写的形式表示。

例如，下列语句在 CheckUser 类中声明了 UserName 和 UserPwd 两个属性。

```
public class CheckUser            //声明 CheckUser 类
{
    private string _name;         //声明字段变量
    private string _pwd;
    public string UserName        //声明 UserName 属性
    {
        get { return _name; }
        set { _name = value; }
    }
    public string UserPwd         //声明 UserPwd 属性
    {
        get { return _pwd; }
        set { _pwd = value; }
    }
}
```

Visual Studio 为了减轻开发人员编写代码的工作量，对于基本的类属性创建提供了自动生成的命令。

在声明了用于描述属性的字段变量后，可右击字段变量的名称，在弹出的快捷菜单中选择"快速操作和重构"命令，在屏幕提示中选择重构方式（"封装字段，并使用属性"或"封装字段，但仍使用字段"）后，系统将自动完成属性声明代码编写工作。

3. 使用访问修饰符

声明类中的成员时，使用不同的访问修饰符表示对类成员的访问权限不同，或者说访问修饰符确定了在什么范围中的对象可以访问类成员。访问修饰符的规定与声明类时使用的修饰符含义相同。

在类定义中，如果声明的属性、方法和事件等没有使用任何访问修饰符，则该成员被认为是私有的（private）。如果不涉及继承，private 与 protected 没有什么区别。如果成员被声明为 private 或 protected，则不允许在类定义外使用点运算符访问，即在输入了类对象名称后，键入 "." 号，类成员名称将不会出现在成员列表中。

在一个类定义中，字段通常被声明为 private 或 protected，这样在类定义之外无法看到字段成员，这就是"数据隐藏"。其他成员通常被声明为 public，以便通过这些成员实现对类的字段成员的操作。例如，类定义中具有 public 特性的属性就提供了外部代码访问内部字段的接口。

4.2.2 类的方法与重载

类的方法实际上是实现某功能的程序块，方法的定义必须放在类定义中。C#语言中的方法相当于 Visual Basic 中的过程。

1. 定义类的方法

在类中创建方法的语法格式为

```
访问修饰符  返回值类型  方法名(传递参数列表)
{
    …;            //方法体语句块
    [return 变量;]
}
```

例如，下列代码创建了一个名为 Agv() 的方法，其返回值为 float 类型。Agv() 方法从调用它的语句处得到传递来的两个 float 类型的参数，分别保存在形参 var1 和 var2 中。Agv() 方法用于返回两个参数的平均值。

需要注意的是，C#是区分大小写的，代码中的 Avg 表示方法名，而 avg 则表示类字段（变量）。

```
public float Agv(float var1, float var2)
{
    float agv = (var1 + var2) / 2;
    return agv;
}
```

创建方法时，若设置"返回值类型"为 void，则方法没有返回值，也无须使用 return 语句。这种方法在处理类似向数据库中添加记录、删除记录或更新记录等操作时非常有用。

2. 方法的重载

C#允许在同一个类中声明多个具有不同参数集（不同参数数量、不同参数数据类型、不同参数顺序）的同名方法，调用方法时，C#编译器能根据调用语句传递过来的参数的具体情况自动选择相应的方法，这种处理方式称为"方法重载"。

使用方法重载时需要注意以下两点要求。

1）重载的方法名称必须相同。

2）重载的方法，其形参个数或类型必须不同，否则将出现"已经定义了一个具有相同类型参数的方法成员"的编译错误。

声明了重载方法后，当调用具有重载的方法时，系统会根据参数的个数、类型或顺序寻找最匹配的方法予以调用。

下面的代码是一个通过参数数量不同来实现方法重载的示例。在 Rectangle（矩形）类中定义了同名的 2 个方法 Calculate（计算），若从调用语句接收 2 个 float 类型参数时，返回矩形面积值，若从调用语句接收 3 个 float 类型参数时返回柱体的体积。

```
class Rectangle                              //创建类
{
    public float Calculate(float x, float y)  //接收 2 个参数
    {
```

```
            return x * y;                              //返回面积值
        }
        public float Calculate(float x, float y, float z)   //接收 3 个参数
        {
            return x * y * z;                          //返回体积值
        }
}
```

4.2.3 方法参数的传递方式

在定义方法时，方法名后面圆括号中的变量名称为"形式参数"（形参）；在调用方法时，方法名后面圆括号中的变量名或表达式称为"实际参数"（实参）。形参的作用是"接收数据"，而实参的作用是"传递数据"。调用带参数的方法时，自动实现了实参为形参赋值的过程。

关于形参与实参的几点注意事项如下。

1）在未调用方法时，形参并不占用存储单元。只有在发生方法调用时，才会给方法中的形参分配内存单元。在调用结束后，形参所占的内存单元也自动释放。

2）实参可以是常量、变量或表达式；形参必须是声明的变量，且必须指定类型。

3）在方法调用中，实参列表中参数的数量、类型和顺序必须与形参列表中的参数完全对应，否则会发生异常。

4）实参对形参的数据传递是单向传递，即只能由实参传给形参，而不能由形参传回给实参。

C#中方法的参数传递形式主要包括以下两种。

1）值参数（不包含任何修饰符）。

2）引用型参数（以 ref 修饰符定义）。

1．值参数

值参数是指声明时不带任何修饰符的参数。当使用值类型的参数调用方法时，编译程序将实参的值做一份副本，并且把此副本传递给该方法的相应形参。被调用的方法不会修改内存中实参的值，所以使用值参数时，可以保证实参值是安全的。

例如，下面的 Swap 方法用于实现两个数的交换，并将交换前和交换后的结果分别显示在 label1 标签和 label2 标签中，代码如下。

在系统自动创建的窗体类（class Form1）中输入如下的方法代码。

```
        void Swap(int x, int x)           //创建无返回值的方法
        {
            int temp = x;
            x = y;
            y = temp;
        }
```

编写窗体装入时执行的事件处理程序代码如下。

```
        private void Form1_Load(object sender, EventArgs e)
        {
            int x = 10, y = 20;
            label1.Text = "交换前实参的值："+ x +"，"+ y;
            Swap(x, y);                              //调用 Swap()方法
            label2.Text = "交换后实参的值："+ x +"，"+ y;
        }
```

通过运行上述代码可以看出，Swap()方法并没有修改实参的值，修改的只是形参自身的值，而形参只是实参的副本。此外，在本例中形参和实参都以 x 和 y 命名，但要注意它们是两个完全不同的变量，分别属于不同的内存单元，这点一定不要搞混。为了强调形参与实参的区别，一般不要将二者使用相同的变量命名。程序的运行结果如图 4-1 所示。

图 4-1 值参数传递运行结果

2．引用参数

在参数前加上 ref 修饰符声明的参数为引用参数。值类型参数传递的是实参值的副本，而引用型参数向方法传递的是实参的地址，使得实参的存储位置与形参的存储位置相同。在 C# 中，调用带引用型参数的方法就可以在该方法的内部改变调用方法的实参数值了。

例如，修改上述的 Swap()方法，代码如下。

在创建的窗体类内输入如下方法代码。

```
void Swap(ref int a,ref int b)       //a、b 为形参，用于接收调用语句传递来的实参值
{
    int temp = a;                    //使用 ref 修饰符表示调用语句传递过来的是实参的内存地址
    a = b;
    b = temp;
}
```

在窗体的 Load 事件输入如下代码。

```
private void Form1_Load(object sender, EventArgs e)
{
    int x = 10, y = 20;
    label1.Text = "交换前实参的值：" + x + "," + y;
    Swap(ref x, ref y);
    label2.Text = "交换后实参的值：" + x + "," + y;
}
```

该程序中，形参和实参的 x 和 y 都添加了 ref 修饰符，形参 x 和实形 x 指向的是同一个内存地址，形参 y 和实参 y 指向的是同一个内存地址。一旦改变形参 x 和 y 的值，实参 x 和 y 的值也会改变。程序运行结果如图 4-2 所示。

图 4-2 引用参数程序运行结果

4.2.4 构造函数与析构函数

类的构造函数用于初始化成员变量，而析构函数则用于销毁类的实例对象，释放占用的系统资源。

1．构造函数

构造函数实际上是一种特殊的方法，每次创建类的实例时都会调用它，构造函数的主要作用就是自动初始化成员变量。一般情况下不需要为类定义相关的构造函数，因为基类（Object 类）提供了一个默认的实现方式。只有在创建类对象的同时需要为其设置一些特定的初始状态时才要求声明自定义的构造函数，以替代由基类继承的构造函数。定义构造函数的语法格式为

```
[访问修饰符] 类名([参数列表])
{
    //这里写构造函数的代码
}
```

其中，访问修饰符与参数列表都是可选项；构造函数的名称与类名相同。

构造函数具有以下几个特性。

1）构造函数的命名必须和类名完全相同，不能使用其他名称，一般访问修饰符为 public 类型。

2）构造函数的功能主要是创建类的实例时定义对象的初始化状态，因此它没有返回值，也不能用 void 来修饰。

3）构造函数既可以是有参数的，也可以是无参数的。

4）构造函数只有在创建类的实例时才会被执行，只能使用 new 运算符调用构造函数。

5）构造函数可以是静态的，即使用 static 修饰符。静态构造函数会在类的实例创建之前被自动调用，并且只能调用一次，不能带参数，也不支持构造函数重载。

6）一个类可以有多个构造函数，如果类中没有定义构造函数，则使用基类提供的默认构造函数。

7）构造函数支持重载，因此一个类中可包含多个构造函数。创建对象时，系统能根据参数个数的不同或参数类型的不同来调用相应的构造函数，这一点与方法的重载十分相似。

例如，下列代码定义了一个水果类 Fruit，其中就包含了两个构造函数。

```
class Fruit
{
    public string Color, Shape;      //使用 public 修饰符定义字段成员 Color、Shape
    public Fruit()                   //定义无参数的构造函数
    {
        Color = "green";             //设置字段成员的初始值为"绿色，椭圆"
        Shape = "ellipse";
    }
    public Fruit(string c, string s) //定义有参数的构造函数
    {
        this.Color = c;              //this.Color 表示类内的字段成员
        this.Shape = s;              //创建对象时才确定 Color 和 Shape 的值
    }
}
```

说明：上述代码中在定义字段成员时使用了 public 修饰符，使得 Color 和 Shape 可以直接被类外部的代码访问，其作用与声明类的属性相似。这样做虽然简化了代码结构，但也破坏了"数据隐藏"和"封装性"规则，在大中型应用设计中不推荐使用。

下列语句是在创建 Fruit 类的对象时调用构造函数的示例。

```
Fruit Apple1 = new Fruit();        //创建对象 Apple1
//创建对象 Apple2，指定红色（red）和圆形（round）初始化该对象
Fruit Apple2 = new Fruit("red", "round");
```

2. 析构函数

析构函数也是一种特殊的方法，主要用来在销毁类的实例时，自动完成内存清理工作，又称为"垃圾收集器"。

一般来说，对象的生命周期从构造函数开始，以析构函数结束。在创建类的实例时，需要调用构造函数为其分配内存，而当类的实例的生命周期结束前，还必须释放它所占有的内存空间。一个类中可能有许多对象，每个对象的生命周期结束时，都要调用一次析构函数。这与构造函数形成了鲜明的对应，所以在构造函数名前加一个前缀"~"就构成了对应的析构函

数，语法格式为

```
~类名()
{
    //析构函数代码
}
```

析构函数的主体包括了一些代码，通常用于关闭由实例打开的数据库、文件或网络连接等。析构函数具有以下几个特点。

1）析构函数没有返回值，也没有参数。
2）析构函数不能使用任何修饰符。
3）一个类只能有一个析构函数，即析构函数不能重载，也不能被继承。
4）析构函数不能显式或手动调用，只能在类对象生命周期结束时，由垃圾回收器自动调用。

需要说明的是，在 C#程序中有析构函数的对象会占用较多的资源，它们在内存中的驻留时间较长。当被垃圾回收器检查到时不但不会直接销毁，还会调用专门的进程守护，这也就消耗了更多的系统资源。因此，要慎用析构函数，仅在有特殊要求时才考虑使用析构函数。

4.2.5 类的静态成员

在类成员定义中使用 static 修饰符表示的类成员称为类的"静态成员"。类的静态成员可以是静态字段、静态属性或静态方法。

静态成员属于整个类，所以对静态成员的访问不需要有类的对象实例存在，可直接通过类名称访问，而且在 C#中不允许通过类的对象实例访问静态成员。

由于静态成员属于整个类，所以在任何地方修改这些成员都将体现在该类的所有实例对象中，包括已经存在和新创建的类对象。同样，类的静态属性只能访问静态字段和静态方法，静态方法也只能访问类的静态字段和静态属性，这是因为非静态的属性和方法都有一个隐式的 this 成员存在，对于静态属性和静态方法则不存在这个 this 成员。

例如，下列代码中声明了一个名为 Computer 的类，在类中声明了静态字段 Count（数量）和非静态字段 Type（型号），并声明了一个静态方法 GetCount()。

```
class Computers
{
    public static int Count;
    public string Type;
    public static int GetCount()
    {
        return Count;
    }
}
```

以下代码是在程序中访问静态或非静态成员的示例。

```
private void Form1_Load(object sender, EventArgs e)
{
    Computers c = new Computers();      //创建类的对象
    c.Type = "Dell";                     //为非静态字段赋值
    //c.Count = 3;    错误，Count 为静态字段，不能通过类的对象进行访问
    //label1.Text = "当前计算机数量为：" + c.GetCount();   错误，不能通过对象访问静态方法
    Computers.Count = 5;                 //通过类名访问静态字段
```

```
            Computers.Count = Computers.Count +1;
            //通过类名调用静态方法
            label1.Text = "当前计算机数量为：" + Computers.GetCount().ToString();
        }
```

4.3 在应用程序中使用自定义类

定义类之后，可以用定义的类声明对象，声明对象后可以访问对象成员（属性、方法等）。每一个类对象均具有该类定义中的所有成员。

4.3.1 声明和访问类的对象

声明类的对象也称为"类的实例化"，其声明方法与声明基本数据类型的方法基本相同，语法格式为

    类名 对象名 ＝ new 类名();

举例如下。

    Student stu = new Student();   //声明一个 Student 类的 stu 对象

访问对象就是访问对象成员，即在应用程序中使用由类创建的对象，其代码编写格式与访问一般常用对象的代码格式完全相同。举例如下。

```
    Student stu = new Student();
    stu.StuName = "张三";            //访问对象的属性
    stu.StuClass = "网络 1701";
    int var1 = 78;
    int var2 = 66;
    //调用对象的 GradeSum 方法，并传递两个参数，返回结果保存在 sum 中
    int sum = stu.GradeSum(var1, var2)
```

上面的代码通过属性为对象 stu 的字段赋值，并调用对象的 GradeSum()方法返回需要的数据。调用方法时传递 var1 和 var2 两个参数。

【演练 4-1】用户登录具体要求如下。

1）设系统仅支持 2 个用户。用户名：zhangsan，密码：123456，级别：管理员；用户名：lisi，密码：654321，级别：普通用户。

2）创建一个 Users 类，要求该类拥有 Name（姓名）和 Pwd（密码）两个属性，以及一个用于检查用户名和密码是否匹配的 IsPass()方法，该方法返回一个 int 类型值（0 表示管理员，1 表示普通用户，-1 表示未通过检查）。

3）设计一个使用 Users 类的应用程序，用户在输入了用户名、密码后单击"登录"按钮，能显示如图 4-3～图 4-5 所示的检查结果。

图 4-3 管理员登录成功

图 4-4 普通用户登录成功    图 4-5 登录失败

程序设计步骤如下。

（1）声明类及其属性和方法

创建类的代码可书写在 Form1 类框架内（与各控件的事件处理程序并列）。创建 Users 类的相关代码如下。

```csharp
class Users                          //创建 Users 类
{
    private string _name, _pwd;     //声明字段成员
    public string Name              //封装字段 _name，创建 Users 类的 Name 属性
    {
        get{return _name;}
        set{_name = value;}
    }
    public string Pwd
    {
        get{return _pwd;}
        set{_pwd = value;}
    }
    public int IsPass()             //用于检查用户身份是否通过验证的方法
    {
        int level = -1;             //验证未通过
        if (this.Name == "zhangsan" && this.Pwd =="123456")
        {
            level = 0;              //管理员
        }
        if (this.Name == "lisi" && this.Pwd == "654321")
        {
            level = 1;              //普通用户
        }
        return level;
    }
}
```

（2）设计程序界面

新建 Windows 应用程序项目，向窗体中添加 2 个标签 label1、label2，添加 2 个文本框 textBox1、textBox2 和一个命令按钮 button1。

设置窗体 Form1 的 Text 属性为"登录"；设置 2 个标签的 Text 属性分别为"用户名"和"密码"；2 个文本框的 Name 属性分别为 txtName 和 txtPwd，设置"密码"文本框的 PasswordChar 属性为"*"；设置 button1 的 Name 属性为 btnLogin，Text 属性为"登录"。

（3）编写事件处理程序代码

"登录"按钮被单击时执行的事件代码如下。

```csharp
private void btnLogin_Click(object sender, EventArgs e)
{
    if (txtName.Text == "" || txtPwd.Text == "")
    {
        MessageBox.Show("用户名和密码不能为空", "出错", MessageBoxButtons.OK,
                        MessageBoxIcon.Warning);
        return;
```

```
            }
            Users user = new Users();//实例化 Users 类得到一个 user 对象
            user.Name = txtName.Text;//为 user 对象的属性赋值
            user.Pwd = txtPwd.Text;
            switch (user.IsPass())        //调用 Users 类的 IsPass()方法，并根据返回值判断用户登录状态
            {
                case 0:
                    MessageBox.Show("你是合法用户，级别：管理员","身份验证",
                                    MessageBoxButtons.OK, MessageBoxIcon.Information);
                    break;
                case 1:
                    MessageBox.Show("你是合法用户，级别：普通用户","身份验证",
                                    MessageBoxButtons.OK, MessageBoxIcon.Information);
                    break;
                case -1:
                    MessageBox.Show("用户名或密码错！","身份验证",
                                    MessageBoxButtons.OK, MessageBoxIcon.Warning);
                    break;
            }
        }
```

4.3.2 向项目中添加类项和类库

自定义类不但可以创建在现有窗体类（如 class Form1）中，也可以通过向项目中添加一个类项或类库的方式创建。使用类项或类库更有利于被其他窗体甚至是其他解决方案调用。

1. 添加类项（类文件）

在"解决方案资源管理器"中右击项目名称，在弹出的快捷菜单中选择"添加"→"类"命令，弹出如图 4-6 所示的对话框。

图 4-6　向项目中添加类项

选择"Visual C#项"下的"类"模板，并为类文件命名后单击"添加"按钮。完成上述操作后，Visual Studio 将自动将其添加到解决方案资源管理器，并在代码窗口中将其打开。在解决方案资源管理器中应该能看到添加的类文件，双击该文件名可在代码窗口中将其打开。

2. 添加类库

如果项目中需要使用大量的自定义类，而且这些自定义类还可能需要在不同的项目甚至是不

同的解决方案中重复使用,则可以考虑向解决方案中(注意不是项目中)添加一个"类库"。

类库与项目一样都是应用程序解决方案中的一个独立组成部分,二者的级别是相同的。类库可以方便地添加到其他应用程序中。类库编译后可生成.dll 文件,十分有利于在不同的应用程序中被引用。

在"解决方案资源管理器"中右击解决方案名称,在弹出的快捷菜单中选择"添加"→"新建项目"命令。弹出如图 4-7 所示的对话框,选择"Visual C#"项目类型下的"类库"模板,并为类库指定了名称和保存位置后单击"确定"按钮。Visual Studio 2015 提供了多种形式的类库模板,如本例使用的 C#类库,以及可移植的类库、可用于 iOS、Android 和 Windows 的类库等。在模板列表中选择了某种类库模板后,在"添加新项目"对话框的右侧将显示出关于该模板的说明。

图 4-7 向解决方案中添加类库

如果希望将类库创建在独立的解决方案中,选择"文件"→"新建"→"项目"命令,在弹出的对话框的"解决方案"下拉列表框中选择"创建新解决方案"选项即可。

3. 创建和引用自定义类库

假设已向解决方案中添加了一个名为 MyClassLib 的自定义类库,为 Windows 应用程序项目添加该类库引用的操作方法如下。

1)在"解决方案资源管理器"中右击类库名称,在弹出的快捷菜单中选择"生成"命令,将类库编译成相应的.dll 文件。

2)右击项目名称,在弹出的快捷菜单中选择"添加"→"引用"命令,弹出如图 4-8 所示的对话框,在左侧导航栏中选择"项目"下的"解决方案"后,对话框中将列出当前解决方案中包含的所有类库,选择希望添加到项目的类库名称后单击"确定"按钮。

图 4-8 为项目添加类库引用

也可以通过单击"浏览"按钮,在弹出的对话框中选择已编译的*.dll 类库文件。编译后的类库文件默认存放在"项目保存位置\类库名称\bin\Debug"文件夹下。

向项目中添加了类库引用后,可使用 using 语句添加对类库命名空间的引用,然后就可以像使用普通类一样使用类库中的自定义类了。举例如下。

```
using MyClassLib;           //引用类库的命名空间
protected void ButtonOK_Click(object sender, EventArgs e)
{
    …
    Student stu = new Student();        //Student 是 MyClassLib 类库中的一个自定义类
    stu.StuName = "张三";
    …
}
```

需要注意的是,如果修改了类库中某自定义类的任何代码,则需要在"解决方案资源管理器"中右击类库名称,在弹出的快捷菜单中选择"重新生成"命令,以重新编译类库生成更新后的*.dll 文件。

如果此时已在项目中添加了对该类库的引用,还需要对项目执行"重新生成"命令,以便将更新后的.dll 文件复制过来。如果在 Visual Studio 中选择"生成"→"重新生成解决方案"命令,系统将对解决方案中所有项目进行重新编译,避免了需要逐个重新生成的烦琐。

【演练 4-2】 创建和使用类。具体要求如下。

1)创建一个类库,向其中添加一个 Round 类,并使用方法重载技术创建 Round 类的 3 个分别用于计算周长、面积和圆柱体体积的 Account 方法。

2)利用 Round 类设计一个能根据用户输入数据实现圆周长、圆面积和圆柱体体积计算的 Windows 窗体应用程序。要求当用户选择计算周长或面积时,用于输入圆柱体高的文本框不可用,且所有计算结果保留 2 位小数点。程序运行结果如图 4-9 和图 4-10 所示。

图 4-9 计算圆面积

图 4-10 计算圆柱体体积

程序设计步骤如下。

(1)设计方法分析

可以将圆看作一个类,该类具有分别用于计算周长、面积和体积的 3 个方法。使用方法重载技术实现根据调用时传递参数的类型、数量不同自动匹配适当的方法完成计算任务。例如,将完成 3 种计算任务的方法都命名为 Account,计算周长时传递 1 个 float 类型参数表示圆半径;计算面积时传递 1 个 double 类型参数表示圆半径;计算圆柱体体积时传递 2 个 double 类型参数分别表示圆半径和圆柱体的高。

(2)创建类和相关方法

在 Visual Studio 中选择"文件"→"新建项目"命令,在弹出的对话框中选择 Visual C# 类库,并将其命名为 RoundLib,添加到当前解决方案中。

在解决方案资源管理器中,将系统自定义的空类 Class1 重命名为 Round。在 Round 类中使用重载技术创建用于周长、面积和体积计算的 Account 方法。

编写代码如下：

```
public class Round           //创建 Round 类
{
    ///<summary>
    ///计算圆周长
    ///</summary>
    public float Account(float radius)      //从调用语句接收 1 个 float 类型参数的 Account 方法
    {
        float c = (float)(2 * Math.PI * radius);
        return c;
    }
    ///<summary>
    ///计算圆面积
    ///</summary>
    public double Account(double radius)   //从调用语句接收 1 个 double 类型参数的 Account 方法
    {
        double a = Math.PI * radius * radius;
        return a;
    }
    ///<summary>
    ///计算圆柱体体积
    ///</summary>
    //从调用语句接收 2 个 double 类型参数的 Account 方法
    public double Account(double radius, double hight)
    {
        double v = Math.PI * radius * radius * hight;
        return v;
    }
}
```

说明：代码中使用了 XML 注释标记块，///<summary>、///</summary>，这样既可以提高代码的可读性，也可以在调用该方法时提供如图 4-11 所示的智能感知提示信息。

图 4-11 智能感知提示信息

（3）设计应用程序界面

新建一个 Windows 应用程序项目，向窗体中添加 3 个标签、2 个文本框、3 个单选按钮和 1 个按钮控件。

设置用于显示计算结果的标签控件的 Name 属性为 lblResult，设置 2 个文本框的 Name 属性分别为 txtR（半径）和 txtH（高），设置 3 个单选按钮的 Name 属性分别为 rbtnC（周长）、rbtnA（面积）和 rbtnV（体积），设置按钮控件的 Name 属性为 btnOK。

（4）添加引用

在"解决方案资源管理器"中右击项目名称，在弹出的快捷菜单中选择"添加引用"命令。在弹出的对话框的"项目"选项卡中选择前面创建的类库 RoundLib 后单击"确定"按钮，完成添加引用的操作。

（5）编写程序代码

添加对 RoundLib 命名空间的引用，代码如下：

```csharp
            using RoundLib;
```
窗体装入时执行的事件处理代码如下。
```csharp
            private void Form1_Load(object sender, EventArgs e)
            {
                this.Text = "方法重载示例";
                lblResult.Text = "";
                txtH.Enabled = false;      //使用于输入"圆柱体高"的文本框不可用（呈灰色显示）
                rbtnC.Select();            //使"周长"单选按钮处于被选中状态
            }
```
"体积"单选按钮的状态改变时执行的事件处理代码如下。
```csharp
            private void rbtnV_CheckedChanged(object sender, EventArgs e)
            {
                if (rbtnV.Checked)         //如果"体积"单选按钮被选中
                {
                    txtH.Enabled = true;   //"圆柱体高"文本框可用
                }
                else
                {
                    txtH.Enabled = false;  //"圆柱体高"文本框不可用
                }
            }
```
"确定"按钮被单击时执行的事件处理代码如下。
```csharp
            private void btnOK_Click(object sender, EventArgs e)
            {
                if (txtR.Text == "")       //未输入半径，提示出错
                {
                    lblResult.Text = "必须输入半径！";
                    return;
                }
                Round r = new Round();     //声明一个 Round 类的对象 r
                string msg = "";           //用于存放最后输入到标签中的计算结果信息
                if (rbtnC.Checked)         //若"周长"单选按钮被选中
                {
                    float R = float.Parse(txtR.Text);
                    msg = "圆周长为：" + r.Account(R).ToString("f");   //调用 r 对象的 Account()方法
                }
                if (rbtnA.Checked)         //若"面积"单选按钮被选中
                {
                    double R = double.Parse(txtR.Text);
                    msg = "圆面积为：" + r.Account(R).ToString("f");
                }
                if (rbtnV.Checked)         //若"体积"单选按钮被选中
                {
                    double R = double.Parse(txtR.Text);
                    double H = double.Parse(txtH.Text);
                    msg = "圆柱体体积为：" + r.Account(R, H).ToString("f");
                }
                lblResult.Text = msg;
            }
```

4.3.3 引用第三方类库

类库可以由开发人员根据实际需要自行编写代码创建，也可以直接引用第三方提供的已编译完成的.dll 文件。Internet 中存在大量优秀的、由第三方编写、封装的.dll 格式的类库或组件文件，直接引用这些类库可以非常轻松地完成一些看似很复杂的工作。例如，需要对 Word 文档进行读、写、插图、插表或合并文档等操作时，就可以借助由第三方提供的、功能十分强大的 Aspose.Words.dll 类库来实现。

【演练4-3】 通过引用 Aspose.Words.dll，实现合并两个 Word 文档，并将合并结果保存为.pdf 格式。图 4-12 所示为合并前的两个 Word 文档，图 4-13 所示为合并结果。

 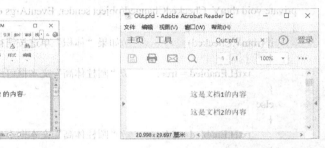

图 4-12 合并前的两个文档的内容　　　　　　图 4-13 合并后的 PDF 文件

程序设计步骤如下。
（1）设计程序界面
新建一个 Windows 窗体应用程序项目，向默认窗体 Form1 中添加一个用于触发文档合并操作的按钮控件 button1。
（2）添加对第三方类库的引用
在解决方案资源管理器中右击项目名称，在弹出的快捷菜单中选择"添加"→"引用"命令，在弹出的对话框中通过单击"浏览"按钮，将 Aspose.Words.dll 类库添加到项目中。
（3）编写程序代码
在代码窗口最上方的命名空间引用区中添加对类库的引用。

```
using Aspose.Words.dll;
```

命令按钮被单击时执行的事件处理程序代码如下。

```
private void button1_Click(object sender, EventArgs e)
{
    //将两个待合并的 Word 文档存入 Aspose.Words 的 Document 类型对象 doc1 和 doc2 中
    Document doc1 = new Document("d:\\1.docx");
    Document doc2 = new Document("d:\\2.docx");
    //指定 doc2 要合并到 doc1 中的内容范围，这里选择了全部
    doc2.FirstSection.PageSetup.SectionStart = SectionStart.Continuous;
    //按 doc1 的格式设置向 doc1 中追加 doc2（不分页，将 doc2 追加到 doc1 的最后面）
    doc1.AppendDocument(doc2, ImportFormatMode.UseDestinationStyles);
    doc1.Save("d:\\Out.pfd", SaveFormat.Pdf);
    MessageBox.Show("合并成功！");
}
```

4.4 类的继承

前面讲过,面向对象程序设计的三大基本特征为封装性、继承性和多态性。其中"封装"的概念相对简单一些,实现起来也很容易。本节将重点介绍类的继承和多态的具体实现方法。

4.4.1 基类和派生类

在类定义中使用":"可将类定义成某基类的派生类(参见 4.2.1 类定义的语法格式),派生类可以自动吸收基类的成员,并可新增功能或修改基类具有的功能,从而提高代码的复用性。

1. 继承的基本规则

继承可以把基类的成员传递给派生类,但派生类能否使用基类成员取决于其成员访问修饰符。类成员常用的修饰符有:公有成员(public)、私有成员(private)和保护成员(protected)3 种。

其中,公有成员(public)可以被派生类访问;私有成员(private)不能被派生类使用;保护成员(protected)只能被其派生类访问,不能被其他类访问。

类的继承性具有以下一些规则。

1) 继承的单一性。派生类只能继承一个基类,而不能继承多个继承。
2) 继承是可传递的。例如,彩色电视机从黑白电视机中派生,液晶电视机又从彩色电视机中派生,那么液晶电视机不仅继承了彩色电视机中声明的成员,同样也继承了黑白电视机中的成员。
3) 派生类应当是对基类的扩展。派生类可以添加新的成员,但不能除去已经继承的成员的定义。
4) 派生类可以重写基类的成员。
5) 构造函数和析构函数不能被继承。调用带参数的基类构造函数时应使用 base 关键字。例如,若基类 Cuboid(长方体)的构造函数带有 3 个参数,代码如下。

```
public class Cuboid                    //定义基类 Cuboid
{
    protected double length;           //使用 protected 访问修饰符使该字段可以被其派生类访问
    private double width, high;
    public Cuboid(double x, double y, double z)//Cuboid 的构造函数
    {
        length = x;
        width = y;
        height = z;
    }
}
```

则其派生类 Cube(正方体)也必须声明相应的构造函数,代码如下。

```
public Cube(double x) : base(x, 0, 0){}
```

由于派生类 Cube(正方体)只有一个参数,而其基类 Cuboid 需要 3 个 double 类型的参数,因此 base 关键字后面的参数列表中后两个参数需要用 0 代替(如果是 string 类型,则可用空字符串代替)。

在程序中初始化基类和派生类对象的代码如下。

```
Cuboid C1 = new Cuboid(a, b, c);        //初始化基类对象 C1
Cube C2 = new Cube(a);                  //初始化派生类对象 C2
```

此外，若需要在派生类中调用其基类的方法，也要使用 base 关键字，实际上 base 关键字用于从派生类中访问基类的成员，其语法格式为

    base.基类方法名(参数列表);

2. 类继承的应用示例

【演练 4-4】 设计一个三角函数计算器，程序运行效果如图 4-14 所示。具体要求如下。

图 4-14 三角函数计算器

1）创建一个 Function 类库，向类库中添加一个 TriFunc 类，该类具有一个用于表示角度的 Angle 属性和一个用于将角度值转换成弧度值的 TransAngle 方法。在类库中再创建 3 个继承于 TriFunc 类的 SinFunc（正弦）、CosFunc（余弦）和 TanFunc（正切）类，这 3 个类各拥有一个用于计算对应三角函数值的 GetResult 方法。余切三角函数可以通过正切函数的倒数实现，故无须为其创建专用的类。

2）创建一个 Windows 应用程序，用户可通过文本框输入一个角度值，通过单选按钮选择三角函数类型。单击"确定"按钮后，程序将用户输入的角度赋值给 TriFunc 类的 Angle 属性，并能根据用户选择，分别调用 SinFunc、CosFunc 或 TanFunc 类的 GetResult 方法完成计算操作。

程序设计步骤如下。

（1）向解决方案中添加类库

新建一个 Windows 应用程序项目，在 Visual Studio 中选择"文件"→"新建项目"命令，在弹出的对话框中选择"类库"，并将其命名为 Function，添加到当前解决方案中。

在"解决方案资源管理器"中右击 Windows 应用程序项目名称，在弹出的快捷菜单中选择"添加引用"命令，在弹出的对话框的"项目"选项卡中选择前面创建的 Function 类库，然后单击"添加"按钮。

（2）编写类代码

在"解决方案资源管理器"中双击打开类库中包含的类文件，编写如下代码。

```
namespace Function                              //类库的命名空间
{
    public class TriFunc                        //声明一个三角函数类
    {
        private double _angle;                  //声明成员变量
        public double Angle                     //定义角度属性
        {
            get { return _angle; }
            set { _angle = value; }
        }
        protected double TransAngle(double a)//将角度转换为弧度值的方法，只能被子类访问
        {
            a = a * Math.PI / 180;
            return a;
        }
    }
    public class SinFunc : TriFunc              //继承于 TriFunc（三角函数）类的 SinFunc（正弦函数）类
    {
```

```csharp
    public double GetVal()
    {
        Angle = TransAngle(Angle);
        return Math.Sin(Angle);
    }
}
public class CosFunc : TriFunc  //继承于 TriFunc（三角函数）类的 CosFunc（余弦函数）类
{
    public double GetVal()
    {
        Angle = TransAngle(Angle);
        return Math.Cos(Angle);
    }
}
public class TanFunc : TriFunc  //继承于 TriFunc（三角函数）类的 TanFunc（正切函数）类
{
    public double GetVal()
    {
        Angle = TransAngle(Angle);
        return Math.Tan(Angle);
    }
}
```

（3）设计 Windows 应用程序界面

切换到窗体设计视图，向窗体中添加 2 个标签、1 个文本框、1 个命令按钮和 4 个单选按钮，适当调整各控件的大小及位置。各控件的初始属性设置如表 4-2 所示。

表 4-2 各控件的初始属性设置

控件	属性	值	说明
label1	Text	"输入一个角度值"	显示文本框输入提示信息
label2	Name	lblResult	显示计算结果的标签在程序中使用的名称
textBox1	Name	txtAngle	文本框在程序中使用的名称
button1	Name	btnOK	命令按钮在程序中使用的名称
	Text	"确定"	按钮控件上显示的文本
radioButton1~radioButton4	Name	rbtnSin、rbtnCos、rbtnTan、rbtnCot	各单选按钮控件在程序中使用的名称
	Text	sin、cos、tan、cot	显示在单选按钮上的文本
	Checked	设置 rbtnSin 的 Checked 属性为 true	使 sin 单选按钮默认处于选中状态

（4）编写 Windows 应用程序代码

添加对类库 Function 命名空间的引用，代码如下。

```csharp
using Function;
```

窗体装入时执行的事件处理代码如下。

```csharp
private void Form1_Load(object sender, EventArgs e)
{
    this.Text = "三角函数计算器";
    rbtnSin.Checked = true;
    lblResult.Text = "";
}
```

"确定"按钮被单击时执行的事件处理代码如下。

```
private void btnOK_Click(object sender, EventArgs e)
{
    if (rbtnSin.Checked)          //如果 sin 单选按钮被选中
    {
        SinFunc sin = new SinFunc();
        //为 sin 对象的 Angele 属性赋值
        sin.Angle = double.Parse(txtAngle.Text.Trim());   //Angle 是从 TriFunc 类中继承而来的属性
        //调用 sin 对象的 GetVal()方法得到对应角度的正弦函数值, 并显示到标签中
        lblResult.Text = "sin " + txtAngle.Text + "° = " + sin.GetVal().ToString("f4");
    }
    if (rbtnCos.Checked)          //如果 cos 单选按钮被选中
    {
        CosFunc cos = new CosFunc();
        cos.Angle = double.Parse(txtAngle.Text.Trim());
        lblResult.Text = "Cos " + txtAngle.Text + "° = " + cos.GetVal().ToString("f4");
    }
    if (rbtnTan.Checked)
    {
        TanFunc tan = new TanFunc();
        tan.Angle = double.Parse(txtAngle.Text.Trim());
        lblResult.Text = "tan " + txtAngle.Text + "° = " + tan.GetVal().ToString("f4");
    }
    if (rbtnCot.Checked)
    {
        TanFunc tan = new TanFunc();
        tan.Angle = double.Parse(txtAngle.Text.Trim());
        lblResult.Text = "cot " + txtAngle.Text + "° = " + (1 / tan.GetVal()).ToString("f4");
    }
}
```

测试和思考: 使用本程序计算一下 tan 90° 或 cot 0° 会得到怎样的结果? 应如何修改代码使程序更加完善?

4.4.2 使用类关系图

一个类可以拥有众多成员, 而且在一个解决方案中又可能拥有若干个类。这些类与类之间通常会存在一定的关系, 这就增加了程序代码阅读、理解的难度, 对团队开发极为不利。为解决这一问题, Visual Studio 提供了一种表示类的构成和类之间关系的图表——"类关系图"来清晰、直观地表现类结构与类之间的相互关系。

例如, 在【演练4-4】中共涉及了 4 个类 (1 个基类和 3 个派生类), 各个类又包含一些字段、属性和方法。若希望直观地了解各个类之间的关系和成员, 可在"解决方案资源管理器"中右击类文件名称, 在弹出的快捷菜单中选择"查看类图"命令, 即可得到如图 4-15 所示的类关系图。注意, 在每个类图的右上角有一个用双箭头表示的"展开/折叠"符号, 需要查看所有类成员时需要单击该符号, 将其设置为展开状态。

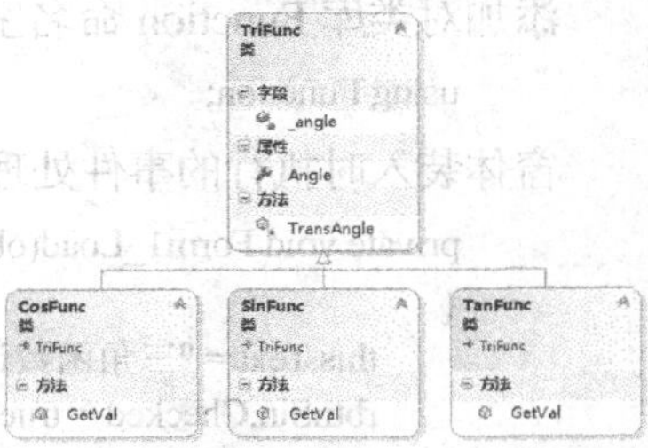

图 4-15 【演练4-4】的类关系图

4.5 多态性

多态性是面向对象编程的一个显著特点,是指在程序运行时执行的虽然是同一个方法调用语句,却可以根据类对象的类型不同来实现不同的功能。前面介绍过,派生类可以从基类继承属性和方法等,若在派生类中希望修改从基类继承而来的方法以扩展其功能时,就要用到多态性。多态性需要通过虚方法、抽象类和抽象方法等来实现。

4.5.1 虚方法

在 C#中,可以在派生类中使用 new 关键字和 override 关键字声明与基类中同名的方法。其中,在基类中使用 virtual 关键字声明的方法称为"虚方法",在派生类中重载虚方法时必须使用 override 关键字来表示。

1. 声明与基类同名的派生类方法

在派生类中用 new 关键字声明与基类同名的方法的格式为

```
public new 方法名称(参数列表)
{
    方法体语句;
}
```

以 Cuboid(长方体)基类与 Cube(正方体)派生类为例,可以将基类与派生类中计算体积的方法名称都声明为 Cubage(体积),代码如下。

```
public class Cuboid                                    //基类
{
    public double Cubage(double x, double y double z)  //基类中计算长方体体积的方法
    {
        return x * y * z;
    }
}
public class Cube : Cuboid                             //派生类
{
    public new double Cubage(double x)                 //派生类中使用 new 关键字声明的计算正方体体积的方法
    {
        return x * x * x;
    }
}
```

需要说明的是,这种通过 new 关键字在派生类中声明与基类同名方法的方式并不是虚方法,因为这些方法在程序运行前已经可以从代码的含义中确定了。

2. 声明虚方法

要实现继承的多态性,在类定义方面必须分别用 virtual 关键字与 override 关键字在基类与派生类中声明同名方法。

基类中的声明格式为

```
public virtual 方法名称(参数列表)
{
    方法体语句;
}
```

派生类中的声明格式为

> **public override** 方法名称(参数列表)
> {
> 　　方法体语句;
> }

【演练 4-5】通过虚方法实现多态性示例。具体要求如下。

1）创建基类 Cuboid（长方体）及带有 3 个参数（长、宽、高）的构造函数。

2）使用 virtual 关键字创建 Cuboid 类的 Cubage()方法（虚方法）。

3）创建 Cuboid 类的派生类 Cube（正方体），并使用 override 关键字创建与 Cuboid 类中同名的 Cubage()方法实现多态。

程序设计步骤如下。

（1）向"解决方案资源和管理器"中添加类文件

新建一个 Windows 应用程序项目，在"解决方案资源管理器"中右击项目名称，在弹出的快捷菜单中选择"添加"→"新建项"命令。在弹出的对话框的模板列表中选择"类"，指定类文件的名称为"Cuboid.cs"后单击"添加"按钮。

（2）编写类代码

在"解决方案资源管理器"中双击 Cuboid.cs 文件，将其在代码窗口中打开，按如下所示编写类代码。

```
public class Cuboid                           //定义基类 Cuboid
{
    protected double length;        //使用 protected 访问修饰符使该字段可以被其派生类访问
    private double width;
    private double high;
    public Cuboid(double x, double y, double z)    //Cuboid 类的带参数的构造函数
    {
        length = x;
        width = y;
        high = z;
    }
    public virtual double Cubage()         //使用 virtual 关键字声明 Cubage()为虚方法
    {
        return length * width * high;
    }
}
public class Cube : Cuboid                    //定义基类 Cuboid 的派生类 Cube
{
    public Cube(double x) : base(x, 0, 0) { }      //派生类的构造函数
    public override double Cubage()                //此处声明的方法对应于基类的虚方法
    {
        return length * length * length;
    }
}
```

（3）设计 Windows 应用程序界面

按如图 4-16 所示向窗体中添加 4 个标签、3 个文本框和 2 个按钮控件，适当调整各控件的大小及位置，并设置其初始属性。

图 4-16　设计程序界面

（4）编写 Windows 应用程序代码

窗体装入时执行的程序代码如下。

```
private void Form1_Load(object sender, EventArgs e)
{
    this.Text = "通过虚方法实现多态";
    label1.Text = "";
}
```

"长方体"按钮被单击时执行的程序代码如下。

```
private void btnCuboid_Click(object sender, EventArgs e)
{
    double Num1 = double.Parse(textBox1.Text);
    double Num2 = double.Parse(textBox2.Text);
    double Num3 = double.Parse(textBox3.Text);
    Cuboid c1 = new Cuboid(Num1, Num2,Num3);        //初始化基类 Cuboid 对象 c1
    label1.Text = "长方体的体积为：" + c1.Cubage().ToString();   //显示计算结果
}
```

"正方体"按钮被单击时执行的程序代码如下。

```
private void btnCube_Click(object sender, EventArgs e)
{
    double Num1 = double.Parse(textBox1.Text);
    Cube c2 = new Cube(Num1);                       //初始化派生类 Cube 对象 c2
    label1.Text =   "正方体的体积为：" + c2.Cubage().ToString();
}
```

程序运行结果如图 4-17 所示。

图 4-17　程序运行结果

4.5.2　抽象类与抽象方法

在现实环境中，经常会遇到一些不能完全确定的类。例如，几何体可能包括长方体、正方体、圆柱体和圆锥体等。在面向对象的程序设计中通常将这种类称为"抽象类"。抽象类只能作为基类存在，其唯一的作用就是让派生类继承并重写。也正因如此，抽象类的所有成员均不能使用 private 访问修饰符。

在基类定义中，只要类体中包含一个使用 abstract 关键字声明的抽象方法（不包含任何功能代码的方法，也称为"空方法"），该类即为抽象类。

1．声明抽象类与抽象方法

声明抽象类与抽象方法均需使用 abstract 关键字，其语法格式为

```
public abstract class 类名称//声明抽象类
```

```
        ……；
        public abstract 返回类型 方法名称(参数列表);        //声明抽象方法
        ……；
    }
```

例如，定义一个几何体抽象类，代码如下。

```
public abstract class Shape                              //定义抽象类 Shape
{
    protected double dx, dy, dz;                         //定义字段变量
    public Shape(double x, double y, double z)           //定义 Shape 抽象类的构造函数
    {
        dx = x;
        dy = y;
        dz = z;
    }
    public abstract double Cubage();                     //定义抽象方法
}
```

在 Shape（几何体）抽象类中声明了一个用于计算体积的抽象方法 Cubage()，但该方法不提供任何功能，是一个没有方法体语句的空方法。

2．重写抽象方法

当定义抽象类的派生类时，派生类自然从抽象类继承抽象方法成员，并且必须重写抽象类的抽象方法，这是抽象方法与虚方法的不同，因为对于基类的虚方法，其派生类可以不必重写。重写抽象类方法必须使用 override 关键字。其语法格式为

```
    pulbic override 返回值类型 方法名称(参数列表)
    {
        方法体语句;
    }
```

其中，方法名称与参数列表必须与抽象类中的抽象方法完全一致。

例如，下列代码为抽象类 Shape 定义一个派生类 Cuboid（长方体），并重写了其抽象方法 Cubage()。

```
public class Cuboid :Shape                               //定义抽象类 Shape 的派生类 Cuboid
{
    public Cuboid(double l, double w, double h) :base(l, w, h){}   //派生类构造函数
    public override double Cubage()                      //实现抽象方法（空方法具体化）
    {
        return dx * dy * dz;                             //计算长方体体积
    }
}
```

在 Cuboid（长方体）类定义中实现了 Shape（几何体）抽象类中的 Cubage()抽象方法，当调用 Cuboid 类对象的 Cubage()方法时，该方法将返回长方体体积值。

4.6 实训 类的继承应用

4.6.1 实训目的

通过上机练习加深对类、方法、类的继承及静态成员等概念的理解，掌握在 Windows 应用

程序项目中创建和引用类库的方法；掌握在应用程序中类的实例化及调用类的方法的编程技巧。

4.6.2 实训要求

设计一个能根据用户选择实现两个操作数的四则运算应用程序，具体要求如下。

1）创建一个 Windows 应用程序项目，向项目中添加一个名为 MyClassLib 的类库，在解决方案资源管理器中更改类库文件名称为 Arithmetic.cs。

2）在类文件中声明一个名为 Arithmetic（四则运算）的类，该类具有 OperandA（操作数 A）和 OperandB（操作数 B）两个 string 类型的静态属性，以及一个用于将数字字符串转换成 double 类型数据的 ToDouble()方法。

3）声明 4 个继承于 Arithmetic 类的派生类：NumAdd（加）、NumSub（减）、NumMulit（乘）、NumDivi（除）。这些类能从其基类中继承 OperandA 和 OperandB 属性及 ToDouble()方法。分别为 4 个派生类声明一个名为 GetResult()的方法，用于实现加、减、乘、除 4 种运算方式。

4）设计一个 Windows 应用程序，程序运行后显示如图 4-18 所示的界面。用户在文本框中输入了操作数 A 和操作数 B，并通过单选按钮选择了计算方式（加、减、乘、除）后，单击"确定"按钮能在标签控件中显示相应的计算结果。程序功能要求通过为静态属性赋值、创建 4 个派生类对象、根据用户选择调用 GetResult()方法来实现。

5）查看本实训项目的类关系图，注意理解基类、派生类和基类的方法，以及派生类方法之间的关系。

图 4-18 程序运行结果

4.6.3 实训步骤

1. 设计程序界面

新建一个 Windows 窗体应用程序项目，向由系统自动添加的默认窗体中添加 3 个标签控件 label1～label3，添加 2 个文本框控件 textBox1～textBox3，添加 4 个单选按钮控件 radioButton1～radioButton4 和 1 个按钮控件 button1。适当调整各控件的大小及位置。

2. 设置对象属性

各控件的初始属性设置如表 4-3 所示。

表 4-3 各控件的初始属性设置

控 件	属性	值	说 明
label1～label2	Text	"操作数 A""操作数 B"	显示文本框输入提示信息
label3	Name	lblResult	显示计算结果的标签使用的名称
textBox1～textBox2	Name	txtA、txtB	文本框在程序中使用的名称
button1	Name	btnOK	命令按钮在程序中使用的名称
	Text	"确定"	按钮控件上显示的文本
radioButton1～radioButton4	Name	rbtnAdd、rbtnSub、rbtnMulit、rbtnDivi	单选按钮控件在程序中使用的名称
	Text	"加""减""乘""除"	显示在单选按钮上的文本
	Checked	设置 rbtnAdd 的 Checked 属性为 true	使"加"单选按钮处于选中状态

3. 添加类库

在"解决方案资源管理器"中右击解决方案名称，在弹出的快捷菜单中选择"添加"→"新建项目"命令，在弹出的对话框中选择"Visual C#"下的"类库"模板，将类库命名为 MyClassLib 并指定保存位置后单击"确定"按钮。在"解决方案资源管理器"中将由系统自动添加的类库代码文件 Class.cs 重命名为 Arithmetic.cs。

4. 编写程序代码

切换到 Arithmetic.cs 代码编辑窗口，编写如下所示的代码。

```csharp
using System;
using System.Collections.Generic;
using System.Linq;
using System.Text;
namespace MyClassLib                              //命名空间名称
{
    public class Arithmetic                       //声明一个四则运算类（基类）
    {
        private static string _opt1;              //定义静态成员变量
        private static string _opt2;
        public static string OperandA             //定义 OperandA（操作数 A）静态属性
        {
            get{ return _opt1;}
            set{ _opt1 = value;}
        }
        public static string OperandB             //定义 OperandB（操作数 A）静态属性
        {
            get{ return _opt2;}
            set{ _opt2 = value;}
        }
        //将数字字符串转换成 double 类型数据的方法
        public double ToDouble(string num)        //方法从调用语句接收一个 string 类型的参数
        {
            return double.Parse(num);             //将接收到的参数转换成 double 类型
        }
    }
    public class NumAdd : Arithmetic              //声明继承于 Arithmetic 类的派生类 NumAdd
    {
        public string GetResult()                 //用于返回相加结果的 GetResult()方法
        {
            //ToDouble()方法、OperandA 属性和 OperandB 属性继承于 Arithmetic 类（基类）
            double a = ToDouble(OperandA);
            double b = ToDouble(OperandB);
            double sum = a + b;
            return sum.ToString();
        }
    }
    public class NumSub : Arithmetic              //声明继承于 Arithmetic 类的派生类 NumSub
    {
        public string GetResult()                 //用于返回相减结果的 GetResult()方法
        {
            double a = ToDouble(OperandA);
            double b = ToDouble(OperandB);
            double sum = a - b;
            return sum.ToString();
        }
```

```csharp
        }
        public class NumMulit : Arithmetic          //声明继承于 Arithmetic 类的派生类 NumMulit
        {
            public string GetResult()               //用于返回相乘结果的 GetResult()方法
            {
                double a = ToDouble(OperandA);
                double b = ToDouble(OperandB);
                double sum = a * b;
                return sum.ToString();
            }
        }
        public class NumDivi : Arithmetic           //声明继承于 Arithmetic 类的派生类 NumDivi
        {
            public string GetResult()               //用于返回相除结果的 GetResult()方法
            {
                double a = ToDouble(OperandA);
                double b = ToDouble(OperandB);
                double sum = a / b;
                return sum.ToString();
            }
        }
```

切换到窗体代码编辑窗口，在命名空间引用代码区添加对类库的引用，代码如下。

```csharp
using MyClassLib;
```

窗体装入时执行的事件处理程序代码如下。

```csharp
private void Form1_Load(object sender, EventArgs e)
{
    this.Text = "四则运算工具";
    lblResult.Text = "";
}
```

"确定"按钮被单击时执行的事件处理程序代码如下。

```csharp
private void btnOK_Click(object sender, EventArgs e)
{
    if(txtA.Text =="" || txtB.Text =="")
    {
        lblResult.Text = "两个操作数不能为空！";
        return;
    }
    //OperandA 和 OperandB 为静态属性，故可以直接使用，无须实例化
    Arithmetic.OperandA = txtA.Text;     //为 Arithmetic 类（基类）的静态属性 OperandA 赋值
    Arithmetic.OperandB = txtB.Text;     //为 Arithmetic 类（基类）的静态属性 OperandB 赋值
    NumAdd add = new NumAdd();           //为 4 个派生类创建对象
    NumSub sub = new NumSub();
    NumMulit mulit = new NumMulit();
    NumDivi divi = new NumDivi();
    if (rbtnAdd.Checked)                 //如果"加"单选按钮被选中
    {
        //调用 GetResult()方法得到计算结果，并显示到标签控件中
```

```
            lblResult.Text = "两数相加的结果为：" + add.GetResult();
        if (rbtnSub.Checked)            //如果"减"单选按钮被选中
        {
            lblResult.Text = "两数相减的结果为：" + sub.GetResult();
        }
        if (rbtnMulit.Checked)          //如果"乘"单选按钮被选中
        {
            lblResult.Text = "两数相乘的结果为：" + mulit.GetResult();
        }
        if (rbtnDivi.Checked)           //如果"除"单选按钮被选中
        {
            lblResult.Text = "两数相除的结果为：" + divi.GetResult();
        }
    }
```

5. 查看类关系图

在"解决方案资源管理器"中右击类文件名称 Arithmetic.cs，在弹出的快捷菜单中选择"查看类图"命令，即可得到如图 4-19 所示的类关系图。注意，在每个类图的右上角有一个用双箭头表示的"展开/折叠"符号，需要查看所有类成员时单击该符号，将其设置于展开状态。单击选中类关系图中某项时，可在下方的"类详细信息"窗口中查看该项的设计细节，也可通过"类详细信息"窗口向基类或派生类中添加属性和方法。

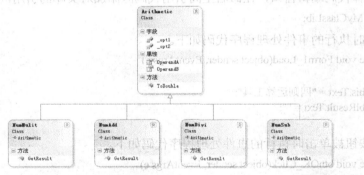

图 4-19 项目的类关系图

第 5 章　数组、结构与集合

前面章节中使用的数据类型都属于基本数据类型（字符串、整型或布尔型等），主要用来处理简单的、相对独立的数据。实际应用中常会遇到一些存在一定的联系、相互关联的一系列数据。对于这些数据当然也可以用基本数据类型进行处理，但这样会增加编程的工作量，降低程序运行效率（特别是在变量较多的时候）。因此，除基本数据类型外，C#还提供了数组、结构和集合等数据类型，利用这些类型可以更有效地组织和使用存在一定关系的系列数据。

5.1　数组

数组是一些具有相同类型的数据按一定顺序组成的序列，数组中的每一个数据都可以通过数组名及唯一索引号（下标）来存取。可以把一个数组对象理解成若干相同类型、按一定顺序排列的变量集合。

5.1.1　声明和访问数组

在 C#中，把一组具有同一名称、不同下标的变量称为"数组"，把组成数组的这些变量称为"数组元素"（也称为"下标变量"）。数组与基本类型变量相同，需要"先声明后使用"。数组创建后可以使用.NET 框架中提供的 System.Array 类的属性与方法实现对数组的操作。

因为数组是引用类型的变量，所以声明数组的过程与声明类对象相同，其声明过程包含声明数组与数组实例化两部分。

1. 一维数组

如果只用一个下标就能确定一个数组元素在数组中的位置，则称该数组为一维数组。也可以说，由具有一个下标的下标变量所组成的数组称为一维数组。声明一维数组的格式为

　　　　访问修饰符　类型名称[ ]　数组名；

说明：

1) "访问修饰符"表示访问权限，如果省略则默认为 private（私有）。
2) "数组名"应遵循 C#的变量命名规则。
3) "类型名称"用于指定数组元素的数据类型，如 string、int 等。

举例如下。

　　　　int [] MyArray ;　　　　　　　　//声明了一个名称为 MyArray 的整型数组
　　　　public double [] Sums ;　　　　//声明了一个名称为 Sums 的公有双精度数组

数组在声明后必须经过实例化才可以使用。

实例化数组的语法格式为

　　　　数组名称　＝new　类型名称[无符号整型表达式]；

例如，声明一个名为 A 的整型数组。

　　　　int [] A ;
　　　　A = new int[5];　　　　　　　　//使数组包含 5 个元素

上面的两条语句也可以合并为以下所示的一条语句。

  int [] MyArray = new int[5];

数组一旦被实例化，其元素即被初始化为相应的默认值。常用基本数据类型被初始化的默认值如表 5-1 所示。

表 5-1 常用基本数据类型初始化默认值

类型	默认值	类型	默认值
数值类型（int、float、double 等）	0	字符串类型（string）	null（空值）
字符类型（char）	空格	布尔类型（bool）	false

数组在实例化时，可以为元素指定初始化值，举例如下。

  int [] MyArray = new int[5] {1,2,3,4,5};

一旦要为数组指定初始化值，就必须为数组的所有元素指定初始化值，指定值的个数既不能多于数组的元素个数，也不能少于数组的元素个数。

C#允许以简化形式声明并初始化数组，举例如下。

  int [] mySingleArray = new int[]{1,2,3,4,5}; //系统自动根据初始化值的个数决定元素个数
  int [] mySingleArray = {1,2,3,4,5}; //系统自动实例化并确定元素个数

【演练 5-1】一维数组访问示例。设计一个 Windows 应用程序，向窗体中添加一个标签控件。程序启动后自动产生 10 个 100 以内的随机整数，并保存到数组 MyArray 中。将数组 MyArray 作为参数传递给 ArrayMax()方法，返回 MyArray 中的最大值。要求能将所有随机数及最大值显示到标签控件中，程序运行结果如图 5-1 所示。

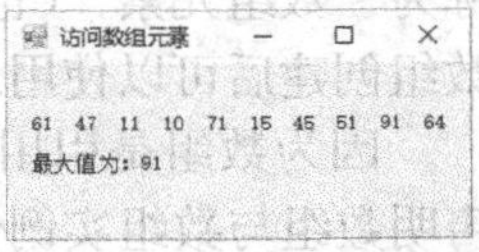

窗体装入时执行的程序代码如下。

```
private void Form1_Load(object sender, EventArgs e)
{
    this.Text = "访问数组元素";
    int[] MyArray = new int[10];
    string tb = "";
    Random rd = new Random();
    for (int i = 0; i < 10; i++)                //产生随机数并保存到数组中
    {
        MyArray[i] = rd.Next(100);
        tb = tb + MyArray[i].ToString() + " ";  //保存随机数列表到变量 tb 中
    }
    //调用 ArrayMax 方法得到最大值并输出结果
    label1.Text = tb + "\r\r" + "最大值为：" + ArrayMax(MyArray).ToString();
}
```

图 5-1 程序运行结果

ArrayMax()方法的代码如下。

```
public int ArrayMax(int[] A)              //用于返回数组中最大值的方法
{
    int Max = A[0];                       //将数组中第 1 个元素的值赋给变量 Max
    for (int i = 1; i < 10; i++)          //逐个比较找出数组中的最大值
    {
        if (Max < A[i])
        {
            Max = A[i];
        }
```

```
        return Max;
    }
```

2. foreach 循环语句

C#提供了一种专门用于访问数组或集合中所有元素的 foreach 循环语句。其语法格式为

foreach(类型 变量名称 in 数组名称)
```
{
    循环体语句;
}
```

foreach 语句中的"类型"必须与数组的类型一致,"变量名称"是一个循环变量,在循环中,该变量依次获取数组中各元素的值。因此,对于依次获取数组中各元素值的操作(也称为"遍历"操作),特别是数组长度不易确定的环境,使用这种 foreach 语句就很方便。

例如,【演练 5-1】中的 ArrayMax()方法可通过 foreach 语句来实现,代码如下。

```
public int ArrayMax(int[] A)    //用于返回数组中最大值的方法
{
    int Max = A[0];
    foreach (int val in A)       //依次读取数组 A 中的各元素并保存到变量 val 中
    {
        if (Max < val)
        {
            Max = val;
        }
    }
    return Max;
}
```

3. 多维数组

下标数量大于或等于 2 的数组称为"多维数组"。在多维数组中,比较常用的是二维数组,其数据组织形式与常见的二维表格十分相似。声明二维数组与声明一维数组的语法格式类似。举例如下。

```
int[,] MyArray1 = new int[4,2];                    //声明一个 5 行 3 列的二维数组
int [,] MyArray2 = new int[2,2]{{1,2},{3,4}};      //声明并实例化一个 2 行 2 列的二维数组
```

声明多维数组时,用逗号表示维数,一个逗号表示二维数组,两个逗号表示三维数组,以此类推。

访问多维数组时需要用多个下标唯一确定数组中的某个元素,举例如下。

```
int [,] MyArray = new int[7,3];      //声明一个 7 行 3 列的二维数组
MyArray[1,2] = 15;                   //为第 2 行第 3 列的数组元素赋值
int a = MyArray[1,2];                //用第 2 行第 3 列的数组元素为其他变量赋值
```

要访问二维数组中的所有元素,可以通过双重循环来实现,通常外循环控制行,内循环控制列。例如,下列代码可以将二维数组中所有元素按照二维表格的排列形式显示到标签控件中。

```
private void button1_Click(object sender, EventArgs e)
{
    label1.Text = "";
    int[,] A = new int[7, 5];        //声明一个 7 行 5 列的二维数组
    Random rd = new Random();
```

```
for (int i = 0; i < 7; i++)        //通过双循环为二维数组赋值，外循环控制行
{
    for (int j = 0; j < 5; j++)    //内循环控制列
    {
        A[i, j] = rd.Next(10);
    }
}
for (int i = 0; i < 7; i++)        //输出二维数组各元素的值，外循环控制行
{
    for (int j = 0; j < 5; j++)    //内循环控制列
    {
        label1.Text = label1.Text + A[i, j].ToString() + "  ";
    }
    label1.Text = label1.Text + "\n";  //每行结束时输出一个换行符
}
```

5.1.2 Array 类

Visual Studio 提供的 Array 类中包含了一些适用于数组常用操作的方法，使用这些方法能完成数组清零、复制、排序及反转等常用操作。Array 类的常用方法如表 5-2 所示。

表 5-2 Array 类的常用方法

方法名	说明
Clear	将 Array 中的一系列元素设置为零、false 或 null，具体取决于元素类型
Copy	从第一个元素或指定的源索引开始，复制 Array 中的一系列元素，将它们粘贴到另一 Array 中
CopyTo	将当前一维 Array 的所有元素复制到指定的一维 Array 中（从指定的目标 Array 索引开始）
IndexOf	搜索指定的对象，并返回整个一维 Array 中第一个匹配项的索引
LastIndexof	搜索指定的对象，并返回整个一维 Array 中最后一个匹配项的索引
Sort	对一维 Array 对象中的元素进行排序
Reverse	反转一维 Array 或部分 Array 中元素的顺序

例如，下列代码用于清除 NumArray[]数组（int 类型）中索引值从 0 开始的共 12 个元素值。

  Array.Clear(NumArray, 0, 12);   //使用 Array 类的 Clear()方法清除数组元素

由于数组为 int 类型，因此清除操作实际上是将各元素置为 0。

1. Array.Sort（排序）方法

使用数组的 Sort 方法可以将数组中的元素按升序重新排列。Sort 方法的语法格式为

  Array.Sort(数组名称);

举例如下。

  int[ ] a = new int[5] {10,8,6,4,2};
  Array.Sort(a);

排序后数组 a 中各元素值的排列顺序为：2，4，6，8，10。

2. Array.Reverse（反转）方法

数组的 Reverse（反转）方法，顾名思义，是指用于数组元素排列顺序反转的方法。将该方法与 Sort 方法结合，可以实现降序排序。Reverse 方法的语法格式为

  Array.Reverse(数组名称[, 起始位置, 反转范围]);

其中，"起始位置"是指从第几个数组元素开始进行反转；"反转范围"是指有多少数组

元素参与反转操作。若省略"起始位置"和"翻转范围",则表示"全部翻转"。举例如下。

```
int[ ] a = new int[5] {10, 8, 6, 4, 2};
Array.Reverse(a, 1, 3);              //从索引值为 0 的元素开始反转 3 个元素,得 10,4,6,8,2
Array.Reverse(a, 0, a.Length-1);     //从索引值为 0 的元素开始反转,最后一个元素不参加反转
Array.Sort(a);                       //按升序排序
Array.Reverse(a);                    //翻转数组 a 中的所有元素,实现降序排列
```

5.2 控件数组

与前面介绍的数组不同,控件数组的所有元素均为同类型的控件。例如,可以将若干个按钮控件组成一个按钮控件数组,将若干标签控件组成一个标签控件数组等。

5.2.1 创建控件数组

控件数组是指数组中所有元素均为某种类型的控件(如 Label、Button 和 TextBox 等),控件数组的类型与其元素的类型相同。

1. 声明控件数组

声明控件数组与前面介绍过的声明数组的方法相同,只是将数据类型指定为特定的控件类。声明控件数组的语法格式为

控件类名[ ] 数组名 = new 控件类名[n];

其中,控件类名为各控件在工具箱中的名称,如 Label、Button 或 TextBox 等。数组名为用户指定的数组名称;n 为数组包含的元素个数。例如,下列代码声明了一个包含 4 个元素的标签控件数组。

```
Label[ ] LabelArray = new Label[4];
```

2. 为控件数组赋值

为控件数组赋值的方法与为普通数组赋值的方法类似,可以在声明数组时赋值,也可以在声明后单独赋值。

例如,希望将已添加到窗体中的 4 个标签控件 label1~label4 组成一个控件数组的代码如下。

```
Label[] lblArray =new Label[4];    //声明包含 4 个元素的控件数组
lblArray[0] = label1;              //为各数组元素赋值
lblArray[1] = label2;
lblArray[2] = label3;
lblArray[3] = label4;
```

当然,也可以在声明控件数组的同时为数组元素赋值。

```
TextBox[] txtArray = new TextBox[4]{textBox1, textBox2, textBox3, textBox4};
```

在声明控件数组的过程中有两个概念需要理解清楚,第一,控件数组是引用类型,因此控件数组名是控件数组对象的引用;第二,控件数组中的元素也是引用类型,其中各元素本身是控件对象的引用。

5.2.2 使用控件数组

控件数组创建并赋值后,可以像对普通数组那样通过循环操作数组元素,这对简化代码

编写具有重要意义。

例如，下列代码创建一个包含有 4 个按钮 button1～button4 的控件数组，并使用 for 循环将各按钮的 Text 属性分别设置为 1、2、3、4，同时设置 4 个按钮控件具有共同的单击事件 B_Click。

```
Button[] btnArray = new Button[4];        //声明一个按钮控件数组，包含 4 个数组元素
btnArray[0] = button1;                    //为控件数组赋值
btnArray[1] = button2;
btnArray[2] = button3;
btnArray[3] = button4;
for (int i = 1; i <= 4; i++)
{
    btnArray[i-1].Text = i.ToString();            //利用循环设置各按钮的 Text 属性
    btnArray.Click += new EventHandler(B_Click);  //设置 4 个按钮控件的共享单击事件
}
```

【演练 5-2】 设置一个生成 4×4 矩阵并计算各元素和的 Windows 应用程序。程序启动后自动生成一个由 16 个随机数组成的 4×4 矩阵，单击"求矩阵的和"按钮，将弹出如图 5-2 所示的信息框，用于显示计算结果。单击"重置"按钮，将显示一组新的数据。

具体要求如下。

图 5-2 程序运行结果

1）声明一个包含有 16 个元素的标签控件数组。

2）创建一个 Create()方法，用于：生成 16 个标签控件对象；将各标签控件对象保存到控件数组中；设置各对象的属性值（Text、Top、Left、AutoSize 等）；将标签控件数组各元素显示到窗体适当位置。

3）创建一个 Sum()方法，用于计算当前矩阵中各元素值的和。

4）编写窗体装入、"求矩阵的和"及"重置"按钮的单击事件处理程序代码，通过调用上述方法实现程序功能。

（1）设计程序界面

新建一个 Windows 应用程序，向窗体中添加 2 个按钮控件 button1 和 button2，适当调整各控件的大小及位置。

（2）设置对象属性

设置 2 个按钮控件的 Name 属性分别为 btnSum 和 btnAgain，设置它们的 Text 属性分别为"求矩阵的和"和"重置"。

（3）编写程序代码

在窗体类框架（class Form1）中声明控件数组对象，代码如下。

```
Label[] lbl = new Label[16];        //控件数组中包含 16 个标签控件对象
```

在窗体类框架（class Form1）中声明用于在窗体上显示矩阵数据的方法，代码如下。

```
void Create()        //创建矩阵的方法
{
    Random rd = new Random();
    int top = 20;           //设置第 1 个元素显示的位置
    int left = 20;
    for (int i = 0; i <= 15; i++)
    {
```

```csharp
            lbl[i] = new Label();
            lbl[i].Text = rd.Next(1, 10).ToString();
            lbl[i].Top = top;
            lbl[i].Left = left;
            lbl[i].AutoSize = true;          //设置标签大小随其包含的文本自动变化
            Controls.Add(lbl[i]);            //将标签控件添加到窗体中
            if ((i + 1) % 4 == 0)            //如果显示的是第 4、8 个数组元素
            {
                top = top + 25;              //下移一行
                left = 20;                   //从头开始
            }
            else
            {
                left = left + 40;            //显示位置向右移动 40 像素
            }
        }
    }
```

在窗体类框架（class Form1）中声明用于计算矩阵元素和的方法，代码如下。

```csharp
    int Sum()                                //计算矩阵元素和的方法
    {
        int s = 0;
        foreach (Label lab in lbl)           //lab 中保存的是 lbl[]控件数组的各元素
        {
            s = s + int.Parse(lab.Text);     //累加各元素值
        }
        return s;
    }
```

窗体装入时执行的事件处理程序代码如下。

```csharp
    private void Form1_Load(object sender, EventArgs e)
    {
        this.Text = "控件数组使用示例";
        Create();
    }
```

"求矩阵的和"按钮被单击时执行的事件处理程序代码如下。

```csharp
    private void btnSum_Click(object sender, EventArgs e)
    {
        int result = Sum();
        MessageBox.Show("矩阵的和为：" + result.ToString(),"矩阵的和",
                    MessageBoxButtons.OK,MessageBoxIcon.Information);
    }
```

"重置"按钮被单击时执行的事件处理程序代码如下。

```csharp
    private void btnAgain_Click(object sender, EventArgs e)
    {
        for (int i = 0; i < 16; i++)    //从窗体中移除上次添加的 16 个标签控件
        {
            Controls.Remove(lbl[i]);
        }
        Create();
    }
```

5.3 结构和结构数组

结构类型与类十分相似,可以方便地处理一组类型不同但内容相关的数据。结构中也可以包含字段成员和方法,可以将结构理解为类的简化版。结构数组是指由一系列结构类型的数据组成的数组,通过结构数组的下标索引可以方便地处理数据。

5.3.1 结构

使用数组可以方便地存取相互关联的一组数据,但在数组中要求所有元素的数据类型必须完全相同,不能满足一组内容相关但类型不同(例如,学生信息包括姓名、性别和各科成绩等)的数据处理需求。

1. 定义结构

结构的定义需要使用 struct 关键字,其语法格式为

```
struct 结构类型名称
{
    public 类型名称1 结构成员名称1;
    public 类型名称2 结构成员名称2;
    …
    public 返回值类型 方法名1([参数列表])
    {
        结构的方法成员的方法体语句;
    }
    …
}
```

"结构类型名称"表示用户定义的新数据类型名称,可以像基本数据类型名称一样用来定义变量,在一对大括号之间定义结构成员。举例如下。

```
struct Student                    //声明一个名为 Student 的结构类型
{
    public string name;           //姓名
    public bool sex;              //性别
    public string class;          //班级
    public double math;           //数学成绩
    public double chs;            //语文成绩
    public double en;             //英语成绩
    public double GetTotal()      //结构中包含的方法(计算总分)
    {
        return math + chs + en;
    }
}
```

上述例子中定义了一个 Student 类型的结构,该结构包含姓名、性别、班级和各科成绩共 6 个结构成员。

2. 声明结构变量

定义结构后,一个新的数据类型就产生了,可以像使用基本数据类型那样,用结构来声明变量。举例如下。

```
Student zhangsan;                 //声明一个结构类型变量 zhangsan
```

由声明变量的例子可以看出，Student 如同 int、string 和 char 等一样，是数据类型名称，只不过前者是用户自定义的数据类型，后者是 C#预定义的数据类型。另外，由前面的结构定义还可以看出，结构的优势在于它可以将不同的基本数据类型甚至已定义的其他结构集合在一起构成新的数据类型，以满足程序设计中对复杂数据类型的处理需要。

3. 访问结构变量

一般来说，对结构变量的访问都转化为对结构中的成员的访问，由于结构中的成员都依赖于一个结构变量，因此使用结构中的成员时必须指出访问的结构变量。方法是在结构变量和成员之间通过运算符"."连接在一起的。

举例如下：

```
Student zhangsan;
zhangsan.name = "张三";
zhangsan.sex = true;
zhangsan.class = "网络技术 1602";
zhangsan.math = 80;
zhangsan.chs = 78;
zhangsan.en = 85;
label1.Text = "总分：" + zhangsan.GetTotal().ToString();
```

5.3.2 结构与类的比较

通过前面的介绍，可以看出结构的声明、实例化和使用方法与类都十分相似。在结构中既可以定义字段、属性和方法等成员，也可以使用访问修饰符限制结构成员的可访问范围。通常可以将结构理解成类的简化版。

需要注意的是，结构和类是完全不同的两个概念，它们之间存在着以下几个主要的不同点。

1）结构是值类型，而类是引用类型。
2）结构不能实现继承和多态。
3）每个结构都自动带有一个没有参数的、隐式的、不可更改的构造函数，所以结构不用设置初始值（该构造函数将结构的所有字段初始化为默认值）。而类可以具有多个构造函数，可以将字段初始化成需要的任意值。

5.3.3 使用结构数组

所谓"结构数组"，实际上就是以结构为类型创建的数组。例如，下列语句就以结构 Student 为类型创建了一个包含有 100 个数组元素的 stu 结构数组。

```
Student[] stu = new Student[100];
```

访问结构数组与访问各种基本类型数组的方法完全相同。例如，下列语句可以将结构数组 stu 中第 18 个元素的 name 成员值显示到文本框中。

```
textBox1.Text = stu[17].name;
```

【演练 5-3】 通过结构数组设计一个学生成绩查询程序。程序启动后显示如图 5-3 所示的界面，用户在组合框中选择了某学生的姓名后，右侧文本框中将显示出该学生所在的班级、各科成绩、照片和总分，如图 5-4 所示。

具体要求如下。

1）声明一个包含姓名、班级、数学、语文及英语 5 个字段成员的结构 Student。结构中除了 5 个字段成员外，还包含一个返回值为 int 类型的、用于计算总分的 GetTotal()方法。

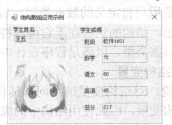

图 5-3　程序初始界面　　　　　　　　图 5-4　显示查询结果

2）声明一个包含 6 个元素的结构数组 stu[6]。

3）为结构数组 stu[]的各个元素赋值（在实际应用中，数据应从数据库中读取）。

4）创建一个用于在表格中显示查询结果的无返回值方法 ShowData()，该方法从调用语句接收一个用于表示记录位置的数组索引号参数，并根据索引将指定学生的信息显示到相应的文本框和图片框中。

5）使窗体没有最大化和最小化按钮，且 5 个文本框仅用于显示查询结果，不允许用户修改其中的数据。

程序设计步骤如下。

（1）设计应用程序界面

新建一个 Windows 应用程序项目，向窗体中添加 2 个分组框 groupBox1 和 groupBox2；添加 1 个用于显示学生姓名的组合框 comboBox1；添加 1 个用于显示学生照片的图片框 pictureBox1；添加 5 个标签 label1～label5 和 5 个文本框 textBox1～textBox5。适当调整各控件的大小和位置。

（2）设置各控件初始属性

设置 2 个分组框的 Text 属性分别为"学生姓名"和"学生成绩"；设置用于显示学生姓名的组合框的 Name 属性为 cboName，DropDownStyle 为 DropDownList；设置图片框的 Name 属性为 picPhoto。

设置用于显示数据说明信息的 5 个标签的 Text 属性分别为"班级""数学""语文""英语"和"总分"。

设置用于显示数据的 5 个文本框的 Name 属性分别为 txtClass、txtMath、txtChs、txtEn 和 txtTotal，ReadOnly 属性为 true。

将保存所有学生照片的 pic 文件夹复制到项目文件夹下的 bin/Debug 文件夹中。实际上，照片文件夹可以存放在任何位置，这样设置是为了简化路径的书写。pic 文件夹中的照片文件名为 0.jpg、1.jpg、…，与学生在数组中的索引值相同。

提示：

1）设置若干控件具有相同属性值时（如所有选中控件的 ReadOnly 属性为 true、字体均加粗显示、Text 属性均为空等），可同时选中相关控件后在"属性"窗口中进行一次性设置。

2）若窗体中包含众多某种控件，可使用"复制/粘贴"方式提高效率。

（3）编写窗体事件处理程序代码

为了使结构和结构数组在各事件处理程序和方法中可用，应将其声明在 Class Form1 框架中，代码如下。

```csharp
struct Student                          //声明结构 Student
{
    public string Name;                 //姓名
    public string Class;                //班级
    public int Math;                    //数学成绩
    public int Chs;                     //语文成绩
    public int En;                      //英语成绩
    public int GetTotal()               //定义结构的 GetTotal 方法（计算总分）
    {
        return Math + Chs + En;
    }
}
Student[] stu = new Student[6];         //声明一个包含 6 个元素的结构数组 stu
```

窗体装入时执行的事件处理代码如下。

```csharp
private void Form1_Load(object sender, EventArgs e)
{
    this.Text = "结构数组应用示例";
    this.MaximizeBox = false;           //不显示窗体的最大化按钮
    this.MinimizeBox = false;           //不显示窗体的最小化按钮
    //为结构数组赋值，在实际应用中，数据可从数据库中读取
    stu[0].Name = "张三"; stu[0].Class = "网络 1601";
    stu[0].Math = 90; stu[0].Chs = 87; stu[0].En = 78;
    stu[1].Name = "李四"; stu[1].Class = "网络 1601";
    stu[1].Math = 67; stu[1].Chs = 97; stu[1].En = 68;
    stu[2].Name = "王五"; stu[2].Class = "软件 1601";
    stu[2].Math = 72; stu[2].Chs = 80; stu[2].En = 65;
    stu[3].Name = "赵六"; stu[3].Class = "软件 1601";
    stu[3].Math = 71; stu[3].Chs = 89; stu[3].En = 86;
    stu[4].Name = "陈七"; stu[4].Class = "计算机 1601";
    stu[4].Math = 80; stu[4].Chs = 70; stu[4].En = 74;
    stu[5].Name = "刘八"; stu[5].Class = "计算机 1601";
    stu[5].Math = 70; stu[5].Chs = 87; stu[5].En = 78;
    for (int i = 0; i < stu.Length; i++)    //通过循环将学生姓名添加到列表框中
    {
        cboName.Items.Add(stu[i].Name);
    }
}
```

"学生姓名"组合框中当前选项变化时执行的事件处理程序代码如下。

```csharp
private void cboName_SelectedIndexChanged(object sender, EventArgs e)
{
    int num = cboName.SelectedIndex;    //获取选中项的索引值
    ShowData(num);                      //调用 ShowData()方法显示查询结果
}
```

（4）创建 ShowData()方法

可将方法直接写在窗体类（class Form1）框架中，其代码如下。

```csharp
void ShowData(int n)                    //无返回值，用于显示数据的 ShowData()方法
{
    txtClass.Text = stu[n].Class;       //显示班级和各科成绩
```

```
txtMath.Text = stu[n].Math.ToString();
txtChs.Text = stu[n].Chs.ToString();
txtEn.Text = stu[n].En.ToString();
txtTotal.Text = stu[n].GetTotal().ToString();          //调用结构的方法显示总分
picPhoto.Image = new Bitmap("pic\\" + n.ToString() + ".jpg");   //显示照片
}
```

5.4 集合类

集合类包含在 System.Collections 命名空间中,它与前面介绍过的数组相似,也用来存储和管理一组相互关联的数据对象。常用的集合类有 ArrayList、HashTable 等。

5.4.1 ArrayList 集合

在数据个数确定的情况下,可以采用数组来存储并处理这些数据。在实际应用中,很多时候数据的个数是不能确定的,此时采用数组处理问题就显得有些麻烦了。ArrayList 集合类可以在程序运行时动态地改变存储长度,添加或删除元素,也可以认为 ArrayList 相当于一个动态数组。

1. 声明 ArrayList 对象

C#语言提供了以下 3 种语法格式来创建 ArrayList 对象。

1)不指定大小,使用按需设置的方式来初始化对象的容量,语法格式为

　　ArrayList 标识符 = new ArrayList();

标识符表示创建的 ArrayList 对象名称,遵循变量的命名规则。例如,下列代码创建了一个名为 MyArrayList 的 ArrayList 对象。

　　ArrayList MyArrayList = new ArrayList();

2)用指定的大小初始化对象的容量,语法格式为

　　ArrayList 标识符= new ArrayList(长度);

其中,长度表示 ArrayList 容量的大小,取值为大于零的整数。例如,创建一个长度为 10、名称为 MyArrayList2 的 ArrayList 对象,代码如下。

　　ArrayList MyArrayList2 = new ArrayList(10);   //索引值从 0 开始

3)用一个集合对象来构造,并将该集合的元素添加到 ArrayList 中,语法格式为

　　ArrayList 标识符 = new ArrayList(集合对象);

例如,下列代码表示创建一个整型一维数组 arr,并赋初值 1,2,3,4,5。声明一个 ArrayList 类的对象 MyArrayList,并将数组 arr 的所有元素复制到该对象中,此时 MyArrayList 的长度为 5。

　　int[] arr = new int[] {1, 2, 3, 4, 5};
　　ArrayList MyList = new ArrayList(arr);

2. 为 ArrayList 对象赋值

为 ArrayList 对象赋值时需要使用 Add()或 Insert()方法。

(1)Add()方法

该方法用于向 ArrayList 对象的尾部添加一个新元素并赋以指定的值,其语法格式为

　　ArrayList 对象名.Add(值);

其中,"值"可以是任意类型的数据。例如,下列代码声明了一个 ArrayList 对象 MyList,使用 Add()方法向其尾部添加一个新元素并赋以整数值 7。

  ArrayList MyList = new ArrayList(); //声明一个 ArrayList 对象 MyList
  MyList.Add(7); //向 MyList 尾部添加一个新元素,并赋以整数值 7

(2) Insert()方法

该方法用于向 ArrayList 对象的指定索引处添加一个新元素并赋以指定的值,添加新元素后,后面原有元素的索引值依次后延。Insert 方法的语法格式为

  ArrayList 对象名.Insert(索引值, 元素值);

例如,下列代码向 ArrayList 对象索引值为 7 的位置添加一个新元素,并赋以字符串值"zhangsan"。

  ArrayList MyList = new ArrayList(); //声明一个 ArrayList 对象 MyList
  MyList.Insert(7, "zhangsan"); //在 MyList 索引值为 7 处添加一个新元素,并赋以字符串值

3. 访问 ArrayList 对象

访问 ArrayList 对象元素的方法与访问数组元素的方法相同,同样可以使用 for、do 循环或使用 foreach 语句实现对 ArrayList 对象元素的遍历。举例如下。

```
ArrayList MyList = new ArrayList(4);      //声明 ArrayList 对象 MyList
MyList.Add(txtName.Text);                 //为 MyList 对象的各元素赋值
MyList.Add(txtSex.Text);
MyList.Add(txtAge.Text);
MyList.Add(txtAddress.Text);
foreach(string element in MyList)         //遍历 MyList 所有元素
{
    lblResult.Text = element + " ";       //将元素值显示到标签控件中
}
```

4. ArrayList 对象的常用属性

ArrayList 对象的常用属性如表 5-3 所示。

表 5-3　ArrayList 常用属性及说明

属 性 名	说　　明
Capacity	获取或设置 ArrayList 可包含的元素数
Count	获取 ArrayList 中实际包含的元素数
IsFixedSize	获取一个值,该值指示 ArrayList 是否具有固定大小
IsReadOnly	获取一个值,该值指示 ArrayList 是否为只读
Item	获取或设置指定索引处的元素

需要说明的是,ArrayList 对象的 Capacity 属性和 Count 属性分别表示对象初始化时指定的长度(元素个数)和对象中已被赋值的长度(元素个数),这是两个不同的概念。举例如下。

```
ArrayList MyList = new ArrayList(10);
MyList.Add("zhangsan");
MyList.Add("lisi");
label1.Text = MyList.Capacity;    //输出结果为 10
label2.Text = MyList.Count;       //输出结果为 2
```

5. ArrayList 对象的常用方法

除了前面介绍过的 Add()和 Insert()方法外，ArrayList 对象还拥有众多用于实现不同功能的方法，其中较常用的方法及说明如表 5-4 所示。

表 5-4 ArrayList 对象常用方法

方法名	说明
AddRange	将集合中的某些元素添加到 ArrayList 的末尾
InsertRange	将集合中的某些元素插入 ArrayList 的指定索引处
CopyTo	将 ArrayList 或它的一部分复制到一维数组中
Clear	从 ArrayList 中移除所有元素
Remove	从 ArrayList 中移除特定对象的第一个匹配项
RemoveAt	移除 ArrayList 的指定索引处的元素
RemoveRange	从 ArrayList 中移除一定范围的元素
Contains	确定某元素是否在 ArrayList 中
IndexOf	返回 ArrayList 或它的一部分中某个值的第一个匹配项从零开始的索引
LastIndexOf	返回 ArrayList 或它的一部分中某个值的最后一个匹配项从零开始的索引
Sort	对 ArrayList 或它的一部分中的元素进行排序
Reverse	将 ArrayList 或它的一部分中元素的顺序反转

6. Array 类与 ArrayList 类的主要区别

数组 Array 类与 ArrayList 类之间有很多相似之处，但是区别也很多，主要表现在以下几个方面。

1）Array 类可以支持一维、二维和多维数组，而 ArrayList 类相当于一维数组，不支持多下标。

2）Array 类中存储的元素类型必须一致，而 ArrayList 可以存储不同类型的元素。

3）Array 类在创建时必须指定大小且是固定的，不能随意更改。而 ArrayList 在创建时可以不指定大小，使用过程中其容量可以根据需要进行扩充。

4）Array 类对象为元素赋值时可以通过创建时初始化值或给单个元素赋值，ArrayList 对象只能通过 Add()、Insert()等方法为元素赋值。

虽然数组和 ArrayList 对象之间有很多区别，但是它们之间还是可以互相转化的。例如，可以在创建 ArrayList 对象时，把数组元素添加到 ArrayList 中；也可以通过 ArrayList 的 CopyTo()方法将 ArrayList 对象元素复制到数组中。

5.4.2 HashTable 集合

HashTable 通常称为"哈希表"，与 ArrayList 集合一样 HashTable 集合也包含于 System.Collections 命名空间。HashTable 用于处理和表现类似 key/value 的键/值对，其中 key 区分大小写、不能为空且具有唯一性，通常可用来快速查找。value 用于存储对应于 key 的值，可以为空。Hashtable 中的 key/value 键/值对均为 object 类型，可以支持任意数据类型。需要说明的是，HashTable 的每个元素都是一个 DictionaryEntry（键/值对）类型的对象。

1. 声明 HashTable 对象

下列语法格式用于声明一个默认的空 HashTable 对象，其语法格式为

  HashTable 对象名= new HashTable();

也可以在声明时指定 HashTable 中包含的元素个数，其语法格式为

HashTable 对象名=new HashTable(元素个数);

例如，下列代码声明了一个名为 MyHT 的 HashTable 对象，该对象包含 10 个元素。

HashTable MyHT= new HashTable(10);

2. 为 HashTable 对象赋值

为 HashTable 对象赋值时需要使用 Add()方法，其语法格式为

HashTable 对象名.Add(键, 值);

例如，将一条学生成绩记录保存到 HashTable 中，具体数据如表 5-5 所示。

表 5-5 一条学生成绩记录数据

键	ID	StuName	StuSex	StuClass	StuMath	StuChs	StuEn
值	"110001"	"张三"	true	"网络 1101"	92	89	76

程序代码如下。

```
HashTable HT = new HashTable();           //声明 HashTable 对象 HT
HT.Add("ID", "110001");                    //为 HT 对象的各元素赋值
HT.Add("StuName", "张三");
HT.Add("StuSex", true);
HT.Add("StuClass", "网络 1101");
HT.Add("StuMath", 92);
HT.Add("StuChs", 89);
HT.Add("StuEn", 76);
```

又如，将若干名职工"编号/姓名"键值对保存到 HashTable 中，代码如下。

```
HashTable HT = new HashTable();
HT.Add("0001", "张三");
HT.Add("0002", "李四");
HT.Add("0003", "王五");
…
HT.Add("0100", "赵百强");
```

需要说明的是，HashTable 对象不支持 Insert()方法。

3. 访问 HashTable 对象中的数据

HashTable 中保存的数据只能通过键来访问，举例如下。

```
string EmpName = HT["0012"].ToString();    //得到编号为 0012 的职工姓名值
```

如果希望使用 foreach 语句实现对 HashTable 的遍历，应注意将循环变量声明为 DictionaryEntry 类型。举例如下。

```
foreach (DictionaryEntry dic in HT)
{
    // "\t"表示一个制表符 Tab，"\n"表示换行
    label1.Text += dic.Key + "\t" + dic.Value + "\n";
}
```

4. HashTable 对象的常用属性和方法

与其他对象一样，HashTable 也拥有一些用于操作对象的属性和方法。例如，获取 HashTable 中元素个数的属性 Count、增加元素的方法 Add()，以及删除元素的方法 Remove()等。

（1）HashTable 的常用属性

HashTable 的常用属性如表 5-6 所示。

表 5-6 HashTable 常用属性及说明

属 性 名	说　　明
Count	获取包含在 HashTable 中的键/值对的数目
IsFixedSize	获取一个值，该值指示 HashTable 是否具有固定大小
IsReadOnly	获取一个值，该值指示 HashTable 是否为只读
IsSynchronized	获取一个值，该值指示是否同步对 HashTable 的访问（线程安全）
Item	获取或设置与指定的键相关联的值
SyncRoot	获取可用于同步 HashTable 访问的对象
Keys	获取包含 HashTable 中的键的集合
Values	获取包含 HashTable 中的值的集合

（2）HashTable 的常用方法

HashTable 常用的一些方法及其说明如表 5-7 所示。

表 5-7 HashTable 的常用方法及说明

方 法 名	说　　明
Add	将带有指定键和值的元素添加到 HashTable 中
CopyTo	将 HashTable 元素复制到一维 Array 实例中的指定索引位置
Clear	从 HashTable 中移除所有元素
Remove	从 HashTable 中移除带有指定键的元素
ContainsKey	确定 HashTable 是否包含特定键
ContainsValue	确定 HashTable 是否包含特定值

【演练 5-4】 HashTable 集合应用示例。本例将通过 HashTable 实现简易电话本的维护和查询。具体要求如下。

1）电话本包含用户姓名和电话号码两个字段，用户记录通过 HashTable 对象保存。

2）创建一个 User 类，所包含的类成员如表 5-8 所示。在各按钮的单击事件中通过调用相应的方法实现程序功能（增、删、改、查）。

表 5-8 User 类成员及说明

类型	成 员 名	说　　明
属性	UserName	用于保存用户姓名，对应于 HashTable 的键
	UserTel	用于保存用户电话号码，对应于 HashTable 的值
方法	CheckUser	返回一个 bool 值，用于表示指定的用户姓名（键）是否已存在，若已存在则返回 true
	UserAdd	无返回值，用于向 HashTable 中添加一个元素
	UserDel	无返回值，用于删除 HashTable 中的指定元素
	UserEdit	无返回值，用于修改 HashTable 中的指定元素（采用"先删除，后添加"的方式）
	UserQuery	返回一个 string 类型值，用于根据用户姓名返回对应电话号码或查询出错信息

程序运行结果（添加和修改记录部分）如图 5-5 和图 5-6 所示。

图 5-5　添加记录

图 5-6　修改记录

程序设计步骤如下。

（1）设计程序界面

新建一个 Windows 应用程序项目，向窗体中添加两个标签、2 个文本框和 4 个按钮控件，适当调整各控件的大小及位置。

（2）设置对象属性

设置 2 个文本框的 Name 属性分别为 txtName（姓名）和 txtTel（电话）；设置 4 个按钮控件的 Name 属性分别为 btnQuery、btnAdd、btnDel 和 btnEdit，设置它们的 Text 属性分别为"查询""添加""删除"和"修改"。

（3）编写程序代码

为了使用 HashTable 集合类，需要在代码窗口最上方添加对 System.Collections 命名空间的引用，代码如下。

```
using System.Collections;
```

窗体装入时执行的事件处理程序代码如下。

```
private void Form1_Load(object sender, EventArgs e)
{
    this.Text = "HashTable 应用示例";
}
```

"添加"按钮被单击时执行的事件处理代码如下。

```
private void btnAdd_Click(object sender, EventArgs e)
{
    User u = new User();           //创建 User 类对象 u
    u.UserName = txtName.Text;     //为对象的属性赋值
    u.UserTel = txtTel.Text;
    if (!u.CheckUser())            //如果指定的用户不存在
    {
        u.UserAdd();
        MessageBox.Show("记录添加成功！", "完成",
            MessageBoxButtons.OK, MessageBoxIcon.Information);
    }
    else
    {
        MessageBox.Show("用户名已存在！", "出错",
            MessageBoxButtons.OK, MessageBoxIcon.Error);
    }
}
```

"查询"按钮被单击时执行的事件处理代码如下。

```
private void btnQuery_Click(object sender, EventArgs e)
{
    User u = new User();
    u.UserName = txtName.Text;
    u.UserTel = txtTel.Text;
    txtTel.Text = u.UserQuery();
}
```

"删除"按钮被单击时执行的事件处理代码如下。

111

```csharp
private void btnDel_Click(object sender, EventArgs e)
{
    User u = new User();
    u.UserName = txtName.Text;
    if (u.CheckUser())          //如果 HashTable 中存在指定的用户名
    {
        u.UserDel();            //调用删除用户的 UserDel()方法
        MessageBox.Show("记录删除成功！", "完成",
                        MessageBoxButtons.OK, MessageBoxIcon.Information);
    }
    else
    {
        MessageBox.Show("用户不存在！", "出错",
                        MessageBoxButtons.OK, MessageBoxIcon.Error);
    }
}
```

"修改"按钮被单击时执行的事件处理程序如下。

```csharp
private void btnEdit_Click(object sender, EventArgs e)
{
    User u = new User();
    u.UserName = txtName.Text;
    if (u.CheckUser())          //如果 HashTable 中存在指定的用户名
    {
        u.UserTel = txtTel.Text;
        u.UserEdit();           //调用修改用户记录的 UserEdit()方法
        MessageBox.Show("记录修改成功！", "完成",
                        MessageBoxButtons.OK, MessageBoxIcon.Information);
    }
    else
    {
        MessageBox.Show("用户不存在！", "出错",
                        MessageBoxButtons.OK, MessageBoxIcon.Error);
    }
}
```

在 class Form1 框架内创建 User 类，代码如下。

```csharp
public class User
{
    static Hashtable HT = new Hashtable();      //创建 HashTable 对象
    public string UserName;                     //可以将 public 变量当作属性来使用
    public string UserTel;
    public bool CheckUser()                     //检查键是否存在的方法
    {
        return HT.Contains(UserName);           //若存在则返回 true
    }
    public void UserAdd()                       //用于添加记录的方法
    {
        HT.Add(UserName, UserTel);
    }
    public void UserDel()                       //用于删除记录的方法
```

```
            }
                HT.Remove(UserName);
        }
        public void UserEdit()                          //用于修改记录的方法
        {
            HT.Remove(UserName);                        //先删除
            HT.Add(UserName, UserTel);                  //后添加
        }
        public string UserQuery()                       //用于查询记录的方法
        {
            if (!HT.Contains(UserName))                 //如果 HashTable 中不包含指定的键
            {
                return "查无此人！";
            }
            else
            {
                return HT[UserName].ToString();         //返回指定键对应的值
            }
        }
    }
```

5.5 实训 设计一个简单图书管理程序

5.5.1 实训目的

加深对 ArrayList 集合的理解，掌握向 ArrayList 集合中添加、删除和修改数据的方法。掌握查询 ArrayList 集合元素的方法。巩固创建类、添加类属性和设置构造函数的方法。掌握向项目中添加类文件的方法。掌握在应用程序中使用类的方法。

5.5.2 实训要求

设计一个简单的图书管理程序，程序启动后在列表框中显示现有图书名称。双击某书名后将弹出如图 5-7 所示的信息框，显示该图书的详细信息（书名、作者、数量、单价和总价值）。

在右侧文本框中输入相应数据后单击"添加"按钮，程序将首先检查该图书是否已存在（若书名、作者及单价均相同则视为已存在）。若存在则只更新现存数量值（原有的+添加的），否则添加一条完整的新记录，同时在列表框中显示出来。用户在列表框中选中某图书名称后单击"删除"按钮，可以移除该记录。

图 5-7 显示详细信息

具体要求如下。

1）向 Windows 应用程序项目中添加一个名为 Books.cs 的类文件，在文件中创建 Books 类。该类具有 BookName（书名）、BookAuthor（作者）、BookNum（数量）和 BookPrice（单价）4 个属性。为 Books 类声明带有 4 个参数（string、string、int、double）的构造函数，以及 2 个没有参数的构造函数。

2）声明一个名为 BookList 的 ArrayList 集合对象。在窗体装入事件处理程序中初始化 3 个 Books 对象并添加到 BookList 集合中。

3）遍历 BookList 集合，将各对象的 BookName 属性值添加到列表框中。

4）用户单击"添加"按钮时，遍历 BookList 集合查找是否存在相同的图书。若存在，则仅更新现有记录的 BookNum 属性值，否则添加一条完整的新记录。

5）用户在列表框中选择了某图书名称后，单击"删除"按钮，可根据返回的当前记录索引值从列表框和 BookList 集合中移除相应的项。

6）用户双击列表框中某图书名称时，可根据当前索引值找到 BookList 集合中的对应记录，并通过弹出信息框显示 Books 对象的相关属性值（总价值=数量×单价）。

7）执行某操作时程序能根据程序执行情况，分别弹出如图 5-8～图 5-10 所示的信息框，给出相应的说明和提示。

图 5-8　添加记录未填写完整信息　　图 5-9　删除记录时未选择　　图 5-10　添加已存在的图书

第6章 接口、委托和事件

接口与前面介绍过的抽象类相似，是类的属性和方法的描述，但不包括它们的具体功能实现，功能实现需要调用接口的类自己来完成。接口主要用来实现多态，使不同的类可以拥有相同名称、但功能不同的方法。

委托是一种引用类型，可以将委托看作一个特殊的类，因而它的定义可以像常规类一样放在同样的位置。与其他类一样，委托必须先定义之后再实例化。委托最基本的功能就是用于事件处理。

事件是对象发送的消息，用于通知系统某种操作的发生。通俗地讲，事件就是程序中产生了一个需要处理的信号。

6.1 接口

接口主要用于实现多态，可以使不同的类拥有相同名称的方法。例如，Int32、Int64 和 Decimal 类型都实现了 IConvertible 接口，也就说明它们都具有 IConvertible 接口所描述的 ToDouble()方法。但 IConvertible 接口并没有给出实现 ToDouble()的具体内容，这需要由各类型（Int32、Int64 和 Decimal）去实现。

6.1.1 接口的声明和实现

接口主要用来定义一个抽象规则，必须要有类或结构继承它并实现接口中的所有定义，否则定义的接口就毫无意义。因此，使用接口时应首先声明接口，再声明一个继承于该接口的类来实现接口中定义的成员。

1. 接口的声明

在 C#中，声明接口使用 interface 关键字，其语法格式为

```
[访问修饰符] interface 接口名[:基接口列表]
{
    接口成员;
}
```

为了与类区分接口名，建议使用大写字母 I 开头；基接口列表可省略，一个接口可以继承于多个基接口，各基接口之间应使用逗号隔开。

声明接口时需要注意以下几个问题。

1）接口成员可以包含事件、索引器、方法和属性，并且一定是公开的。所以在接口内声明方法时，不能再带有诸如 public 的修饰符，否则编译器会报错。

2）接口只包含成员定义，不包含成员的实现，成员的实现需要在继承的类或者结构中实现。

3）接口不包含字段。

4）实现接口的类必须严格按其定义来实现接口的每个方面。

5）接口本身一旦被发布就不能再更改，对已发布的接口进行更改会破坏现有的代码。

例如，声明一个 IPerson 接口后再声明一个 IStudent 接口，该接口继承于 IPerson，声明代

码如下。

```csharp
interface IPerson                    //定义基接口,省略访问修饰符表示访问类型为 private
{
    string StuName
    { get; set; }                    //定义 IPerson 接口的 Name 属性,此处省略了字段变量
    bool StuSex
    { get; set; }                    //定义 IPerson 接口的 Sex 属性
    string Grade();                  //定义 IPerson 接口的 Grade()方法(成绩)
}
interface IStudent : IPerson         //定义 IStudent 接口并继承于 IPerson 接口
{
    string StuID
    { get; set;}                     //扩展基接口属性(添加新属性)
    int StuMath
    { get; set;}                     //数学成绩
    int StuChs
    { get; set;}                     //语文成绩
    int StuEn
    { get; set; }                    //英语成绩
    new string Grade();              //使用 new 关键字重写 Grade()方法
}
```

2. 接口的实现

接口的实现需要声明一个类并完成接口中所有定义的具体实现。例如,下列代码中通过声明 Student 类实现了上面定义的 IStudent 接口。

```csharp
class Student : IStudent             //声明一个 Student 类,并继承于 IStudent 接口
{
    //声明私有字段
    string _stuID;
    string _stuname;
    bool _stusex;
    int _stumath;
    int _stuchs;
    int _stuen;
    //封装私有字段,从而实现从接口继承的属性成员
    public string StuID
    {
        get { return _stuID; }
        set { _stuID = value; }
    }
    public string StuName
    {
        get { return _stuname; }
        set { _stuname = value; }
    }
    public bool StuSex
    {
        get { return _stusex; }
        set { _stusex = value; }
```

```
            }
            public int StuMath
            {
                get { return _stumath; }
                set { _stumath = value; }
            }
            public int StuChs
            {
                get { return _stuchs; }
                set { _stuchs = value; }
            }
            public int StuEn
            {
                get { return _stuen; }
                set { _stuen = value; }
            }
            //实现从接口继承的方法成员
            public string Grade()          //该方法返回学生的总成绩
            {
                int result = StuMath + StuChs + StuEn;
                return result;
            }
        }
```

3. 在应用程序中使用接口

在应用程序中并不直接使用接口，而是通过继承了接口的类来实现。例如，下列代码表示在应用程序中为 Student 类对象 stu 的各属性赋值，并调用其 Grade()方法返回学生的总成绩。

如图 6-1 所示，程序运行时 stu 对象的各属性通过 5 个文本框和 1 个组合框获取数据，单击"确定"按钮后，调用 Grade()方法得到总成绩并显示到标签控件中。

窗体装入时执行的事件处理代码如下。

```
        private void Form1_Load(object sender, EventArgs e)
        {
            this.Text = "接口的声明和使用";
            cboSex.Text = "男";
        }
```

图 6-1 在应用程序中声明和使用接口

"确定"按钮被单击时执行的事件处理代码如下。

```
        private void btnOK_Click(object sender, EventArgs e)
        {
            Student stu = new Student();       //实例化 Student 类得到 stu 对象
            //为 stu 对象的各属性赋值
            stu.StuName = txtName.Text;
            stu.StuID = txtID.Text;
            if (cboSex.SelectedItem.ToString() == "男")
            {
                stu.StuSex = true;
            }
            else
            {
```

```
            stu.StuSex = false;
        }
        stu.StuMath = int.Parse(txtMath.Text);
        stu.StuChs = int.Parse(txtChs.Text);
        stu.StuEn = int.Parse(txtEn.Text);
        lblResult.Text = "总成绩：" + stu.Grade();    //调用 Grade()方法得到学生总成绩
    }
```

6.1.2 多接口继承

一个接口可以同时继承多个接口的定义，被继承的接口称为基接口。当一个接口有多个基接口时，声明语句中的基接口之间应使用","分隔。举例如下。

```
        public interface ICon : ICon1, ICon2        //接口 ICon 同时继承于 ICon1 和 ICon2
```

一个类也可以继承于多个接口，当类继承的多个接口中存在同名的成员时，在实现时为了区分是从哪个接口继承来的，C#建议使用显式实现接口的方法，即使用接口名称和一个句点命名该类成员。

例如，下列代码中接口 ICon1、ICon2 都具有同名的 Add()方法，代码中通过 MyClass 类实现了 ICon1、ICon2 接口。

```
        interface ICon1                        //声明接口 ICon1
        {
            int Add();                         //ICon1 的 Add()方法
        }
        interface ICon2                        //声明接口 ICon2
        {
            int Add();                         // ICon2 的同名 Add()方法
        }
        class MyClass : ICon1, ICon2           //MyClass 类继承于 ICon1 和 ICon2
        {
            int ICon1.Add(int x, int y)        //显式实现接口的方法
            {
                return x + y;
            }
            int ICon2.Add(int x, int y, int z) //显式实现接口的方法
            {
                return x + y + z;
            }
        }
```

6.1.3 接口与抽象类的区别

接口和抽象类比较类似，它们的目的都是定义出最基本的成员，供它们的派生类继承。接口成员与抽象类的抽象成员声明过程和使用过程也基本一致，两者都不能在声明时创建具体的可执行代码，而需要在子类中将接口成员或者抽象类的抽象成员实例化。接口与抽象类主要的不同点体现在以下几个方面。

1）抽象类可以提供字段，它所定义的成员可以有多种可访问性，而接口只能定义公开（public）的成员，而且不能定义字段。

2）抽象类可以为方法提供公有或默认的实现，这样子类就可以减少工作量。但是接口定义的方法却不能包含任何实现，所有实现都需要子类来完成。

3）抽象类的成员不一定需要子类重载，只有抽象成员才需要重载。而接口的所有成员都必须由其子类重载。

4）一个子类只能继承于一个基类，但一个子类却可以继承于多个接口。

所以，通常如果只是需要定义一系列方法，而不提供任何方法的实现，而且这些方法都是可以对外公开的，就可以使用接口。其他情况下最好使用类或抽象类。

6.2 委托

委托（delegate）也是一个类，它定义了方法的类型，使得可以将方法当作另一个方法的参数来进行传递，这种将方法动态地赋给参数的做法可以避免在程序中大量使用选择结构语句（if…else、switch 等），同时使得程序具有更好的可扩展性。

委托可以将对方法 M 的引用封装在委托对象内，然后将该委托对象传递给可调用方法 M 的代码中，而不必在编译时确定方法 M 的具体内容。

委托不知道也不关心自己引用的对象或类，只要求方法的参数类型和返回类型必须与委托的参数类型和返回类型相匹配，这使得委托完全适合"匿名"使用。也就是说，委托是一种用于封装方法的类型，也可以说是一种方法的指针或容器。利用委托开发人员可以将方法作为参数进行传递，从而实现动态调用方法的目的。

前面已介绍过"接口"的概念，所谓"接口"，就是定义一套标准，然后由实现类来具体实现其中的方法，所以说"接口是一组类的抽象"。同样道理，可以将委托理解为方法的抽象，也就是说委托定义了一个方法的模板，至于这个方法具体是怎么样的，就由方法自己去实现。

前面介绍过接口的最大好处就是可以实现多态。同理，委托最大的好处也是可以实现方法的多态。当程序中需要调用某个方法时，可以不直接调用方法，而是去调用相关联的委托。当然，调用前必须在方法和委托之间建立必需的关联。

委托的主要用途有"回调"和"事件处理"。所谓"回调"，是指将一个方法的返回值传递给另一个方法。本教材中主要介绍委托在事件处理中的应用。

6.2.1 委托的声明

前面介绍过委托也是一种类，包括指定每个方法必须提供的返回类型和参数。定义委托的语法格式为

    [访问修饰符] delegate 返回类型 委托名（[形参列表]）;

例如，下列代码声明了一个名为 Calculate（计算）的委托，该委托从调用语句接收 2 个整型形参，返回一个整型数据。

    delegate int Calculate (int x , int y);

可以看出，委托除了没有给出实现方法的具体代码外，声明委托和声明方法的语法格式是相同的。因此，声明委托的语句以分号结尾。可选的形参列表用于指定委托的参数，而返回类型则指定委托的返回类型。

需要说明的是，并非所有的方法都可以封装在委托中，只有当下面两个条件都成立时，方法才能被封装在委托类型中。

119

1）方法和委托具有相同的参数数目，并且类型、顺序和参数修饰符也相同。
2）方法和委托的返回值类型相同。

6.2.2 委托的实例化和调用

1. 委托的实例化

实例化委托意味着使其指向（或引用）某个方法。声明委托后，需要对其进行实例化才能被调用。

要实例化委托，就要调用该委托的构造函数，并将要与该委托相关联的方法及其对象名称作为它的参数进行传递。委托实例一旦被实例化，它将始终引用同一目标对象和方法。

例如，已有与上述定义的 Calculate 委托相匹配的方法 Add()，实例化委托的代码如下。

```
Calculate cal = new Calculate(Add);        //实例化委托，并与指定方法关联
```

2. 在应用程序中调用委托

C#为调用委托提供了专门的语法，调用委托与调用方法十分相似。唯一的区别在于不是调用委托的实现，而是调用与委托相关联的方法的实现代码。

在对委托进行了声明之后，就可以使用委托了。在 C#中，使用委托同使用一个普通的引用数据类型一样，首先需要使用 new 关键字创建一个委托实例对象，然后把委托指向要引用的方法，最后就可以在程序中像调用方法一样应用委托对象调用它指向的方法了。

例如，新建一个 Windows 应用程序，添加一个标签控件，在窗体类中声明 Calculate 委托及与之关联的 Add() 方法，将 Add() 方法封装在委托内。在窗体的装入事件中调用委托，并向委托传递两个整型参数，最后将调用结果显示到标签中，编写代码如下。

在窗体类（class Form1）框架中输入如下代码。

```
delegate int Calculate(int x, int y);      //定义 Calculate 委托
public int Add(int x, int y)               //声明将要与 Calculate 委托关联的方法
{
    return x + y;
}
```

窗体装入时执行的事件处理代码如下。

```
private void Form1_Load(object sender, EventArgs e)
{
    Calculate cal = new Calculate(Add);    //实例化委托，并关联 Add()方法
    int Result = cal(30, 40);              //调用委托方法
    label1.Text = "运算结果为：" + Result.ToString();   //在标签中显示"运算结果为：70"
}
```

通过上面的例子可以看出，委托是一种引用方法的类型，一旦给委托分配（关联）了某个方法，则委托将具有与该方法完全相同的功能，委托的使用可以像其他任何方法一样，也具有参数和返回值。

6.2.3 将多个方法关联到委托

上面的例子中在实例化委托时将其关联到了一个方法，在实际应用中可能需要将一个委托同时绑定到多个方法，此时可使用"+="运算符来实现。举例如下。

```
Calculate cal =new Calculate(Add);         //实例化委托并关联第一个方法 Add()
```

```
cal += Sub;           //添加一个关联的方法 Sub()
cal(30, 40);          //执行时首先调用 Add()方法，再调用 Sub()方法
```

如果委托已关联了多个方法，则可使用"-="运算符移除多个方法中的某一个。举例如下。

```
Calculate cal =new Calculate(Add);   //实例化委托并关联第一个方法 Add()
cal += Sub;
cal -= Add;           //移除一个关联的方法 Add()
cal(30, 40);          //执行时只调用 Sub()方法，不再执行 Add()方法
```

【演练 6-1】 使用委托关联多个方法，使得当用户输入一个角度值时能同时返回该角度的 sin、cos 和 tan 函数值。程序运行结果如图 6-2 所示。程序设计步骤如下。

图 6-2　程序运行结果

（1）设计程序界面

新建一个 Windows 应用程序项目，向窗体中添加 2 个标签、1 个文本框和 1 个按钮控件。

设置文本框的 Name 属性为 txtAngle；设置按钮的 Text 属性为"确定"，Name 属性为 btnOK；设置用于显示计算结果的标签 Name 属性为 lblResult；适当调整各控件的大小及位置。

（2）声明委托及相关方法

在窗体 Form1 类代码框架中编写如下代码，声明无返回值的委托 TriFunc，声明用于转换角度值为弧度值的 TransAngle()（转换角度）方法，声明用于计算正弦、余弦和正切值的 SinFunc()、CosFunc()和 TanFunc()共 3 个方法。

```
delegate void TriFunc(double Angle);      //定义委托 TriFunc
public double TransAngle(double a)        //定义将角度转换为弧度值的 TransAngle 方法
{
    a = a * Math.PI / 180;
    return a;
}
public void SinFunc(double ang)           //定义计算正弦值的方法
{
    ang = TransAngle(ang);                //调用 TransAngle()方法将用户输入的角度值转换为弧度值
    lblResult.Text = "正弦值为：" + Math.Sin(ang).ToString("f4") + "\n\n";
}
public void CosFunc(double ang)           //定义计算余弦值的方法
{
    ang = TransAngle(ang);
    lblResult.Text = lblResult.Text + "余弦值为：" + Math.Cos(ang).ToString("f4") + "\n\n";
}
public void TanFunc(double ang)           //定义计算正切值的方法
{
    ang = TransAngle(ang);
    lblResult.Text = lblResult.Text + "正切值为：" + Math.Tan(ang).ToString("f4");
}
```

（3）编写各控件的事件处理程序代码

窗体装入时执行的事件处理代码如下。

```
private void Form1_Load(object sender, EventArgs e)
{
    lblResult.Text = "";
    this.Text = "将委托关联多个方法";
```

}

"确定"按钮被单击时执行的事件处理代码如下。

```
private void btnOK_Click(object sender, EventArgs e)
{
    if (txtAngle.Text == "")
    {
        lblResult.Text = "请输入角度值！";
        return;
    }
    TriFunc tri = new TriFunc(SinFunc);      //实例化委托并将其关联到 SinFunc()方法
    tri += CosFunc;                           //向委托对象添加与 CosFunc()方法的关联
    tri += TanFunc;                           //向委托对象添加与 TanFunc()方法的关联
    //语句执行时将依次调用 SinFunc()、CosFunc()和 TanFunc()共 3 个方法
    tri(double.Parse(txtAngle.Text.Trim()));
}
```

6.3 事件

在可视化的 Windows 应用程序中，"事件"是指能被程序感知到的用户或系统发起的操作，如用户单击了鼠标、输入了文字、选择了选项，以及系统将窗体装入内存并初始化等。Visual Studio 中包含大量已定义的、隶属于各种控件的事件，如 Click()、Load()和 TextChange()等。在代码窗口中设计人员可以编写响应事件的代码段来实现程序的具体功能，这就是可视化程序设计方法的"事件驱动"机制。当然，除了系统预定义的各种事件外，还可以通过委托创建具有特定功能的自定义事件，以满足程序设计的需要。

6.3.1 关于事件的几个概念

为了使读者能更清晰地理解事件的概念，本节首先介绍几个与事件相关的概念。

1. 发布者

事件是对象发送的消息，用来通知某种状况的发生。状况可能是由用户交互（如单击、输入文本等）引起的，也可能是由某些其他的程序逻辑触发（系统触发）的。C#中允许一个对象将发生的事件通知给其他对象，并将这个对象称为"发布者"。

2. 订阅者

由"发布者"发出的消息并不能对所有对象都起作用，它只对那些事先约定了的对象起到作用，也就是说只有事先已有约定的对象才能收到发布者发出的消息。通常将这些能收到事件消息的对象称为"订阅者"。

需要注意的是，一个事件可以有一个或多个订阅者，并且事件的发布者同样也可以是该事件的订阅者。

3. 事件处理程序

顾名思义，事件处理程序就是开发人员编写的一段用于实现某一功能的代码，这些代码以"方法"的形式出现。与普通程序代码不同的是，事件处理程序中的代码只有在指定事件被触发时才被调用。事件的这种功能需要通过委托来实现，事件从本质上说就是一种特殊的委托。

关于"发布者""订阅者"和"事件处理程序"之间的关系，可以通过下面的例子来说明。

设 A 是某部门的主管，B、C、D 是部门的员工。A 要求 B 负责处理自己和客户之间的联

系，这实际上是 A 将联系客户这项工作委托给了 B。

当 A 要求 B 完成一项具体的联系工作时就触发了一个"事件"，A 自然是事件的"发布者"，B 是事件的"订阅者"。B 收到消息后通过发邮件、发信函等方式完成了联系任务，这里发邮件、发信函等操作就是"事件处理程序"（也称为"事件处理方法"）要实现的功能。

部门中 C 和 D 由于没有订阅者的身份，故 A 下达的与某客户联系的消息与之无关。当然，A 也可以要求 B、C、D 共同负责自己与客户的联系工作，这样 B、C、D 就都是事件的订阅者，也就出现了一个发布者对应多个订阅者的情况。

6.3.2 定义和使用事件

在.NET Framework 类库中，事件是基于 EventHandler 委托和 EventArgs 基类的，在 C#中需要使用 event 关键字声明事件。

1. 定义事件

在 C#中定义一个事件，通常需要以下两个步骤。

1）首先，需要定义一个委托。
2）需要使用 event 关键字用上述委托来声明这个事件。

定义事件的语法格式为

    [访问修饰符] event 委托名 事件名;

其中，"委托名"为已声明的委托。

例如，下列代码声明了一个名为 MyEvent 的事件。

    public event MyDele MyEvent;   //MyDele 为已声明的委托

2. 订阅事件

订阅事件只是添加一个委托，事件触发时该委托将调用与之关联的方法。订阅事件的操作符为："+="和"-="，分别用于将事件处理程序添加到所涉及的事件或从该事件中移除事件处理程序。

订阅事件的语法格式为

    事件名 += new 委托名(方法名);

取消订阅的语法格式为：

    事件名 -= new 委托名(方法名);

其中，方法名实际上就是事件处理程序名。

举例如下。

    MyEvent += new MyDele(MyMethod);   //订阅事件

或

    MyEvent -= new MyDele(MyMethod);   //取消订阅

3. 事件的触发

要通知订阅某个事件的所有对象（即订阅者），需要触发事件。触发事件与调用方法的代码格式相似。下面代码说明了如何实现事件的定义、订阅与触发。

新建一个 Windows 应用程序项目，向项目中添加一个类文件 EventClass.cs。

EventClass 类文件的代码如下。

    class EventClass

```
        {
            public delegate void Del();         //声明一个委托 Del
            public event Del Click;             //声明一个事件 Click
            public void OnClick()               //创建一个触发事件的方法 OnClick
            {
                if (Click != null)
                {
                    Click();
                }
            }
        }
```

切换到 Form1.cs 的代码窗口，在 Form1 类框架中编写 Click()事件的处理程序 ClickMethod()和窗体装入时执行的事件处理程序代码。

ClickMethod ()事件处理程序的代码如下。

```
        public void ClickMethod()               //和事件相关联的方法（事件处理程序）
        {
            label1.Text = "这是事件处理程序的返回值！";
        }
```

窗体装入时执行的事件处理代码如下。

```
        private void Form1_Load(object sender, EventArgs e)
        {
            EventClass EC = new EventClass();
            EC.Click += new EventClass.Del(ClickMethod);   //给对象订阅事件
            EC.OnClick();                                  //触发事件，使其执行事件处理程序
        }
```

说明：阅读上述代码时应注意以下几个层次。

1）程序首先声明了该事件的委托类型：public delegate void Del()。

2）声明事件本身：public event Del Click。

3）调用事件：调用事件时通常先检查是否为空，然后再调用事件。

4）与事件挂钩：为开始接收事件调用，客户代码先创建事件类型的委托，该委托引用来自事件调用的方法。

5）使用"+="运算符将该委托写到事件可能连接到的其他任何委托上：EC.Click += new EventClass.Del(EC.ClickMethod)。

【演练 6-2】 通过委托、事件和事件处理程序设计一个温度控制器。要求程序运行时在标签中显示递增的温度值，当温度达到 10℃时触发降温事件（TempAlarm），将当前温度降低 3℃后继续增温，周而复始，从而达到控温的效果。温度递增可通过定时器控件模拟实现，程序运行结果如图 6-3 所示。程序设计步骤如下。

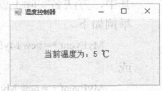

图 6-3　程序运行结果

（1）设计应用程序界面

新建一个 Windows 应用程序，向窗体中添加一个标签控件 label1，适当调整其 Font 属性值；向窗体中添加一个定时器控件 timer1。

（2）创建委托、声明事件、编写事件触发程序

向 Windows 应用程序项目中添加一个名为 EventClass.cs 的类文件，并编写如下代码。

```
class EventClass
{
    public delegate void TempAlarmDelegate();//声明委托 TempAlarmDelegate
    //通过 TempAlarmDelegate 委托声明事件 TempAlarm
    public event TempAlarmDelegate TempAlarm;
    public void ActiveEvent()              //触发 TempAlarm 事件的方法
    {
        if (TempAlarm != null)
        {
            TempAlarm();                   //触发事件
        }
    }
}
```

（3）创建事件处理程序、编写各控件事件处理代码

打开 Form1.cs 文件，在 Form1 类框架内编写事件处理程序和各控件事件处理代码如下。
声明窗体级变量，代码如下。

```
int temp = 0;        //声明用于保存当前温度的变量，并赋以初始值
```

窗体装入时执行的事件处理程序代码如下。

```
private void Form1_Load(object sender, EventArgs e)
{
    this.Text = "温度控制器";
    label1.Text = "当前温度为：" + temp + " ℃";
    timer1.Interval = 1000;        //设置定时器触发周期为 1000ms（1 秒）
    timer1.Enabled = true;         //激活定时器，开始计时
}
```

编写 TempAlarm()事件处理程序代码如下。

```
public void TempLower()            //TempAlarm()事件的事件处理程序
{
    temp = temp - 3;               //使当前温度值降低 3℃
}
```

定时器控件触发时执行的事件处理代码如下。

```
private void timer1_Tick(object sender, EventArgs e)
{
    temp = temp + 1;               //将温度升高 1℃
    label1.Text = "当前温度为：" + temp + " ℃";      //显示当前温度
    if (temp == 10)                //温度达到 10℃时
    {
        EventClass EC = new EventClass();
        //指定事件 TempAlarm 的事件处理程序 TempLower
        EC.TempAlarm += new EventClass.TempAlarmDelegate(TempLower);
        EC.ActiveEvent();          //满足条件时调用事件触发方法使事件触发
    }
}
```

6.3.3 事件的参数

在事件处理程序中，可以使用参数来传递与事件相关的一些信息。例如，触发事件的对

象、与事件相关的数据等。触发事件的对象通常用 object 类型的参数表示,与事件相关的数据通常用 System.EventArgs 类型变量的不同属性表示。

例如,下列代码就声明了一个继承于 EventArgs 类的 Args 派生类,该类带有 Name 和 Number 两个属性。

```
public class Args : EventArgs
{
    //声明字段变量
    private string _name;
    private int _num;
    public string Name          //商品名称属性
    {
        set { _name = value; }
        get { return _name; }
    }
    public int Number           //商品数量属性
    {
        set { _num = value; }
        get { return _num; }
    }
}
```

下列语句声明了一个名为 GoodsDelegate、带有两个参数的委托。

```
public delegate void GoodsDelegate(object sender, Args arg);
```

下列语句声明了一个 Buy(购买)事件,这样在事件触发时就可以通过 Args 类型的参数 arg,在事件处理程序中得到与事件相关的商品名称(arg.Name)和数量(arg.Number)。

```
public event Buy PriceChanged;
```

【演练 6-3】 设计一个 Windows 应用程序,程序启动后显示如图 6-4 所示的界面,单击"开始"按钮后屏幕上将显示如图 6-5 所示的信息,表示通过多少次循环才使随机数 7 第 8 次出现。

图 6-4 程序启动时的界面　　　　　　　　图 6-5 事件处理程序执行结果

程序设计要求如下。

1)声明一个名为 IsEndDelegate 的委托,该委托带有一个 EventArgs 类型的参数。

2)声明一个与 IsEndDelegate 委托关联的、名为 IsEnd 的事件及事件触发方法 ActiveEvent(),该方法带有一个 EventArgs 类型的参数 arg。

3)单击"开始"按钮,通过循环产生一组 1~9 的随机整数。如果随机数 7 出现了 8 次,则触发 IsEnd 事件并将全部循环次数作为参数传递给事件处理程序 ShowMsg()。

程序设计步骤如下。

(1)设计程序界面

新建一个 Windows 应用程序项目,向窗体中添加一个标签控件 label1 和一个按钮控件 button1。适当调整各控件的大小及位置。

（2）设置对象属性

设置标签控件 label1 的 Text 属性为"请单击'开始'按钮"，Name 属性为 lblInfo；设置按钮控件 button1 的 Name 属性为 btnBegin，Text 属性为"开始"。

（3）编写程序代码

在窗体类框架（class Form1）中声明继承于 EventArgs 类的 Args 派生类，代码如下。

```
public class Args : EventArgs            //声明事件参数类
{
    private int _num;
    public int Number                    //循环次数属性
    {
        set { _num = value; }
        get { return _num; }
    }
}
public delegate void IsEndDelegate(Args arg);       //声明委托 IsEndDelegate
public event IsEndDelegate IsEnd;                   //定义 IsEnd 事件
protected void ActiveEvent(Args arg)                //声明触发事件的方法 ActiveEvent()
{
    //如果事件已经注册，则通过委托调用方法的方式通知事件订阅者
    if (IsEnd != null)
    {
        IsEnd(arg);
    }
}
public void ShowMsg(Args arg)            //IsEnd 事件的事件处理程序
{
    LabelInfo.Text = "循环 " + arg.Number.ToString() + " 次时，产生了第 8 个随机数 7";
}
```

窗体装入时执行的事件处理程序代码如下。

```
private void Form1_Load(object sender, EventArgs e)
{
    this.Text = "使用事件参数示例";
}
//声明随机数对象
Random rd = new Random();
```

"开始"按钮被单击时执行的事件处理程序代码如下。

```
private void btnBegin_Click(object sender, EventArgs e)
{
    int i = 0;              //用于保存循环次数
    int j = 0;              //用于保存出现随机数 7 的次数
    while(true)             //建立一个死循环，只能通过 break 语句退出循环
    {
        i = i + 1;
        if(rd.Next(1, 10) == 7)
        {
            j = j + 1;
            if (j == 8)     //如果第 8 次出现随机数 7，触发 IsEnd 事件
```

```
            {
                Args arg = new Args();
                arg.Number = i;
                //订阅事件并指定事件处理程序
                IsEnd += new IsEndDelegate(ShowMsg);
                ActiveEvent(arg);              //触发 IsEnd 事件
                break;                         //跳出循环
            }
        }
    }
}
```

6.3.4 了解控件的预定义事件

Visual Studio 中为多数控件都预定义了很多事件，如按钮被单击（button1_Click）、文本框中的文字被改变（textbox1_Changed）等。开发人员创建这些事件时，往往仅需要双击控件即可由系统自动完成相关代码的生成，并将代码写入以 Designer.cs 为扩展名的文件中。

例如，已为窗体上的按钮控件 button1 添加了 Click 事件，在解决方案资源管理器中打开以 Designer.cs 为扩展名的文件，单击其中"Windows 窗体设计器生成的代码"一行左侧的"+"将其展开，可以看到在关于 button1 控件的定义中有如下一行代码。

```
this.button1.Click += new System.EventHandler(this.button1_Click);
```

不难看出，代码中的 Click 为事件名称，EventHandler 为委托名称，this.button1_Click 为事件处理程序。右击代码中的 EventHandler 委托，在弹出的快捷菜单中选择"转到定义"命令，会看到该委托的定义代码如下。

```
public delegate void EventHandler(object sender, EventArgs e);
```

可以看到 EventHandler 是一个没有返回值但有两个参数的委托。object 类型参数 sender 表示触发事件的对象，如果是 button1 被单击触发了 Click 事件，那么 sender 就是 button1。EventArgs 类型参数 e 用于传递事件的细节和数据。

除此之外，在 Form1 类中还可以看到由系统自动创建的事件处理程序框架代码如下：

```
private void button1_Click(object sender, EventArgs e)
{
    //事件处理程序的代码
}
```

综上所述，无论是自定义事件还是预定义事件，都必须由定义委托、定义事件和事件处理程序三大部分组成，理解了三者之间的关系及相关概念后，就能对事件有更好的理解。

6.4 实训 接口、委托和事件的应用

6.4.1 实训目的

理解接口、接口的继承及接口的实现的概念，掌握接口的声明、创建子接口及创建子类的方法。理解基接口、子接口和子类之间的关系及作用。

掌握声明委托、通过委托声明事件、创建事件触发方法、创建事件处理程序，以及在应

用程序中订阅和触发事件的编程方法。

本实训中使用了一个 TabControl 控件，用于以选项卡的形式显示不同的操作界面。要求掌握该控件的常用属性及使用方法。

6.4.2 实训要求

使用接口、子接口和子类设计一个员工津贴计算程序。程序启动后显示如图 6-6 所示的界面，在"教师"选项卡中填写姓名，选择性别，选择职称，然后单击"确定"按钮，在窗体下方将显示包括津贴值在内的相关信息。选择"工人"选项卡，打开如图 6-7 所示的界面。在填写姓名、选择性别、填写工龄后单击"确定"按钮，在窗体下方将显示包括津贴值在内的相关信息。

图 6-6 根据职称计算教师津贴 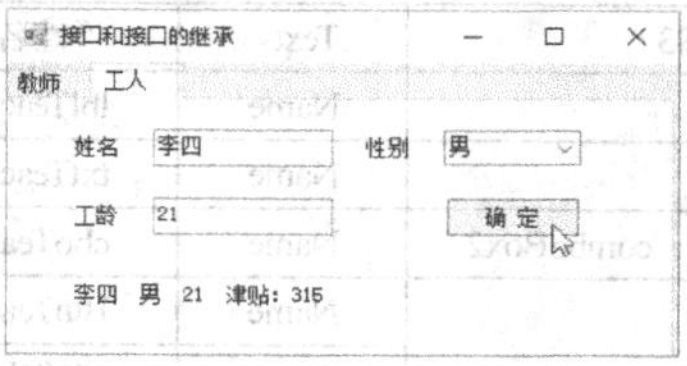　　　　图 6-7 根据工龄计算工人津贴

具体要求如下。

1）声明一个名为 IEmployee 的接口，该接口包含 Name（姓名）、Sex（性别）两个属性和一个名为 SubSidy()（用于计算员工津贴值）的方法。

2）声明两个继承于 IEmployee 接口的子接口：ITeacher 和 IWorker。在 ITeacher 中新增一个用于表示教师职称的 Post 属性，在 IWorker 中新增一个用于表示工人工龄的 WorkingYear 属性。在这两个子接口中分别重写继承于 IEmployee 接口的 SubSidy()方法。

3）声明两个分别继承于 ITeacher 和 IWorker 接口的类 Teacher、Worker，在类中分别实现 IEmployee、ITeacher 和 IWorker 中定义的属性和方法。

教师津贴按职称计算：教授 1200，副教授 800，讲师 500，助教 300。

工人津贴按工龄计算：津贴 = 工龄×15

4）在 Worker 类中要求创建一个用于检查用户输入的工龄值是否合法的 CheckNum()方法。若输入值不能转换为 int 类型，方法将返回 false，否则返回 true。

5）在 Worker 类中声明一个委托 IsFalseDelegate，通过该委托声明一个 IsFalse 事件及其事件触发方法 ActiveEvent()，使得用户输入的工龄值大于 50 时触发 IsFalse 事件，并调用 BackError()事件处理程序弹出如图 6-8 所示的信息框，提醒用户输入可能有错。

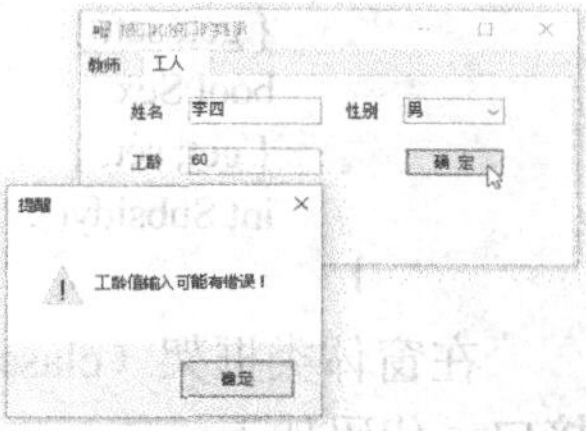

6.4.3 实训步骤

图 6-8 触发 IsFalse 事件

1. 设计程序界面

新建一个 Windows 应用程序项目，向窗体中添加一个选项卡控件 tabControl1，控件默认带有两个选项卡 tabPage1 和 tabPage2。操作时，单击任何一个选项卡以外的区域可选中 TabControl 控件，单击选项卡标签可在两个选项卡之间切换，单击某选项卡内部区域可选中该个选项卡。若希望添加或删除 TabControl 控件中的选项卡、修改选项卡标题文本或其他细节属性，可通过控件的 TabPages 属性进行设置。

在第 1 个选项卡 tabPage1 中添加 4 个标签控件 label1～label4，两个组合框控件 comboBox1、comboBox2，1 个文本框控件 textBox1，以及 1 个按钮控件 button1。

在第 2 个选项卡 tabPage2 中添加 4 个标签控件 label5～label8，1 个组合框控件 comboBox1，2 个文本框控件 textBox2、textBox3 和 1 个按钮控件 button2。适当调整各控件的大小及位置。

2. 设置对象属性

各控件的初始属性设置如表 6-1 所示。

表 6-1 各控件的初始属性设置

控件	属性	值	说 明
label1～label3	Text	"姓名""性别""职称"	为文本框显示输入提示信息
label4	Name	lblTeacherInfo	标签在程序中使用的名称
textBox1	Name	txtTeacherName	文本框在程序中使用的名称
comboBox1～comboBox2	Name	cboTeacherSex、ComboPost	组合框在程序中使用的名称
button1	Name	BtnTeacher	命令按钮在程序中使用的名称
	Text	"确定"	按钮控件上显示的文本
label5～label7	Text	"姓名""性别""工龄"	为文本框显示输入提示信息
label8	Name	lblWorkerInfo	标签在程序中使用的名称
textBox2～textBox3	Name	txtWorkerName、txtWorkingYear	文本框在程序中使用的名称
comboBox3	Name	cboWorkerSex	组合框在程序中使用的名称
button2	Name	btnWorker	命令按钮在程序中使用的名称
	Text	"确定"	按钮控件上显示的文本
tabPage1～tabPage2	Text	"教师""工人"	选项卡上显示的标题文本

控件的其他属性值将在程序运行时通过代码进行设置。

3. 编写程序代码

在窗体类框架（class Form1）中定义基接口 IEmployee（员工），代码如下。

```
interface IEmployee          //省略访问修饰符表示访问类型为 private
{
    string Name              //定义 IEmployee 接口的 Name 属性
    { get; set; }
    bool Sex                 //定义接口的 Sex 属性
    { get; set; }
    int Subsidy();           //定义接口的 Subsidy()方法（计算津贴）
}
```

在窗体类框架（class Form1）中定义继承于 IEmployee（员工）接口的 ITeacher（教师）接口，代码如下。

```
interface ITeacher : IEmployee
{
    string Post              //添加新属性 Post（职称）
    { get; set; }
    new int Subsidy();       //重写 Subsidy()方法
}
```

在窗体类框架（class Form1）中定义继承于 IEmployee（员工）接口的 IWorker（工人）接口，代码如下。

130

```
interface IWorker : IEmployee
{
    int WorkingYear           //添加新属性 WorkingYear（工龄）
    { get; set; }
    new int Subsidy();        //重写 Subsidy()方法
}
```

在窗体类框架（class Form1）中创建继承于 ITeacher 接口的 Teacher 类，代码如下。

```
class Teacher:ITeacher
{
    string _name;
    bool _sex;
    string _post;
    //封装私有字段，从而实现从接口继承的属性成员
    public string Name
    {
        get { return _name; }
        set { _name = value; }
    }
    public bool Sex
    {
        get { return _sex; }
        set { _sex = value; }
    }
    public string Post
    {
        get { return _post; }
        set { _post = value; }
    }
    public int Subsidy()              //实现根据职称计算津贴的 Subsidy()方法
    {
        int s = 0;
        switch (Post)
        {
            case "教授":
                s = 1200;
                break;
            case "副教授":
                s = 800;
                break;
            case "讲师":
                s = 500;
                break;
            case "助教":
                s = 300;
                break;
        }
        return s;
    }
}
```

在窗体类框架（class Form1）中创建继承于 IWorker 接口的 Worker 类，代码如下。

```
class Worker:IWorker
{
    string _name;
    bool _sex;
    int _year;
    //封装私有字段，从而实现从接口继承的属性成员
    public string Name
    {
        get { return _name; }
        set { _name = value; }
    }
    public bool Sex
    {
        get { return _sex; }
        set { _sex = value; }
    }
    public int WorkingYear
    {
        get { return _year; }
        set { _year = value; }
    }
    public int Subsidy()                    //实现根据工龄计算津贴的 Subsidy()
    {
        return WorkingYear * 15;            //津贴 = 工龄 * 15
    }
    //用于检查用户输入的工龄是否可转换为 int 类型的方法
    public bool CheckNum(string num)
    {
        int y;
        if (!int.TryParse(num, out y))
        {
            return false;
        }
        else
        {
            return true;
        }
    }
    public delegate void IsFalseDelegate();  //声明 IsFalseDelegate 委托
    //通过 IsFalseDelegate 委托声明事件 IsFalse
    public event IsFalseDelegate IsFalse;
    //ActiveEvent 方法从调用语句中接收一个 string 类型的参数（用户输入的工龄值）
    public void ActiveEvent(string val)      //触发 IsFalse 事件的方法
    {
        if (int.Parse(val) > 50)             //如果工龄值大于 50
        {
            IsFalse();                       //触发事件
        }
    }
    public void BackError()                  //IsFalse 事件的事件处理程序
    {
```

```
            MessageBox.Show("工龄值输入可能有错误！","提醒",MessageBoxButtons.OK,
                    MessageBoxIcon.Warning);
        }
    }
```
窗体装入时执行的事件处理程序代码如下。
```
    private void Form1_Load(object sender, EventArgs e)
    {
        this.Text = "接口和接口的继承";
        cboTeacherSex.Items.Add("男");          //为各组合框添加供选项
        cboTeacherSex.Items.Add("女");
        cboTeacherSex.Text = "男";
        cboPost.Items.Add("教授");
        cboPost.Items.Add("副教授");
        cboPost.Items.Add("讲师");
        cboPost.Items.Add("助教");
        cboPost.Text = "教授";
        cboWorkerSex.Items.Add("男");
        cboWorkerSex.Items.Add("女");
        cboWorkerSex.Text = "男";
        lblTeacherInfo.Text = "";
        lblWorkerInfo.Text = "";
    }
```
"教师"选项卡中的"确定"按钮被单击时执行的事件处理程序代码如下。
```
    private void btnTeacher_Click(object sender, EventArgs e)
    {
        if (txtTeacherName.Text == "")
        {
            MessageBox.Show("请输入教师姓名！","出错", MessageBoxButtons.OK,
                    MessageBoxIcon.Warning);
            return;
        }
        Teacher t = new Teacher();          //实例化一个 Teacher 类对象 t
        t.Post = cboPost.Text;              //为对象的各属性赋值
        t.Name = txtTeacherName.Text;
        if (cboTeacherSex.Text == "男")
        {
            t.Sex = true;
        }
        else
        {
            t.Sex = false;
        }
        //调用教师的津贴计算方法 Subsidy()计算津贴值
        string s = t.Subsidy().ToString();
        string tsex;
        if(t.Sex)
        {
            tsex = "男";
        }
        else
        {
```

```csharp
            tsex = "女";
        }
        //输出计算结果
        lblTeacherInfo.Text = t.Name + "    " + tsex + "    " + t.Post +
                              "    津贴：" + t.Subsidy().ToString();
    }
```

"工人"选项卡中的"确定"按钮被单击时执行的事件处理程序代码如下。

```csharp
    private void btnWorker_Click(object sender, EventArgs e)
    {
        if (txtWorkerName.Text == "" || txtWorkingYear.Text == "")
        {
            MessageBox.Show("姓名和工龄值不能为空！", "出错", MessageBoxButtons.OK,
                            MessageBoxIcon.Warning);
            return;
        }
        Worker w = new Worker();          //实例化一个 Worker 类对象 w
        //调用 Worker 类的 CheckNum()方法检查用户输入的工龄值是否合法
        if(w.CheckNum(txtWorkingYear.Text) == false)
        {
            MessageBox.Show("工龄值数据格式不正确！", "出错", MessageBoxButtons.OK,
                            MessageBoxIcon.Warning);
            return;
        }
        //订阅 IsFalse 事件，并指定事件处理程序
        w.IsFalse += new Worker.IsFalseDelegate(w.BackError);
        //调用事件触发方法 ActiveEvent 使事件无条件触发，并将用户输入的工龄值作为参数传递
        w.ActiveEvent(txtWorkingYear.Text);
        w.Name = txtWorkerName.Text;
        w.WorkingYear = int.Parse(txtWorkingYear.Text);
        if (cboWorkerSex.Text == "男")
        {
            w.Sex = true;
        }
        else
        {
            w.Sex = false;
        }
        string s = w.Subsidy().ToString();
        string wsex;
        if(w.Sex)
        {
            wsex = "男";
        }
        else
        {
            wsex = "女";
        }
        //输出结算结果
        lblWorkerInfo.Text = w.Name + "    " + wsex + "    " + w.WorkingYear.ToString() +
                             "    津贴：" + w.Subsidy().ToString();
    }
```

第7章 泛 型

在编写程序时，经常会遇到两个模块的功能非常相似，只是一个用来处理某种类型的数据，而另一个用来处理其他类型的数据。由于 C#是强类型程序设计语言，对数据类型及其转换有严格的规定，若使用通用类型（object）又会占用较多资源（需要执行装箱和拆箱操作），所以此时只能分别编写出多个方法，分别去处理每种数据类型，降低了代码的利用率。

为了解决这一问题，.NET Framwork 2.0 以上版本推出了泛型的概念。使用泛型可以通过将类型作为参数传递的方式实现在同一段代码中操作多种数据类型的目的，最大限度地重用了代码，提高了程序的运行效率。

7.1 泛型的概念

泛型（Generic）是一种更加抽象的数据类型，用于克服数据类型的局限性，使用泛型后，再也无须针对诸如浮点数、整数、字符或字符串等数据重复编写几乎完全相同的代码，以达到代码复用、提高应用程序开发及运行效率的目的。

7.1.1 泛型的特点

泛型最显著的特点是可重用性、高效率和类型安全。所谓"类型安全"，是指编译时能检测数据类型是否匹配，以避免在程序运行时出现错误。

1. 可重用性

在定义泛型类型时，可以不指明数据类型这一特性使得代码的重用性大大提高。例如，用于交换两个数的方法 Swap()，如果将该方法的参数定义为泛型，那么，在调用 Swap()方法时，传递的实参可以是整数、浮点数或字符串等数据类型，而无须再根据要比较的类型不同，再定义多个Swap()方法的重载形式，提高了代码的重用性。

2. 高效率

使用泛型编程，程序的执行效率较高。为了实现通用化操作，C#中的值类型与引用类型间的转换，是通过值类型与通用类型（object）之间进行强制转换来实现的，这对程序的运行效率有明显的影响。

例如，非泛型集合类 ArrayList，无须进行修改即可用来存储任何引用或值类型数据。但是程序的执行效率却十分低下。下面通过一段代码来解释该问题。

```
ArrayList ListScore = new ArrayList();    //实例化 ArrayList
ListScore.Add(88);                        //增加一项
int score=(int) ListScore[0];             //读取第一项，并赋给整型变量
```

ArrayList 集合虽然很容易实现存取各种类型数据，但这种方便是需要付出代价的。添加到 ArrayList 中的任何引用或值类型都将隐式地向上强制转换为 object 类型。如果某一项是值类型，则必须在将其添加到列表中时进行装箱操作，在检索读取时进行拆箱操作。强制转换及装箱和拆箱操作都会降低性能。在需要对大型集合进行循环访问的情况下，装箱和拆箱的影响将是非常明显的。

泛型在定义时并没有指明数据类型，而是在使用时才定义数据类型，因此编译器在编译时直接生成使用时指定的类型，不再进行装箱和拆箱操作，从而大大提高了程序的运行效率。

3. 类型安全

泛型的另一个特性是类型安全。下面还以非泛型集合类 ArrayList 为例，阐述类型安全的特点。可以向 ArrayList 集合类中添加任意类型的元素，ArrayList 将把所有项都强制转换为 object 类型，所以在编译时无法防止客户端提供不能成功转换的代码。

例如，向 ArrayList 集合类中添加一个整数、一个字符串和一个 MyClass 类型的对象，遍历元素，并将结果显示在标签 label1 中，代码如下。

```
ArrayList list = new ArrayList();       //实例化 ArrayList
list.Add(12);                           //添加整型
list.Add("张三");                        //添加字符串类型
list.Add(new MyClass());                //添加 MyClass 类型
foreach(int i in list)                  //编译时程序出错
{
    label1.Text = label1.Text + i;
}
```

上述代码没有任何语法错误，但是编译时会出现异常，因为并非集合中的所有对象都能转换为 int 类型（字符串"张三"和 MyClass 类对象都无法转换成 int 类型数据）。

如果使用泛型集合，则会对所存储的对象的类型进行约束，不合乎要求的类型是无法添加到泛型集合中的，因此泛型具有类型安全的特点。

7.1.2 泛型类的声明和使用

泛型与 C#中其他自定义类型一样需要"先声明，后使用"，并且在为泛型指定名称时也应遵循一定的规则。

1. 泛型类的声明

泛型类的声明与其他类的声明方法相似，只需在声明普通类的声明语句后面增加一个尖括号括起来的泛型占位符即可。例如，下列代码声明了一个泛型类 TGenericClass。

```
public class TGenericClass<T>
{
    类体代码;
}
```

其中，T 为泛型占位符（也可以定义成其他任意合法的标识符），表示一个假设的类型。在定义了泛型类后，默认情况下 T 可以是任意数据类型，所以可以用实际的数据类型代替 T 来声明某个实际要使用的类型。

需要说明的是，对于同一个泛型定义，不同的类型作为参数所产生的新类型是不相同的。例如，下列代码中的 IntGeneric 和 StrGeneric 分别是 TGenericClass 在 int 和 string 上的两个实例，它们属于不同的类型。

```
TGenericClass<int> IntGereric;
TGenericClass<string> StrGeneric;
```

当泛型类需要多个参数时，各参数之间应使用","分隔，但占位符名称不能相同，而且所有参数都应书写在"<>"之内。举例如下。

```
class TMyGerneric1<T, X>        //带有 2 个参数的泛型类
```

```
class TMyGerneric2<T, X, Y>      //带有 3 个参数的泛型类
```

如果在定义泛型时使用的参数类型是实现了特定接口的类型，则可以通过 where 关键字指定参数类型的父类型或接口。其语法格式为

[访问修饰符] class 泛型类名称<T> where T: 父类名称或接口名称
    {
        类体代码;
    }

需要注意的是，所有作为参数的类都必须是这个类的子类或实现了指定的接口。

例如，下列代码中的 where 要求 T 必须都是实现了 IComaparable 接口的类型，所以 TGenString 和 TGenInt 都是正确的，因为 string 类型和 int 类型都实现了 IComaparable 接口。由于 object 类型不支持 IComaparable 接口，故 TGenObj 的声明是错误的。

```
class TGenClass<T> where T: IComaparable
{
    类体代码;
}
TGenClass<string> TGenString;    //string 类型实现了 IComaparable 接口，正确
TGenClass<int> TGenInt;          // int 类型实现了 IComaparable 接口，正确
TGenClass<object> TGenObj;       //object 类型未实现 IComaparable 接口，错误
```

在 C#中，除了可以创建泛型类之外，还可以创建泛型方法、泛型接口和泛型集合等，而且它们的声明方式与泛型类的声明方式基本相同。

2．泛型的命名约定

为了在程序中方便地区分泛型和非泛型类型，需要对泛型命名法则进行以下约定。

1）泛型类型的名称在程序中变量较多时可用字母 T 作为前缀加以区别。

2）如果没有特殊的要求，泛型类型名称允许使用任意合法标识符，如果程序中只使用了一个泛型类型，则一般可使用字符 T 作为泛型类型的名称。

3）如果泛型类型有特定的要求（如必须实现一个派生于基类的接口），或者使用了两个或多个泛型类型，就应给泛型类型指定描述性名称。

3．使用泛型

通常，在需要对多种数据类型进行操作，而且在编写代码时不知道有哪些类型需要进行该操作，也不知道将会有多少类型需要支持这样的操作，为了提高代码的复用率，此时可以考虑使用泛型。

【演练7-1】 设计一个泛型类 DisplayAll<T>，该类具有一个泛型属性 Value 和一个构造函数。在窗体装入事件中编写程序为泛型属性 Value 赋以不同类型的值，并通过标签控件显示其数据类型和值。程序运行结果如图 7-1 所示。程序设计步骤如下。

（1）设计程序界面

新建一个 Windows 应用程序，向窗体中添加一个标签控件 label1，适当调整控件的大小及位置。

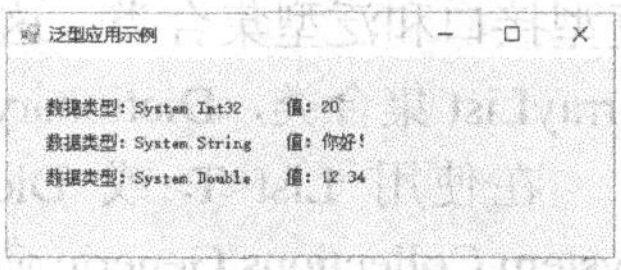

（2）设置对象属性

设置标签控件 label1 的 Name 属性为 Label1。

图 7-1 程序运行结果

（3）编写程序代码

在窗体类（class Form1）框架中声明泛型类 TDisplayAll<T>的代码如下。

```csharp
class TDisplayAll<T>
{
    private T _value;
    public T Value                          //声明 Value 属性
    {
        get { return _value; }
        set { _value = value; }
    }
    public TDisplayAll(T val)               //声明构造函数
    {
        _value = val;
    }
}
```

窗体装入时执行的事件处理程序代码如下。

```csharp
private void Form1_Load(object sender, EventArgs e)
{
    this.Text = "泛型应用示例";
    lblOutput.Text = "";
    //声明 TDisplayAll 类的 int 类型实例,并为 Value 属性赋值 20
    TDisplayAll<int> TGenInt = new TDisplayAll<int>(20);   //实例化时才确定数据的类型
    //输出 Value 属性的类型及字符串格式的值
    lblOutput.Text = "数据类型:" + TGenInt.Value.GetType() + "    值:" +
                    TGenInt.Value.ToString() + "\n\n";
    //声明 TDisplayAll 类的 string 类型实例,并为 Value 属性赋值"你好!"
    TDisplayAll<string> TGenString = new TDisplayAll<string>("你好!");
    lblOutput.Text = lblOutput.Text + "数据类型:" + TGenString.Value.GetType() +
                    "    值:" + TGenString.Value.ToString() + "\n\n";
    //声明 DisplayAll 类的 double 类型实例,并为 Value 属性赋值 12.34
    TDisplayAll<double> TGenDouble = new TDisplayAll<double>(12.34);
    lblOutput.Text = lblOutput.Text + "数据类型:" + TGenDouble.Value.GetType() +
                    "    值:" + TGenDouble.Value.ToString();
}
```

说明:因本例中需要输出的数据类型并不确定,故采用泛型类 TDisplayAll<T>来处理。设置泛型属性 Value 的目的在于,使其可以存储任意类型的数据。从本例中可以清楚地看到只有在泛型类被实例化时才确定数据的类型,而且类型是作为参数来传递的,这就可以确保泛型类 TDisplayAll<T>对任何数据类型的通用性。

7.2 泛型集合

在.NET Framework 2.0 及以后版本的 System.Collections.Generic 命名空间中包含有大量的泛型接口和泛型集合类。这些集合类用于替代非泛型集合类,例如,List<T>集合类用于替代 ArrayList 集合类,Dictionary<T>集合类用于替代 HashTable 集合类。

在使用 List<T>或 Dictionary<T>泛型集合时,应注意是否已在应用程序中添加了对 System.Collections.Generic 命名空间的引用。

7.2.1 List<T>泛型集合类

List<T>泛型集合与 ArrayList 集合十分相似,它表示一组可通过索引访问的对象的强类型列表,提供用于对列表进行搜索、排序和操作的方法。

1. 创建 List<T>集合

与 ArrayList 集合类相似,泛型集合 List<T>类在使用时也需要使用 new 关键字创建其实例,语法格式为

　　　　　List<数据类型> 对象名称 = new List<数据类型>([泛型集合的容量]);

例如,下列语句声明了一个名为 Score 的 List<T>泛型集合对象,并指定数据类型为整型(int)。

　　　　　List<int> Score = new List<int>();　　　　//省略了泛型集合的容量

需要说明的是,上述语句创建的 List<T>泛型集合实例为空,且具有默认容量(0)。

2. List<T>的常用方法

用于操作 List<T>泛型集合的方法有很多,但大多数与 ArrayList 集合的方法相同,这里不再赘述。举例如下。

```
List<string> list = new List<string>    //实例化泛型集合 list
list.Add("zhangsan");                   //向 list 中添加一个项"zhangsan"
list.Insert(0, "lisi");                 //在 list 索引位置为 0 处插入一个项"lisi"
list.Remove("zhangsan");                //从 list 中移除"zhangsan"项
```

表 7-1 中列出的是专门用于在 List<T>泛型集合中实现查询功能的一些方法。

表 7-1　用于在 List<T>泛型集合中查询数据的方法

方 法 名	说　　明
Find(match)	查找与指定条件相匹配的元素,并返回整个 List 中的第一个匹配元素
FindAll(match)	查找与指定条件匹配的所有元素
FindIndex(match)	查找与指定条件相匹配的元素,返回 List 或它的一部分中第一个匹配项的从零开始的索引
FindLast(match)	查找与指定条件相匹配的元素,并返回整个 List 中的最后一个匹配元素
FindLastIndex(match)	查找与指定条件相匹配的元素,返回 List 或它的一部分中最后一个匹配项的从零开始的索引

说明:

1)match 参数是一个 Predicate<T>类型的委托,用于指明使用哪个方法来确定是否满足条件。如果传递给它的对象与委托中定义的条件匹配,则该方法返回 true。

2)在 C#和 Visual Basic 中,不必显式创建 Predicate<T>委托,这些语言能通过上下文推知正确的委托,并自动创建委托。

【演练 7-2】 泛型集合 List<T>的 FindAll()方法使用示例。要求使用 FindAll()方法从泛型集合中筛选出隶属于某部门的所有用户。

如图 7-2 所示,在输入了"姓名",选择了"部门"后,单击"添加"按钮,则将若干测试数据添加到列表框控件中。

如图 7-3 所示,在选择了"部门"名称后单击"按部门查询"按钮,可将所有符合条件的数据显示到列表框控件中;若查询条件选择了"全部",则显示所有已添加到 List<T>中的数据。

　　图 7-2　添加测试数据

　　图 7-3　按部门查询数据

程序设计步骤如下。
(1) 设计程序界面

新建一个 Windows 应用程序,向窗体中添加 2 个标签控件 label1~label2、1 个文本框控件 textBox1、1 个组合框控件 comboBox1、2 个按钮控件 button1~button2 和 1 个列表框控件 listBox1。适当调整各控件的大小和位置。

(2) 设置对象属性

设置标签 label1、label2 的 Text 属性分别为"姓名"和"部门";设置文本框 textBox1 的 Name 属性为 txtName;设置组合框 comboBox1 的 Name 属性为 cboUnit;设置按钮 button1 的 Name 属性为 btnAdd,Text 属性为"添加",设置按钮 button2 的 Name 属性为 btnQuery,Text 属性为"按部门查询";设置列表框 listBox1 的 Name 属性为 lstInfo。

(3) 编写程序代码

```
//由于泛型集合 TList 中的数据需要在多个事件处理程序中使用,故需要将其声明为窗体级对象
List<string> TList = new List<string>();      //在 class Form1 框架中声明泛型集合 TList
```

窗体装入时执行的事件处理代码如下。

```
private void Form1_Load(object sender, EventArgs e)
{
    this.Text = "FindAll()方法示例";
    cboUnit.Items.Add("全部");              //为组合框添加供选项
    cboUnit.Items.Add("教务处");
    cboUnit.Items.Add("学生处");
    cboUnit.Items.Add("财务处");
    cboUnit.Text = "教务处";
    cboUnit.DropDownStyle = ComboBoxStyle.DropDownList;   //设置组合框为"下拉列表框"
}
```

为 FindAll(match)方法创建用于判断查询条件是否满足的 IsInclude()方法,代码如下。

```
//该方法对应于 FindAll(match)中的 match
private static bool IsInclude(string s)       //参数 s 用于接收泛型集合中的各元素
{
    //如果泛型集合元素中包含下拉列表框中用户选择的域名或用户选择了"全部"选项
    if (s.IndexOf(cboUnit.Text, 0) != -1 || cboUnit.Text == "全部")
    {
        return true;       //表示匹配成功
    }
    else
    {
        return false;
    }
}
```

"添加"按钮被单击时执行的事件处理程序代码如下。

```
private void btnAdd_Click(object sender, EventArgs e)
{
    if (txtName.Text != "" && cboUnit.SelectedItem.ToString() != "全部")
    {
        //将数据(姓名、部门)添加到列表框中
        lstInfo.Items.Add(txtName.Text.PadRight(4) + cboUnit.SelectedItem);
```

```csharp
            //将数据添加到列表框的同时保存到泛型集合 TList 中
            TList.Add(txtName.Text.PadRight（4）+ cboUnit.SelectedItem);
            txtName.Text = "";
            txtName.Focus();
        }
```

"按部门查询"按钮被单击时执行的事件处理程序代码如下。

```csharp
        private void btnQuery_Click(object sender, EventArgs e)
        {
            lstInfo.Items.Clear();              //清除列表框中的数据
            //按照 IsInclude()方法指定的条件，返回泛型集合中所有符合条件的元素
            List<string> sublist = TList.FindAll(IsInclude);
            foreach (string user in sublist)    //将查询结果显示到列表框中
            {
                lstInfo.Items.Add(user);
            }
        }
```

说明：执行语句"List<string> sublist = TList.FindAll(IsInclude);"时，系统会依次将泛型集合 TList 中的所有元素值传递给 IsInclude()方法，若返回值为 true，则将该元素存放在泛型集合 sublist（筛选结果）中，否则丢弃。

3. List<T>与 ArrayList 的比较

在决定使用 List<T>泛型集合类还是使用 ArrayList 类（两者具有类似的功能）时，应注意 List<T>泛型集合类在大多数情况下执行得更好并且是类型安全的。如果对 List<T>泛型集合类的类型使用引用类型，则两个类的行为是完全相同的。但是，如果对类型使用值类型，则建议尽量使用 List<T>泛型集合类。

综上所述，List<T>泛型集合与 ArrayList 类似，只是 List<T>无须类型转换，它们的相同点与不同点如表 7-2 所示。

表 7-2　List<T>与 ArrayList 的区别

异同点	List<T>	ArrayList
不同点	对所保存元素做类型约束	可以增加任何类型
	添加/读取无须拆箱和装箱	添加/读取需要拆箱和装箱
相同点	通过索引访问集合中的元素	
	添加、删除元素的方法及其他众多操作方法都相同	

7.2.2　Dictionary<K,V>泛型集合类

Dictionary<K,V> 泛型集合的作用与 List<T>泛型集合十分相似，唯一的不同是 Dictionary<K,V>泛型集合采用 Key/Value 对（键/值对）来保存数据，相当于为 List<T>泛型集合中各元素值增加一个"编号"字段，以保证无论该元素处于什么位置都能快速找到它。

1. 创建 Dictionary<K,V>泛型集合

与本教材第 5 章中介绍过的 HashTable 相似，泛型集合 Dictionary<K,V>在使用时也需要使用 new 关键字创建类的实例，其语法格式为

　　Dictionary<键类型,值类型> 对象名 = new Dictionary<键类型,值类型>();

例如，下列代码创建了一个名为 Students 的 Dictionary<K,V>的泛型集合类对象。该对象以学生信息中的学号（string）为键类型，以学生信息类（StuInfo）为值类型。

　　　　Dictionary<string, StuInfo> Students = new Dictionary<string, StuInfo>();

其中，StuInfo 是一个表示学生信息的自定义类，包含姓名、班级、年龄、电话号码和家庭住址等属性。

向 Dictionary<K,V>泛型集合中添加、删除、修改、查询元素的方法与 HashTable 的对应方法相同，这里不再赘述。

2. 使用 Dictionary<K,V>泛型集合

【演练 7-3】 使用 Dictionary<K,V>泛型集合设计一个简易的学生信息管理程序。具体要求如下。

1）程序启动后显示如图 7-4 所示的界面，使存放在 Dictionary<K,V>泛型集合中的数据全部显示到数据表格控件 DataGridView 中。在查询文本框中显示浅灰色文字提示"请输入学号"，当文本框得到焦点（插入点光标）时，提示文字自动消失。失去焦点时，若文本框为空则重新显示浅灰色提示文字"请输入学号"。

2）如图 7-5 所示，用户在查询文本框中输入学号后，单击"查询"按钮，将筛选出指定记录。文本框中未输入要查询的学号值时单击"查询"按钮，将在数据表格控件中显示所有记录。

图 7-4　程序运行时的初始界面

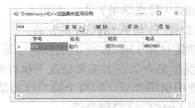
图 7-5　根据学号查询指定的记录

3）如图 7-6 所示，用户在查询文本框中输入学号后，单击"删除"按钮，可从数据列表中删除对应于该学号的记录。

4）如图 7-7 所示，用户在查询文本框中输入学号后，单击"修改"按钮，在窗体的下方将显示出修改、添加数据区，并在各文本框中显示指定学号对应的各项数据。用户在修改了相应数据后单击"确定"按钮，在数据表格控件中将显示更新后的新数据，修改、添加数据区随之隐藏。单击"取消"按钮将放弃修改操作，返回到初始界面。本例中学号作为核心字段不允许用户修改。

图 7-6　删除记录

图 7-7　修改记录

5）如图 7-8 所示，用户单击"添加"按钮后，在窗体的下方可显示出空白的修改、添加数据区。填写完新记录的各项数据后单击"确定"按钮，新记录将被追加到数据表格控件中，修改、添加数据区随之隐藏。单击"取消"按钮将放弃添加操作，返回到初始界面。

程序设计步骤如下。

（1）设计程序界面

新建一个 Windows 应用程序项目，按照图 7-9 所示向窗体中添加 1 个文本框控件 txtBox1、4 个按钮控件 button1～button4、1 个数据表格控件 dataGridView1 和 1 个容器控件 panel1。向 panel1 中添加 4 个标签控件 label1～label4、4 个文本框控件 txtBox2～txtBox5 和 2 个按钮控件 button5～button6。适当调整各控件的大小及位置。

图 7-8 添加记录

图 7-9 设计程序界面

（2）设置对象属性

各控件对象的属性设置如表 7-3 所示。

表 7-3 各控件对象的属性设置

控件	属性	值	说明
textBox1	Name	txtKey	查询文本框在程序中使用的名称
button1～button4	Name	btnQuery、btnDel、btnEdit、btnAdd	各按钮在程序中使用的名称
	Text	"查询""删除""修改""添加"	各按钮上显示的文本信息
dataGridView1	Name	dgvStuInfo	数据表格控件在程序中使用的名称
label1～label4	Text	"学号""姓名""班级""电话"	各标签控件上显示的文本信息
textBox2～textBox5	Name	txtNo、txtName、txtClass、txtTel	textBox2～textBox5 在程序中的名称
button5～button6	Name	btnOK、btnCancel	button5～button6 在程序中的名称
	Text	"确定""取消"	button5～button6 上显示的文本信息

（3）编写程序代码

在 Form1 窗体类（Form Class）框架中创建定义学生信息类的代码如下。

```
class StuInfo
{
    private string _no, _name, _class, _tel;    //声明字段变量
    public string StuNo                          //声明学号属性
    {
        get { return _no; }
        set { _no = value; }
    }
    public string StuName                        //声明姓名属性
    {
        get { return _name; }
        set { _name = value; }
    }
    public string StuClass                       //声明班级属性
```

```csharp
        {
            get { return _class; }
            set { _class = value; }
        }
        public string StuTel                //声明电话号码属性
        {
            get { return _tel; }
            set { _tel = value; }
        }
        //为 StuInfo 类声明带参数的构造函数
        public StuInfo(string _no, string _name, string _class, string _tel)
        {
            StuNo = _no;
            StuName = _name;
            StuClass = _class;
            StuTel = _tel;
        }
    }
```

在 Form1 窗体类（Class Form1）框架中声明 Dictionary<K,V>泛型集合类的代码如下。

```csharp
//声明 Dictionary<K,V>集合类对象 StuDic
Dictionary<string, StuInfo> StuDic = new Dictionary<string, StuInfo>();
```

在 Form1 窗体类（Class Form1）框架中创建将数据显示到 DataGridView 控件的方法，代码如下。

```csharp
private void FillGird(Dictionary<string, StuInfo> dic)   //定义没有返回值的 FillGird()方法
{
    if (dgvStuInfo.ColumnCount == 0)                    //如果尚未向 DataGridView 控件中添加列
    {
        //定义 dataGridView 控件中的一个列
        DataGridViewTextBoxColumn col1 = new DataGridViewTextBoxColumn();
        col1.HeaderText = "学号";                        //设置列标题文本
        //设置列数据绑定字段，这里指定绑定到 StuInfo 类的 StuNo 属性
        col1.DataPropertyName = "StuNo";
        col1.Name = "No";
        DataGridViewTextBoxColumn col2 = new DataGridViewTextBoxColumn();
        col2.HeaderText = "姓名";
        col2.DataPropertyName = "StuName";
        col2.Name = "Name";
        DataGridViewTextBoxColumn col3 = new DataGridViewTextBoxColumn();
        col3.HeaderText = "班级";
        col3.DataPropertyName = "StuClass";
        col3.Name = "Class";
        DataGridViewTextBoxColumn col4 = new DataGridViewTextBoxColumn();
        col4.HeaderText = "电话";
        col4.DataPropertyName = "StuTel";
        col4.Name = "Tel";
        dgvStuInfo.Columns.Add(col1);                   //向 DataGridView 控件中添加定义好的列
        dgvStuInfo.Columns.Add(col2);
        dgvStuInfo.Columns.Add(col3);
```

```csharp
            dgvStuInfo.Columns.Add(col4);
    }
            BindingSource bs = new BindingSource();  //声明一个数据绑定源对象 bs
            bs.DataSource = dic.Values;              //将 Dictionary<K,V>集合的值集合赋值给数据绑定源
            //指定 dataGridView 控件的数据源，在控件中显示 Dictionary<K,V>集合的值集合
            dgvStuInfo.DataSource = bs;
}
```

窗体装入时执行的事件处理程序代码如下。

```csharp
        private void Form1_Load(object sender, EventArgs e)
        {
            panel1.Visible = false;                  //隐藏修改、添加数据区
            this.Height = 270;                       //设置窗体的高度
            this.Text = "Dictionary<K,V>泛型集合应用示例";
            txtKey.Text = "请输入学号";               //显示查询文本框的初始提示信息
            txtKey.ForeColor = Color.DarkGray;       //设置查询文本框字体颜色为浅灰色
            //初始化 StuInfo 类对象，每个对象对应一条记录。在实际应用中数据应从数据库中读取
            StuInfo zhang = new StuInfo("0001", "张三", "网络 1001", "1234567");
            StuInfo wang = new StuInfo("0002", "王五", "软件 1001", "2345678");
            StuInfo li = new StuInfo("0003", "李四", "网络 1001", "3456789");
            StuInfo zhao = new StuInfo("0004", "赵六", "软件 1001", "4567890");
            StuDic.Add(zhang.StuNo, zhang);          //为 Dictionary<K,V>集合赋值
            StuDic.Add(wang.StuNo, wang);
            StuDic.Add(li.StuNo, li);
            StuDic.Add(zhao.StuNo, zhao);
            FillGird(StuDic);     //调用 FillGird()方法显示数据到 dataGridView 控件中
        }
```

查询文本框得到焦点时执行的事件处理程序代码如下。

```csharp
        private void txtKey_Enter(object sender, EventArgs e)
        {
            if (txtKey.Text == "请输入学号")
            {
                txtKey.ForeColor = Color.Black;      //设置文本框的字体颜色为黑色
                txtKey.Text = "";                    //清除提示文本
            }
        }
```

查询文本框失去焦点时执行的事件处理程序代码如下。

```csharp
        private void txtKey_Leave(object sender, EventArgs e)
        {
            if (txtKey.Text == "")                   //若用户没有输入要查询的学号
            {
                txtKey.Text = "请输入学号";           //显示提示文本
                txtKey.ForeColor = Color.DarkGray;   //设置文本框字体颜色为浅灰色
            }
        }
```

"查询"按钮被单击时执行的事件处理程序代码如下。

```csharp
        private void btnQuery_Click(object sender, EventArgs e)
        {
```

```csharp
        //如果查询文本框中没有输入有效学号，则将所有数据显示到数据表控件中（显示全部）
        if(txtKey.Text =="" || txtKey.Text == "请输入学号")
        {
            FillGird(StuDic);
            return;
        }
        if (!StuDic.ContainsKey(txtKey.Text))      //如果未找到用户输入的键值
        {
            MessageBox.Show("查无此人！","出错！",MessageBoxButtons.OK,MessageBoxIcon.Error);
        }
        else
        {
            StuInfo stu = StuDic[txtKey.Text];    //获取指定键值对应的值数据（StuInfo 类型数据）
            Dictionary<string, StuInfo> subdic = new Dictionary<string, StuInfo>();
            subdic.Add(stu.StuNo, stu);           //将查询结果保存到 Dictionary<K,V>类型对象 subdic 中
            FillGird(subdic);                     //调用 FillGird()方法，将查询结果显示到 dataGridView 控件中
        }
```

"删除"按钮被单击时执行的事件处理程序代码如下。

```csharp
        private void btnDel_Click(object sender, EventArgs e)
        {
            if (!StuDic.ContainsKey(txtKey.Text))
            {
                MessageBox.Show("要删除的记录不存在！", "出错！", MessageBoxButtons.OK,
                                MessageBoxIcon.Error);
            }
            else
            {
                StuDic.Remove(txtKey.Text);
                FillGird(StuDic);
            }
        }
```

"修改"按钮被单击时执行的事件处理程序代码如下。

```csharp
        private void btnEdit_Click(object sender, EventArgs e)
        {
            if (!StuDic.ContainsKey(txtKey.Text))
            {
                MessageBox.Show("要修改的记录不存在！", "出错！", MessageBoxButtons.OK,
                                MessageBoxIcon.Error);
            }
            else
            {
                this.Height = 385;              //重新定义窗体的高度，为显示修改、添加数据区留出空间
                panel1.Visible = true;          //显示修改、添加数据区
                StuInfo stu = StuDic[txtKey.Text];
                txtNo.Enabled = false;          //禁止修改学号数据
                txtNo.Text = stu.StuNo;         //将指定记录的数据分别填写到对应的文本框中
                txtName.Text = stu.StuName;
                txtClass.Text = stu.StuClass;
                txtTel.Text = stu.StuTel;
            }
        }
```

"添加"按钮被单击时执行的事件处理程序代码如下。

```csharp
private void btnAdd_Click(object sender, EventArgs e)
{
    this.Height = 385;
    panel1.Visible = true;        //显示修改、添加数据区
    txtNo.Focus();                //使输入学号文本框得到焦点
}
```

修改、添加数据区中的"确定"按钮被单击时执行的事件处理程序代码如下。

```csharp
private void btnOK_Click(object sender, EventArgs e)
{
    if (txtNo.Enabled)              //"学号"文本框允许编辑表示处于添加状态
    {
        if (StuDic.ContainsKey(txtKey.Text))
        {
            MessageBox.Show("学号已存在,请重新输入!", "出错!", MessageBoxButtons.OK,
                    MessageBoxIcon.Error);
            return;
        }
        if (txtNo.Text == "" || txtName.Text == "" || txtClass.Text == "" || txtTel.Text == "")
        {
            MessageBox.Show("请填写所有数据!", "警告", MessageBoxButtons.OK,
                    MessageBoxIcon.Warning);
            return;
        }
        StuInfo stu = new StuInfo(txtNo.txt, txtName.txt, txtClass.txt, txtTel.Text);
        StuDic.Add(txtNo.Text, stu);
        FillGird(StuDic);
    }
    else            //"学号"文本框不允许编辑表示处于修改状态
    {
        StuDic.Remove(txtKey.Text);     //通过先移除再添加的方式实现修改
        //初始化一个 StuInfo 类的对象,并将各文本框中的数据作为其对应的属性值
        StuInfo stu = new StuInfo(txtNo.Text, txtName.Text, txtClass.Text, txtTel.Text);
        //将以学号值为键、以 stu 对象为值的键/值对添加到 StuDic 泛型集合中
        StuDic.Add(txtNo.Text, stu);
        //调用 FillGird()方法显示修改后的泛型集合中的全部数据到 dataGridView 控件
        FillGird(StuDic);
        txtNo.Enabled = true;
    }
    //调用 btnCancel 的事件处理程序将修改、添加数据区中的各文本框恢复到初始状态
    btnCancel_Click(null, null)
}
```

修改、添加数据区中的"取消"按钮被单击时执行的事件处理程序代码如下。

```csharp
private void btnCancel_Click(object sender, EventArgs e)
{
    txtNo.Text = "";
    txtName.Text = "";
    txtClass.Text = "";
    txtTel.Text = "";
    panel1.Visible = false;
    this.Height = 270;
```

```
txtKey.Text = "请输入学号";
txtKey.ForeColor = Color.DarkGray;
}
```

7.3 泛型方法和泛型接口

泛型方法是使用类型参数声明的方法，数据的具体类型需要在方法调用语句中表明。使用泛型方法的最大好处在于使同一个方法能处理不同类型的数据。

泛型接口通常用来为泛型集合类或者表示集合元素的泛型类定义接口。在 Systems.Collections.Generic 命名空间中提供了大量的泛型接口供开发人员直接使用，当然也可根据实际需要声明具有特殊功能的自定义泛型接口。

7.3.1 泛型方法

当一个方法具有它自己的类型参数列表时，称其为泛型方法。一般情况下，泛型方法包括两个参数列表：一个泛型类型参数列表和一个形参列表。其中，类型参数可以作为返回类型或形参的类型出现。泛型方法定义格式为

[访问修饰符] 返回值类型 方法名<类型参数列表>(形参列表)
{
    方法体语句;
}

例如，下列代码声明了一个泛型方法 GetInfo，返回值为字符串类型，T 为类型参数（泛型）。

```
public string GetInfo<T>()
{
    方法体语句;
}
```

泛型方法可以出现在泛型或非泛型类中。需要注意的是，并不是只要方法属于泛型类，或者方法的形参类型是泛型参数，就可以说方法是泛型方法。

例如，在下面的代码中只有方法 G 才是泛型方法。

```
class A                     //非泛型类
{
    T G<T>(T arg)           //泛型方法
    {
        方法体语句;
    }
}
class Generic<T>            //泛型类
{
    T M(T arg)              //非泛型方法
    {
        方法体语句;
    }
}
```

7.3.2 泛型接口

对于泛型来说，从泛型接口派生可以避免值类型的装箱和拆箱操作，从而提高程序的运

行效率和代码复用率。

1. .NET Framework 中提供的主要泛型接口

.NET Framework 类库中预定义了大量泛型接口，在 System.Collections.Generic 命名空间中的泛型集合类（如 List<T>和 Dictionary<K, V>）都是从这些泛型接口派生的。

.NET Framework 为开发人员提供的常用泛型接口及功能说明如表 7-4 所示。

表 7-4 常用的泛型接口

接口	说明
ICollection<T>	定义操作泛型集合的方法
IComparer<T>	定义类型为比较两个对象而实现的方法
IDictionary<TKey, TValue>	表示键/值对的泛型集合
IEnumerable<T>	公开枚举数，该枚举数支持在指定类型的集合上进行简单迭代
IEnumerator<T>	支持在泛型集合上进行简单迭代
IEqualityComparerT>	定义方法以支持对象的相等比较
IList<T>	表示可按照索引单独访问的一组对象

2. List<T>排序和 IComparer <T>泛型接口

对 List<T>泛型集合进行的一个常用操作就是排序。List<T>可以通过其 Sort()方法实现默认的从小到大排序。当然，Sort()方法也可由开发人员自行设计比较器，按照自己希望的方式对 List<T>进行排序。

Sort()方法有以下 3 种重载方式。

1）public void Sort()。

2）public void Sort(IComparer<T> comparer)。

3）public void Sort(int index, int count, IComparer<T> comparer)。

在第一种方式中，Sort()方法通过默认的比较器对列表中的所有元素进行从小到大排序，若类型 T 没有默认的比较器，同时也没有实现 IComparer<T>泛型接口，那么将产生异常。

在第二种方式中，参数 comparer 是一个实现了 IComparer<T>泛型接口的类对象，Sort()方法通过参数 comparer 的 Compare()方法对列表中的元素进行比较，也就是说 Comparer()方法实际上是一个自定义的比较器。

在第三种方式中，可以实现对列表中部分元素的排序，index 表示起始索引，count 表示要排序的元素个数。

IComparer<T>泛型接口只有一个成员 Compare(T x, T y)。Compare(T x, T y)的返回值有以下 3 种情况，其含义如下。

1）如果返回值大于 0，则 x>y。

2）如果返回值小于 0，则 x<y。

3）如果返回值等于 0，则 x=y。

【演练 7-4】 使用 IComparer<T>泛型接口实现对 List<T>泛型集合的排序。具体要求如下。

1）创建一个继承于 IComparer<T>泛型接口的 NewComparer 类，并重写 Compare 比较器，使其能按照 int 类型数据的绝对值进行升序排序。

2）创建一个 Display<T>方法，使其能将 List<T>中的各元素组合成一个用空格分隔的字符串，并返回给调用语句。程序运行结果如图 7-10 所示。

程序设计步骤如下。

（1）设计程序界面

新建一个 Windows 应用程序，向窗体中添加一个标签控件 label1，适当调整控件的大小及位置。

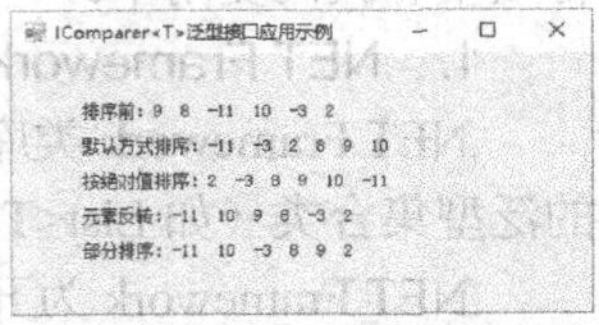

（2）编写程序代码

在窗体类框架（class Form1）中创建继承于 IComparer<T>泛型接口的类 NewComparer，代码如下。

图 7-10　程序运行结果

```
//自定义整数类型的比较器，按照整数的绝对值进行比较
class NewComparer : IComparer<int>
{
    //重写 int 比较器，|x|>|y|返回正数，|x|<|y|返回负数，|x|=|y|返回 0
    public int Compare(int x, int y)
    {
        int AbsX = Math.Abs(x);
        int AbsY = Math.Abs(y);
        return AbsX - AbsY;
    }
}
```

在窗体类框架（class Form1）中创建用于将 List<T>泛型集合中的各元素转换为字符串序列的方法，代码如下。

```
string  Display<T>(List<int> lst)
{
    string Result ="";
    foreach(int val in lst)         //遍历泛型集合中的各元素
    {
        Result = Result + val.ToString() + " ";
    }
    return Result;
}
```

窗体装入时执行的事件处理程序代码如下。

```
private void Form1_Load(object sender, EventArgs e)
{
    this.Text = "IComparer<T>泛型接口应用示例";
    label1.Text = "";
    int[] ary = {9, 8, -11, 10, -3, 2 };                    //创建一个整型数组并赋值
    List<int> intlist =new List<int>();
    intlist.AddRange(ary);
    label1.Text = "排序前: " + Display<int>(intlist) + "\n\n";      //不排序直接输出
    intlist.Sort();             //使用 Sort()方法的第一种重载方式进行排序
    label1.Text = label1.Text + "默认方式排序: " + Display<int>(intlist) + "\n\n";
    NewComparer comp = new NewComparer();
    intlist.Sort(comp);         //使用 Sort()方法的第二种重载方式进行排序
    label1.Text = label1.Text + "按绝对值排序: " + Display<int>(intlist) + "\n\n";
    intlist.Reverse();          //反转列表中各元素
    label1.Text = label1.Text + "元素反转: " + Display<int>(intlist) + "\n\n";
    //从第 3 个元素开始的 3 个元素（第 4、5、6 位）按绝对值排序
```

```
intlist.Sort(2, 3, comp);        //使用Sort()方法的第三种重载方式进行排序
label1.Text = label1.Text + "部分排序：" + Display<int>(intlist);
}
```

说明：默认情况下 Sort()按从小到大的顺序排序（升序）。若希望按降序排列，可首先调用 Sort()方法进行升排序，再使用 Reverse()方法对序列进行反转，从而达到降序排序的目的。

7.3.3 自定义泛型接口

在 Visual Studio 中，开发人员除了可以使用.NET Framework 中提供的大量泛型接口外，还可以根据实际需要自定义泛型接口。创建自定义泛型接口的语法格式为

```
[访问修饰符] interface 接口名<类型参数列表>
{
    //接口成员
}
```

其中，访问修饰符可以省略，"类型参数列表"表示尚未确定的数据类型，类似于方法中的形参列表，当具有多个类型参数时使用逗号分隔。

例如，下列代码就定义了一个名为 IMyList 的泛型接口，其中包含有一个类型参数 T。

```
interface IMyList<T>
{
    //接口成员（定义接口的属性和方法）
}
```

泛型接口成员的定义方法与非泛型接口成员的定义方法基本相同，这些在本教材第 6 章中有较为详细的描述。由于篇幅所限，这里不再对自定义泛型接口展开叙述，更详细的说明请读者自行参阅有关资料。

7.4 实训 泛型集合 List<T>应用

7.4.1 实训目的

通过一个简易的电话本程序设计理解 List<T>泛型集合的常用属性及方法，掌握向泛型集合中添加、删除元素和对泛型集合进行查询的常用技巧。

7.4.2 实训要求

设计一个简易的，能对记录进行查询、修改、删除、添加操作的电话本管理程序。具体要求如下。

1）声明一个名为 PhoneBook 的类，该类具有 UserName（姓名）、UserTel（电话）和 UserUint（单位）3 个属性和一个具有 3 个参数的构造函数。

2）声明一个名为 UserRecord 的 List<T>泛型集合，并指定前面创建的 PhoneBook 类为 UserRecord 的数据类型。新建若干个 PhoneBook 类的实例，并添加到 UserRecord 泛型集合中（在实际应用中数据可从数据库中读取）。

3）将赋值完毕的 UserRecord 泛型集合绑定到 DataGridView 控件（将所有电话记录信息显示到 DataGridView 控件中），如图 7-11 所示。

4）使用泛型集合的 FindAll(match)方法实现对电话记录按姓名、按电话号码或按工作单

位的"模糊查询",如图 7-12 所示。单击"显示全部"按钮可恢复到初始状态。

图 7-11　使用 DataGridView 控件显示 List<T>信息　　　图 7-12　按不同类型关键字查询 List<T>

5)用户在 DataGridView 控件中选中某条记录后单击"删除"按钮,可根据记录的索引值调用泛型集合的 RemoveAt()方法删除记录,如图 7-13 所示。

6)单击"添加"按钮,DataGridView 将控件隐藏,显示出如图 7-14 所示的"添加新记录"区域,用户在填写了各项数据后单击"确定"按钮,可向泛型集合中添加一个新元素。单击"返回"按钮,"添加新记录"区域将隐藏,DataGridView 控件显示,在 DataGridView 控件中可看到新添加的记录信息。

图 7-13　删除 List<T>泛型集合中的元素　　　　　　图 7-14　添加新记录

7)由于 List<T>实现了 IList 接口,故可以直接绑定到 DataGridView 控件,用户也可以直接在 DataGridView 控件中修改数据,数据修改后 List<T>对应元素的值也能自动更新。关于 DataGridView 控件的更多属性、事件和方法将在后续章节中进行介绍。

如果使用 Dictionary<K,V>作为 DataGridView 控件的数据源,就不能直接绑定,需要通过 BindingSource 对象进行转换(参阅【演练 7-3】),转换后虽能正常显示数据,但用户在 DataGridView 控件中修改数据时不能实现自动同步,即控件中显示的是修改后的数据,Dictionary<K, V>中保存的是修改前的数据。

8)程序具有用户输入数据可靠性检查功能。例如,用户在查询时忘记输入关键字、程序未找到符合条件的记录或添加记录时没有填写全部信息等情况下,程序能弹出信息框给出相应的提示。

7.4.3　实训步骤

1. 设计程序界面

新建一个 Windows 应用程序项目,按照如图 7-15 所示向窗体中添加 1 个分组框控件 groupBox1。向分组框中添加 3 个标签 label1~label3、3 个文本框 textBox1~textBox3 和 2 个按钮控件 button1~button2。

在操作区添加 1 个文本框控件 textBox4、3 个单选按钮 radioButton1~ radioButton3 和 4 个按钮控件 button3~button6。

图 7-15　设计程序界面

在窗体的最下方添加 1 个用于显示 List<T>泛型集合数据的数据表格控件 dataGridView1。适当调整各控件的大小及位置。

2. 设置对象属性

各控件的初始属性设置如表 7-5 所示。

表 7-5 各控件对象的属性设置

控件	属性	值	说明
label1～label3	Text	"姓名""电话""单位"	标签控件中显示的文本
textBox1～textBox3	Name	txtName、txtTel、txtUnit	文本框在程序中的名称
button1～button2	Name	btnOK、btnBack	按钮在程序中使用的名称
	Text	"确定""返回"	按钮上显示的文本信息
groupBox1	Text	"添加新记录"	分组框上显示的文本信息
textBox4	Name	txtKey	TextBox4 在程序中使用的名称
radioButton1～radioButton3	Text	"姓名""电话""单位"	各单选钮在程序中使用的名称
	Checked	radioButton1 的 Checked 属性设置为 true,其他 false	各单选钮是否处于选中状态
button3～button6	Name	btnQuery、btnShowAll、btnDel、btnAdd	按钮控件在程序中使用的名称
	Text	"查询""显示全部""删除""添加"	按钮控件上显示的文本信息
dataGridView1	Name	dgvList	数据表格在程序中使用的名称

3. 编写程序代码

在窗体类框架（class Form1）中创建 PhoneBook 类，代码如下。

```
class PhoneBook                                        //声明 PhoneBook 类
{
    private string _name, _tel, _unit;                 //声明字段变量
    public string UserName                             //声明 UserName 属性
    {
        get { return _name; }
        set { _name = value; }
    }
    public string UserTel                              //声明 UserTel 属性
    {
        get { return _tel; }
        set { _tel = value; }
    }
    public string UserUnit                             //声明 UserUnit 属性
    {
        get { return _unit; }
        set { _unit = value; }
    }
    public PhoneBook(string _name, string _tel, string _unit)  //声明类的构造函数
    {
        UserName = _name;
        UserTel = _tel;
        UserUnit = _unit;
    }
}
//声明 List<T>对象 UserRecord
List<PhoneBook> UserRecord = new List<PhoneBook>();
```

窗体装入时执行的事件处理程序代码如下。

```
private void Form1_Load(object sender, EventArgs e)
{
```

```csharp
        grpAdd.Visible = false;              //设置"添加新记录"分组框不可见
        //设置 DataGridView 控件显示的位置（距顶端 6 像素）
        dgvList.Top = 6;
        //设置 dataGridView 控件显示的位置（距左边框 6 像素）
        dgvList.Left = 6;
        this.Height = 270;                   //设置窗体的高度
        this.Text = "List<T>应用示例";
        //初始化 PhoneBook 类对象
        PhoneBook zhang = new PhoneBook("张三","1234567","人事处");
        PhoneBook li = new PhoneBook("李四","2345678","教务处");
        PhoneBook wang = new PhoneBook("王五","3456789","财务处");
        PhoneBook zhao = new PhoneBook("赵六","4567890","教务处");
        //将 PhoneBook 类型对象添加到 List<T>对象 UserRecord 中
        UserRecord.Add(zhang);
        UserRecord.Add(li);
        UserRecord.Add(wang);
        UserRecord.Add(zhao);
        //为 dataGridView 控件创建一个新的列对象 col1
        DataGridViewTextBoxColumn col1 = new DataGridViewTextBoxColumn();
        col1.HeaderText = "姓名";                //设置列标题中显示的文本
        col1.DataPropertyName = "UserName";      //要绑定的属性名
        col1.Name = "Name";                      //该列在程序中使用的名称
        DataGridViewTextBoxColumn col2 = new DataGridViewTextBoxColumn();
        col2.HeaderText = "电话";
        col2.DataPropertyName = "UserTel";
        col2.Name = "Tel";
        DataGridViewTextBoxColumn col3 = new DataGridViewTextBoxColumn();
        col3.HeaderText = "单位";
        col3.DataPropertyName = "UserUnit";
        col3.Name = "Unit";
        //向 dataGridView 控件中添加设计好的列
        dgvList.Columns.Add(col1);
        dgvList.Columns.Add(col2);
        dgvList.Columns.Add(col3);
        //以 List<T>对象 UserRecord 为 dataGridView 控件的数据源
        dgvList.DataSource = UserRecord;
    }
    static string userkey = "";              //用于保存查询关键字
    static int userkeytype = 1;              //用于判断查询关键字的类型（姓名=1，电话=2，单位=3）
```

为 FindAll(match)方法创建用于判断查询条件是否满足的 IsInclude()方法，代码如下。

```csharp
    private static bool IsInclud(PhoneBook user)   //声明静态方法 IsInclud()
    {
        bool b = false;                      //用于保存判断结果
        switch (userkeytype)
        {
            case 1:
                //如果用户输入的关键字包含在 UserNam 属性中
                if (user.UserName.IndexOf(userkey, 0) != -1)
                {
                    b = true;
                }
                break;
```

```csharp
                case 2:
                    if (user.UserTel.IndexOf(userkey, 0) != -1)
                    {
                        b = true;
                    }
                    break;
                case 3:
                    if (user.UserUnit.IndexOf(userkey, 0) != -1)
                    {
                        b = true;
                    }
                    break;
            }
            return b;          //返回判断结果
        }
```

"查询"按钮被单击时执行的事件处理程序代码如下。

```csharp
        private void btnQuery_Click(object sender, EventArgs e)
        {
            if (txtKey.Text == "")
            {
                MessageBox.Show("请输入查询关键字！","注意！",
                                MessageBoxButtons.OK,MessageBoxIcon.Warning);
                return;                //不再执行后续代码
            }
            userkey = txtKey.Text;
            if (rbtnName.Checked)      //如果用户选择了"姓名"单选按钮
            {
                userkeytype = 1;
            }
            if (rbtnTel.Checked)       //如果用户选择了"电话"单选按钮
            {
                userkeytype = 2;
            }
            if (rbtnUnit.Checked)      //如果用户选择了"单位"单选按钮
            {
                userkeytype = 3;
            }
            //调用 FindAll(match)方法返回所有符合条件的记录，并将查询结果保存到 sublist 中
            List<PhoneBook> sublist = UserRecord.FindAll(IsInclud);
            //如果查询结果泛型集合 sublist 中的元素个数为 0
            if (sublist.Count == 0)
            {
                MessageBox.Show("未找到符合条件的记录！","注意！",
                                MessageBoxButtons.OK,MessageBoxIcon.Warning);
            }
            else
            {
                dgvList.DataSource = sublist;
            }
        }
```

"显示全部"按钮被单击时执行的事件处理程序代码如下。

```csharp
private void btnShowAll_Click(object sender, EventArgs e)
{
    dgvList.DataSource = UserRecord;
}
```

"删除"按钮被单击时执行的事件处理程序代码如下。

```csharp
private void btnDel_Click(object sender, EventArgs e)
{
    //获取 dataGridView 控件中被选中行的索引值，该值正好也是元素在 List<T>中的索引值
    int n = dgvList.CurrentCell.RowIndex;
    //按选中行的索引移除 List<T>对象 UserRecord 中的对应项
    UserRecord.RemoveAt(n);
    //清空 dataGridView 中的原有显示
    dgvList.DataSource = new List<PhoneBook>();
    //将修改后的 List<T>对象重新绑定到 dataGridView 控件
    dgvList.DataSource = UserRecord;
}
```

"添加"按钮被单击时执行的事件处理程序代码如下。

```csharp
private void btnAdd_Click(object sender, EventArgs e)
{
    dgvList.Visible = false;        //隐藏数据表格控件
    grpAdd.Visible = true;          //添加新记录区分组框可见
    txtName.Focus();                //将插入点光标移到"姓名"文本框中
}
```

添加新记录区域中的"确定"按钮被单击时执行的事件处理程序代码如下。

```csharp
private void btnOK_Click(object sender, EventArgs e)
{
    if (txtName.Text == "" || txtTel.Text == "" || txtUnit.Text == "")
    {
        MessageBox.Show("请输入所有数据！", "注意！", MessageBoxButtons.OK,
                        MessageBoxIcon.Warning);
        return;            //不再执行后续代码
    }
    //向 List<T>对象 UserRecord 中添加一个新元素（新记录）
    UserRecord.Add(new PhoneBook(txtName.Text, txtTel.Text, txtUnit.Text));
    txtName.Text = "";
    txtTel.Text = "";
    txtUnit.Text = "";
    txtName.Focus();
}
```

添加新记录区域中的"返回"按钮被单击时执行的事件处理程序代码如下。

```csharp
private void btnBack_Click(object sender, EventArgs e)
{
    //清空 dataGridView 中的原有显示
    dgvList.DataSource = new List<PhoneBook>();
    //将修改后的 List<T>对象重新绑定到 DataGridView 控件
    dgvList.DataSource = UserRecord;
    grpAdd.Visible = false;
    dgvList.Visible = true;
}
```

第 8 章　异常处理、程序调试和文件操作

在任何情况下程序都不可能是完美无缺、毫无错误的。此外，由于用户在使用程序时输入错误的数据也会引发错误。所以任何一个优秀的程序都必须具有强大的错误处理能力。.NET Framework 的异常类 Exception 为每种错误提供了定制的处理方式，并能把识别错误的代码和处理错误的代码分离开来。

文件操作是指文件的创建、存储、读取、修改、分类、复制、移动和删除等操作。Visual Studio 在 System.IO 命名空间下提供了大量用于文件、文件夹操作的类和方法。

8.1　异常处理

"异常"是在程序执行过程中由系统（如内存不够、磁盘出错及数据库无法连接等）或用户引发的（如输入的数据非法、强制执行了无法实现的数据类型转换等）一种事件。"异常处理"是.NET Framework 提供的用于响应异常事件的处理机制。在 C#中，这种处理机制需要通过 try…catch…finally 语句来实现。

异常处理的工作流程如下。

　　程序出错　→　引发异常（触发事件）　→　捕获异常（响应事件）　→　处理异常（执行事件处理代码）　→　降低错误对程序的影响

8.1.1　使用 try…catch…finally 语句捕获和处理异常

try…catch…finally 语句将可能引发异常的程序代码，与捕获和处理异常的代码分为两个部分。其语法格式为

```
try
{
    可能引发异常的程序代码；
}
catch[(异常类名 异常变量名)]    //捕获异常
{
    异常处理语句；
}
[finally
{
    无论是否出现异常都会执行的语句；
}]
```

需要说明的是，一个 try…catch…finally 结构中可以包含多个 catch 语句块，每个 catch 语句块可设置成专用于处理某种特定的异常。

程序流进入 try 控制语句块后，如果没有错误发生，将正常完成相应的操作，进而继续执行后续代码；当执行 try 语句发生错误时，程序流就会跳转到相应的 catch 语句块执行异常处理代码。finally 语句块（可选）中的代码无论是否出现了错误都要被执行，即使在 catch 语句

块中使用了 return 语句，finally 块中的代码仍会被执行。

finally 语句块中的语句在某些场合中是特别有用的。例如，在后续章节将要介绍的文件操作和数据库操作中，可以在 try 语句块中打开文件或数据库进行读写操作，出现异常时交由 catch 语句块中的代码进行处理，最后无论操作是否成功都可以在 finally 语句块中关闭文件或数据库以释放所占用的资源，从而避免了由于程序出错无法执行相应的关闭文件或数据库的语句，导致不必要的资源占用。

【演练8-1】try…catch…finally 语句结构使用示例。在文本框控件中接收两个数，单击"计算商"按钮，显示这两个数的商。要求使用 try…catch…finally 语句结构识别并处理由于用户输入不当而引发的异常。正常运行及各种异常处理结果如图 8-1～图 8-3 所示。

图 8-1　程序正常运行

图 8-2　被除数溢出异常

图 8-3　数据类型转换异常

程序设计步骤如下。

在窗体类框架（class Form1）中创建用于计算两数相除商的方法 Quotient()方法，代码如下。

```
string Quotient(string a, string b)
{
    string msg = "";
    try
    {
        float num1 = float.Parse(a);        //由 string 转换为 float 类型
        float num2 = float.Parse(b);
        float num3 = num1 / num2;           //计算两数的商
        msg = "两数的商为：" + num3.ToString();
    }
    catch (OverflowException)               //处理数据溢出引发的异常
    {
        msg = "溢出(Overflow)：数字太大或太小";
    }
    catch (FormatException) /处理类型不能转换引发的异常
    {
        msg = "数据无法转换成 int 类型";
    }
    finally
    {
        msg += "；finally 语句块已执行";    //无论是否引发异常，该语句都会被执行
    }
    return msg;
}
```

"计算商"按钮被单击时执行的事件处理程序代码如下。

```csharp
private void button1_Click(object sender, EventArgs e)
{
    label1.Text = Quotient(textBox1.Text, textBox2.Text);   //调用 Quotient()方法
}
```

从程序执行结果中可以看出以下两点。

1）无论是否引发了异常，finally 语句块中的代码都会被执行。

2）存在多个 catch 语句块时，当某个 catch 语句块被执行后，程序将直接跳转去执行 finally 语句块，而不会再继续匹配后面的 catch 语句块。例如，本例中被除数（试图将一个太大的数存入 float 类型）和除数（输入了无法转换成 float 类型的数据）都出现输入错误时，只有被除数错误会触发相应的 catch 语句块。

在程序设计期间通常无法预料到所有可能会被触发的异常，这就导致在 try 语句中为每种可能的异常设置专门的处理代码无法实现。这种情况下需要使用 .NET Framework 提供的 Exception 异常类来获取相关的异常信息。例如，可以将【演练 8-1】中的 Quotient()方法修改成如下代码。

```csharp
string Quotient(string a, string b)
{
    string msg = "";
    try
    {
        float num1 = float.Parse(a);
        float num2 = float.Parse(b);
        float num3 = num1 / num2;
        msg = "两数的商为：" + num3.ToString();
    }
    catch(Exception ex)    //Exception 类型的对象 ex 用于捕获各种被触发的异常
    {
        msg = ex.Message;  //ex 的 Message 属性可以返回异常的相关说明信息
    }
    finally
    {
        msg += "    finally 语句块已执行";
    }
    return msg;
}
```

图 8-4 所示为被除数和除数输入不当引发异常时，Exception 类对象通过 Message 属性提供的相关说明信息。图 8-5 所示为直接将 Exception 类对象转换为 string 类型（ex.ToString()）后输出得到的更为详细的异常信息。由于 Exception 类可以响应所有异常，故也将其称为"万能异常响应器"。

图 8-4　使用 Exception 类对象的 Message 属性获取异常说明信息

图 8-5　更详细的异常说明信息

8.1.2　抛出异常

通过 try…catch 语句所捕获到的异常，都是当遇到错误时系统自己报错引发异常并主动通知运行环境的。但是有时还可能需要通过编写代码人为控制什么时候发生异常，以及发生了怎样的异常。Visual Studio 提供的 throw 关键字就是专门用于人为引发异常的。通常将这种人为引发异常的方式称为"抛出异常"。其语法格式为

　　　　throw [new 异常类];

当 throw 省略异常对象时，它只能用在 catch 语句中。这种情况下，该语句会再次引发当前正由 catch 语句处理的异常。

当 throw 语句带有异常对象时，只能抛出 System.Exception 类或其子类的对象，这里可以用一个适当的字符串参数对异常的情况加以说明，该字符串的内容可以通过异常对象的 Message 属性进行访问。

使用 throw 关键字人为地抛出异常，不但能够让程序员更方便地控制何时抛出何种类型的异常，还可以让内部 catch 块重新向外部 try 块中抛出异常（再次抛出异常），使得内部 catch 块中的异常处理代码执行不至于终止。throw 关键字可以单独使用，不一定必须将其置于 try… catch 结构中。

例如，下列代码将在程序运行时引发一个数据溢出的异常。

　　　　throw new OverflowException();

又如，下列代码抛出一个异常，并初始化了 Exception 对象的 Message 属性值。

　　　　throw new Exception("无法完成数据类型转换！");

【演练 8-2】　设计一个 Windows 应用程序，程序启动后要求用户在文本框中输入一个工龄值，单击"确定"按钮后弹出信息框显示应发的工龄工资。如果用户输入的工龄值大于 60 或发生其他错误，则通过抛出异常或异常捕获显示出错提示信息。程序运行结果如图 8-6 所示。

图 8-6　正常运行、抛出异常和异常捕获

"确定"按钮被单击时执行的事件处理程序代码如下。

```
private void button1_Click(object sender, EventArgs e)
{
```

```
            //将用户输入的数据作为参数传递给 Salary()方法,计算工龄工资值
            string msg = Salary(textBox1.Text);
            //弹出信息框显示 Salary()方法的返回值
            MessageBox.Show(msg, "提示",MessageBoxButtons.OK,MessageBoxIcon.Warning);
        }
        用于计算工龄工资值的 Salary()方法的代码如下。
        string Salary(string a)
        {
            try
            {
                if (int.Parse(textBox1.Text) > 60)          //若工龄值大于 60
                {
                    throw new Exception("工龄数据有误！");   //抛出异常,设定 Message 属性值
                }
                //否则正常计算工龄工资值,并返回给调用语句
                return "工龄： " + a + ", 工龄工资： " + (int.Parse(a) * 20).ToString();
            }
            catch (Exception ex)
            {
                //若发生异常（包括抛出异常）,则返回 Exception 对象的 Message 属性值（异常提示信息）
                return ex.Message;
            }
        }
```

8.1.3 用户自定义异常

使用.NET Framework 预定义的异常类,可以方便地判断出现了怎样的错误,可以根据错误类型自动采取某种适当的处理方法。这对提高程序的容错能力极为有利。但由于预定义的异常类不可能包括所有异常,难免在面对某些特殊情况时出现无法捕获的情况。此时,开发人员可以创建自己的、继承于 Exception 类的自定义异常类。声明一个异常类的语法格式为

```
class 自定义异常类名:Exception
{
    类体语句;
}
```

引发自定义异常的格式为

```
throw(自定义异常类名);
```

例如,下列代码实现了一个名为 MyException 的自定义异常类的定义。

```
public class MyException:Exception
{
    public MyException() : base() {}
    public MyException(string message) : base(message) {}
    public MyException(string message, Exception inner) : base(message, inner) {}
}
```

8.2 应用程序调试

应用程序调试是指在应用程序开发初步完成时,查找并修改其中错误的过程。无论是多

么优秀的程序员，也无论他多么细心地编写程序，出错都是在所难免的。就连 Windows、Office 这类由顶尖程序员编写的应用程序也不断地被找出 Bug（缺陷），不得不一次次地被打上 Patch（补丁），所以说调试工作是应用程序开发过程中十分重要的一环。

8.2.1 程序错误的分类

在编写程序时，经常会遇到各种各样的错误，这些错误中有些是容易发现和解决的，有些则比较隐蔽甚至很难发现。可以将程序中的错误归纳为语法错误、运行时错误和逻辑错误 3 种情况。

1．语法错误

语法错误应该是最容易被发现，也最容易解决的一类错误。它是指在程序设计过程中出现不符合 C# 语法规则的程序代码。例如，单词的拼写错误、不合法的书写格式、缺少分号或括号不匹配等。这类错误 Visual Studio 编辑器能够自动指出，并会用波浪线在错误代码的下方标记出来。只要将鼠标停留在带有此标记的代码上，就会显示出其错误信息，同时该消息也会显示在窗口下方的错误列表中，告知用户错误的位置和原因描述。图 8-7 所示为显示在"错误列表"窗口中的提示信息。

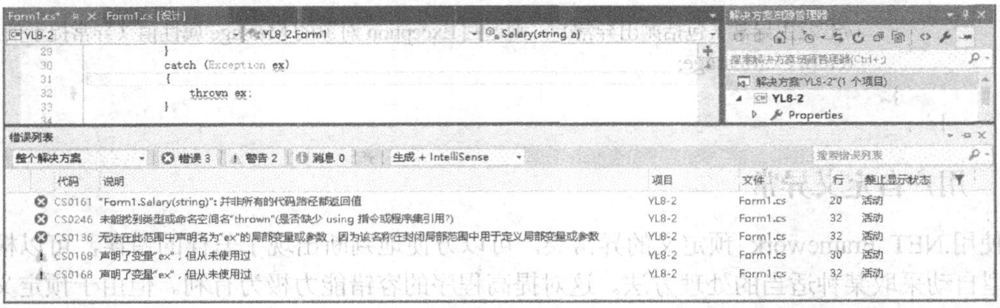

图 8-7 语法错误

2．运行时错误

有些代码在编写时没有错误，程序也能通过正常的编译，但在程序运行过程中由于从外部获取了不正确的输入数据，也将导致异常发生，这类错误称为"运行时错误"。例如，用户为"年龄"传递了非数字字符串等。此时，虽然系统也会提示错误或警告，但程序会不正常终止甚至造成系统死机。处理这种运行错误的办法就是在程序中加入异常处理，捕获并处理运行阶段的异常错误。

3．逻辑错误

逻辑错误是由于人为因素导致的错误，这种错误会导致程序代码产生错误结果，但一般都不会引起程序本身的异常。例如，希望返回 a+b 的值，但由于疏忽返回了 a-b 的值，此时程序是不会引发异常的，但计算结果显然不正确。

逻辑错误通常是最不容易被发现，也是最难解决的。这种错误通常是由于推理和设计算法本身错误造成的。对于这种错误的处理，必须重新检查程序的流程是否正确，以及算法是否与要求相符，有时可能需要逐步地调试分析，甚至还要适当地添加专门的调试分析代码来查找其出错的原因和位置。

8.2.2 常用调试窗口

Visual Studio 为应用程序调试提供了若干个具有特殊功能的调试窗口，如错误列表窗口、输出窗口、命令窗口、监视窗口和局部变量窗口等。在这些窗口中开发人员可以方便地查看程序运行时的各种信息，这对查找和分析程序中存在的错误十分有利。

1. 输出窗口

一个应用程序设计完毕后，单击工具栏中的"运行"按钮▶可运行该程序。程序运行前首先需要对程序代码进行"编译"，也就是将用高级语言编写的代码转换成计算机能识别和执行的二进制代码格式。如图 8-8 所示，输出窗口在程序编译时将显示出相关信息，若程序中存在错误、则在输出窗口中也会给出相应的提示。

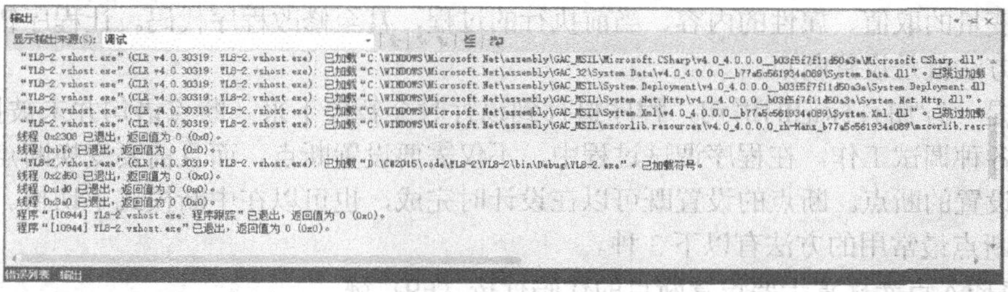

图 8-8 输出窗口

2. 监视窗口

监视窗口仅在程序出错停止或通过设置"断点"停止时（中断模式下）可用。程序处于中断模式时，选择"调试"→"窗口"→"监视"→"监视 1"命令，可打开第一个监视窗口，在 Visual Studio 集成开发环境中最多可以同时打开 4 个监视窗口。

如图 8-9 所示，在监视窗口中可以查看代码中的任意变量的当前值。操作时可以在代码中选中某变量或表达式，并把它拖到监视窗口中，也可双击该窗口中"名称"栏的一个空行，然后在行中输入希望输出值的表达式，此时"值"栏中将显示出该表达式的运算结果。

图 8-9 监视窗口

3. 局部变量窗口

在 Visual Studio 中选择"调试"→"窗口"→"局部变量"命令，可打开如图 8-10 所示的局部变量窗口。

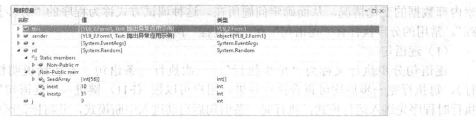

图 8-10 局部变量窗口

局部变量窗口又称本地窗口，与监视窗口类似，它也只能在中断模式下起作用。局部变量窗口用于显示局部变量的名称、值和类型。默认情况下包含当前执行过程的方法。局部变量窗口与监视窗口的不同点是，局部变量窗口能自动显示当前区块中所有的变量值，无须（也不能）手动把变量拖放至该窗口。

8.2.3 程序断点和分步执行

在程序中设置断点和程序分步执行的目的都是使程序暂停运行，以便了解当前各变量和对象的取值情况，并根据这些值分析、判断程序中存在错误的位置。

1. 程序断点

为了排除程序中的错误，往往需要程序执行到某条语句时暂停下来，以便查看程序的运行状态、变量的取值、属性的内容、当前执行的过程，甚至修改程序代码。让程序暂停下来的一种简单方法就是设置断点。

断点是一行加有标记的语句，程序执行到该行时会暂停下来（断点语句并未被执行），这时可进行各种调试工作。在程序调试过程中，不仅需要设置断点，而且需要变换断点的位置，清除前面设置的断点。断点的设置既可以在设计时完成，也可以在中断模式下切换。

设置断点最常用的方法有以下 3 种。

1）将插入点光标置于要设置断点的代码行按〈F9〉键。
2）直接单击语句行首的灰色标记区。
3）将鼠标指向某行代码并右击，在弹出的快捷菜单中选择"断点"→"插入断点"命令。

如图 8-11 所示，设置断点后在所在行的标记区会出现一个红色圆点，语句行也变成了其他颜色。

图 8-11 在程序中设置断点

程序在断点处中断后，可按〈F5〉键或单击工具栏中的"▶"按钮使之继续执行。若要删除已设置的断点，可将光标置于断点所在行再次按〈F9〉键或单击红色断点标记，也可用鼠标指向断点所在行并右击，在弹出的快捷菜单中选择"断点"→"删除断点"命令。

2. 程序的分步执行

当已经知道某行语句存在问题时，使用断点查找错误是一个有效的方法，但通常程序出错的具体位置并不容易确定，只能够猜测在某个范围内可能存在问题，这就需要在此范围内跟踪程序的执行结果，一段段甚至一条条地执行语句，同时在调试窗口（如局部变量窗口）中观察内部数据的变化情况，从而确定问题所在。这种调试方式称为程序的"分步执行"或"跟踪"。常用的分步执行有"逐语句"和"逐过程"两种。

（1）逐语句

逐语句分步执行又称为"单步执行"，一次执行一条语句（不包括说明性语句和注释行），每执行完一步后均可查看执行效果。用户可以按〈F11〉键进入"逐语句"跟踪方式。执行时程序先进入运行模式，执行完一条语句后自动进入中断模式，并将标记区中当前语句的黄色标记"⇨"移动到下一语句行。

（2）逐过程

逐过程分步执行与逐语句分步执行类似，区别在于当前语句中如果包含过程调用，"逐语句"将进入被调用的过程，而"逐过程"则将整个过程当作一条语句处理。用户可以按〈F10〉键进入"逐过程"跟踪方式。

8.3 文件操作类

System.IO 命名空间中提供的常用文件操作类有 File、Directory、Path、StreamReader、StreamWriter、BinaryReader 和 BinaryWriter 等，通过这些类可以实现创建、删除和操作目录及文件、对目录和文件进行监视、从流中读写数据或字符、随机访问文件、使用多种枚举常量设置文件和目录的操作等。

8.3.1 File 类

文件是一些具有永久存储及特定顺序的字节组成的一个有序的、具有名称的集合，文件是存储数据的重要单元。用户对文件的操作通常有创建、复制、删除、移动、打开和和追加到文件等。File 类提供了大量实现这些功能的方法。

File 类没有提供属性成员，常用的方法成员如表 8-1 所示。

表 8-1 File 类常用方法及说明

方法	说明
Move	将指定文件移到新位置，并提供指定新文件名的选项
Delete	删除指定的文件
Create	在指定路径中创建或覆盖文件
Copy	将现有文件复制到新文件
CreateText	创建或打开一个文件，用于写入 UTF-8 编码的文本
OpenText	打开现有 UTF-8 编码文本文件以进行读取
Open	打开指定路径上的文件流 FileStream
OpenRead	打开现有文件以进行读取
OpenWrite	打开现有文件以进行写入
Exists	确定指定的文件是否存在
AppendAllText	将指定的字符串追加到文件中，如果文件还不存在则创建该文件
AppendText	创建一个 StreamWriter，它将 UTF-8 编码文本追加到现有文件
WriteAllBytes	创建一个新文件，写入指定的字节数组并关闭该文件。如果目标文件已存在，则覆盖该文件
WriteAllLines	创建一个新文件，写入指定的字符串并关闭该文件。如果目标文件已存在，则覆盖该文件
WriteAllText	创建一个新文件，在文件中写入内容并关闭该文件。如果目标文件已存在，则覆盖该文件

例如，下列代码用于将一个字符串追加到 c:\1.txt 文件中。若文件不存在，则创建后再追加文本。由于"\"符号在 C#语法中表示转义符，故表示路径时使用"\\"。

  File.AppendAllText("c:\\1.txt", "C#应用程序设计");

下列代码用于将 c:\1.txt 文件复制到 c:\2.txt 中。在字符串前加@符号，表示字符串中的"\"不再当作转义符使用。

  File.Copy(@"c:\1.txt", @"c:\2.txt");

下列代码用于将 c:\2.txt 文件移动到了 c:\1\3.txt 文件中。

```
File.Move("c:\\2.txt", "c:\\1\\3.txt");
```

下列代码首先判断 c:\3.txt 文件是否存在，若存在则删除该文件，否则显示出错提示信息。

```
if (File.Exists("c:\\3.txt"))
{
    File.Delete("c:\\3.txt");
}
else
{
    MessageBox.Show("file no found!");
}
```

8.3.2 Directory 类

为了便于管理文件，一般不会将文件直接放在磁盘根目录下，而是创建具有层次关系的文件夹或称目录。文件夹的常用操作主要包括新建、复制、移动和删除等。C#中的静态文件夹类 Directory 提供了这些操作功能。Directory 类没有提供属性成员，常用的方法成员如表 8-2 所示。

表 8-2 Directory 类常用方法及说明

方 法 名	说 明
CreateDirectory	创建指定路径中的所有目录
Delete	删除指定的目录
Exists	确定给定路径是否引用磁盘上的现有目录
Move	将文件或目录及其内容移到新位置
GetDirectories	获取指定目录中子目录的名称
GetFiles	返回指定目录中的文件的名称

例如，下列代码执行时首先判断 c:\aa 文件夹是否存在，若存在则将其删除。然后再创建一个 c:\bb 文件夹。

```
string Path1 = @"c:\aa";
string Path2 = @"c:\bb";
if(Directory.Exists(Path1))
{
    Directory.Delete(Path1);
}
Directory.CreateDirectory(Path2);
```

又如，下列代码使用 foreach 循环遍历指定的文件夹（c:\abc），并删除其中的所有文件。

```
foreach (string filename in Directory.GetFiles(@"c:\abc"))
{
    File.Delete(filename);
}
```

GetFiles()方法支持在参数中使用文件名通配符。例如，下列代码用于删除 c:\abc 文件夹中所有扩展名为 jpg 的文件。

```
foreach (string filename in Directory.GetFiles(@"c:\abc", "*.jpg"))
{
```

```
        File.Delete(filename);
    }
```

8.3.3 DriveInfo 类

文件必须保存在物理的存储介质中，如硬盘、光盘或 U 盘等。通常将这些存储介质称为驱动器，C#语言提供的 DriveInfo 类实现了对驱动器相关信息的访问。

1．常用属性

DriveInfo 类提供了用于获取计算机磁盘相关信息的属性，这些属性都是只读型，见表 8-3。

图 8-3 DriveInfo 类常用属性

属 性 名	说　明
AvailableFreeSpace	指示驱动器上的可用空闲空间量
DriveFormat	获取文件系统的名称，如 NTFS 或 FAT32
DriveType	获取驱动器类型
IsReady	获取一个指示驱动器是否已准备好的值
Name	获取驱动器的名称
RootDirectory	获取驱动器的根目录
TotalFreeSpace	获取驱动器上的可用空闲空间总量
TotalSize	获取驱动器上存储空间的总大小
VolumeLabel	获取或设置驱动器的卷标

2．常用方法

DriveInfo 类的方法比较少，常用的方法为 GetDrives 静态方法。GetDrives 静态方法用于检索计算机上的所有逻辑驱动器的驱动器名称，没有参数，其返回值类型为 DriveInfo 数组。

例如，若要获取第一个磁盘分区的卷标，可使用如下所示的语句。

```
DriveInfo[] dri = DriveInfo.GetDrives();        //声明 DriveInfo 类型的数组对象 dri
label1.Text = dri[1].VolumeLabel;               //显示第一个磁盘分区的卷标
```

8.4 数据流

流（Stream）是字节序列的抽象概念，如文件、输入/输出设备、内部进程通信管道或者 TCP/IP 套接字等。一般来说，流要比文件的范围更广泛一些，按照流储存的位置可以分为打开并读写磁盘文件的文件流（FileStream）、表示网络中数据传输的网络流（NetworkStream），以及内存中数据交换时创建的内存流（MemoryStream）等。

8.4.1 流的操作

流与文件不同，文件是一些具有永久存储及特定顺序的字节组成的一个有序的、具有名称的集合。对于文件，一般都有相应的目录路径、磁盘存储、文件和目录名等；而流提供从存储设备写入字节和读取字节的方法，存储设备可以是磁盘、网络、内存和磁带等。

1．流的操作

流的操作一般涉及以下 3 个基本方法。

1）读取流：读取是从流到数据结构（如字节数组）的数据传输。
2）写入流：写入是从数据结构到流的数据传输。

3）查找流：查找是对流内的当前位置进行查询和修改。

其中查找功能取决于流的存储区类型。例如，网络流没有当前位置的统一概念，因此一般不支持查找。

2．流的分类

在.NET Framework 中，流由抽象基类 Stream 来表示，该类不能实例化，但可以被继承。由 Stream 类派生出的常用类包括二进制读取流 BinaryReader、二进制写入流 BinaryWriter、文本文件读取流 StreamReader、文本文件写入流 StreamWriter、缓冲流 BufferedStream、文件流 FileStream、内存流 MemoryStream 和网络流 NetworkStream。

尽管流的类型很多，但在处理文件的输入/输出（I/O）操作时，最重要的类型是文件流 FileStream，这也是本章要介绍的重点内容。

8.4.2 文件流

FileStream 类用来创建一个文件流，并可以打开和关闭指定的硬盘文件。FileStream 类继承于抽象类 Stream。文件流可以分为只读流、只写流和读写流。读写操作可以指定为同步或异步操作。FileStream 对输入/输出进行缓冲，从而提高性能。

1．FileStream 类的常用属性

FileStream 类的常用属性及说明如表 8-4 所示。

表 8-4 FileStream 类的常用属性及说明

属 性 名	说 明
CanRead	获取一个值，该值指示当前流是否支持读取
CanSeek	获取一个值，该值指示当前流是否支持查找
CanTimeout	获取一个值，该值确定当前流是否可以超时
CanWrite	获取一个值，该值指示当前流是否支持写入
IsAsync	获取一个值，该值指示 FileStream 是异步还是同步打开的
Length	获取用字节表示的流长度
Name	获取传递给构造函数的 FileStream 的名称
Position	获取或设置此流的当前位置
ReadTimeout	获取或设置一个值（以毫秒为单位），该值确定流在超时前尝试读取多长时间
WriteTimeout	获取或设置一个值（以毫秒为单位），该值确定流在超时前尝试写入多长时间

2．FileStream 类的常用方法

FileStream 类的常用方法及说明如表 8-5 所示。

表 8-5 FileStream 类的常用方法及说明

方 法 名	说 明
BeginRead	开始异步读
BeginWrite	开始异步写
Close	关闭当前流并释放与之关联的所有资源（如套接字和文件句柄）
EndRead	等待挂起的异步读取完成
EndWrite	结束异步写入，在 I/O 操作完成之前一直阻止
Lock	允许读取访问的同时防止其他进程更改FileStream

(续)

方法名	说明
Read	从流中读取字节块并将该数据写入给定缓冲区中
ReadByte	从文件中读取 1 字节,并将读取位置提升 1 字节
Seek	将该流的当前位置设置为给定值
SetLength	将该流的长度设置为给定值
Unlock	允许其他进程访问以前锁定的某个文件的全部或部分
Write	使用从缓冲区读取的数据将字节块写入该流
WriteByte	将 1 字节写入文件流的当前位置

3. 创建 FileStream 类对象

FileStream 类提供了许多实例化对象的构造函数,下面针对 3 种常用的实例化对象方法进行讲述。

(1) 使用指定文件路径和文件打开方式实例化对象

通过指定文件路径和打开方式实例化 FileStream 类对象的语法格式为

  FileStream 对象名 = new FileStream(string path,FileMode mode);

其中,各参数说明如下。

1) path:当前 FileStream 对象将封装的文件的相对路径或绝对路径。

2) mode:确定如何打开或创建文件,FileMode 枚举类型的值及说明如表 8-6 所示。

表 8-6 FileMode 枚举类型的值及说明

枚举类型的值	说明
CreateNew	指定操作系统应创建新文件
Create	指定操作系统应创建新文件。如果文件已存在,它将被覆盖
Open	指定操作系统应打开现有文件。打开文件的能力取决于 FileAccess 所指定的值
OpenOrCreate	指定操作系统应打开文件(如果文件存在);否则,应创建新文件
Truncate	指定操作系统应打开现有文件。文件一旦被打开,就将被截断为 0 字节大小
Append	打开现有文件并查找到文件尾,或创建新文件。FileMode.Append 只能同 FileAccess.Write 一起使用

(2) 使用指定文件路径、打开方式和访问方式实例化对象

通过指定文件路径、打开方式和访问方式实例化 FileStream 类对象,其语法格式为

  FileStream 对象名 = new FileStream(string path,FileMode mode,FileAccess access);

其中,各参数说明如下。

1) path:当前 FileStream 对象将封装的文件的相对路径或绝对路径。

2) mode:确定如何打开或创建文件。

3) access:FileAccess 枚举类型参数用于确定 FileStream 对象访问文件的方式,FileAccess 枚举类型的取值及说明如表 8-7 所示。

表 8-7 FileAccess 枚举类型的值及说明

枚举类型的值	说明
Read	对文件的读访问。可从文件中读取数据。同 Write 组合即构成读/写访问权
Write	文件的写访问。可将数据写入文件。同 Read 组合即构成读/写访问权
ReadWrite	对文件的读访问和写访问。可从文件读取数据和将数据写入文件

（3）使用指定文件路径、打开方式、访问方式和文件共享方式实例化对象

通过指定文件路径、文件打开方式、访问文件的方式和文件共享方式实例化 FileStream 类对象，其语法格式为

  FileStream 对象名 = new FileStream(string path,FileMode mode,FileAccess access,FileShare share);

其中，各参数说明如下。

1) path：当前 FileStream 对象将封装的文件的相对路径或绝对路径。

2) mode：FileMode 常数，确定如何打开或创建文件。

3) access：确定 FileStream 对象访问文件的方式。

4) share：FileShare 枚举类型参数，用于确定文件如何由进程共享，FileShare 枚举类型的取值及说明如表 8-8 所示。

表 8-8　FileShare 枚举类型的值及说明

枚举类型的值	说　明
None	谢绝共享当前文件。文件关闭前，打开该文件的任何请求都将失败
Read	允许随后打开文件读取。如果未指定此标志，则文件关闭前，任何打开该文件以进行读取的请求都将失败。但是，即使指定了此标志，仍可能需要附加权限才能够访问该文件
Write	允许随后打开文件写入。如果未指定此标志，则文件关闭前，任何打开该文件以进行写入的请求都将失败。但是，即使指定了此标志，仍可能需要附加权限才能够访问该文件
ReadWrite	允许对打开的文件读取或写入。如果未指定此标志，则文件关闭前，任何打开该文件以进行读取或写入的请求都将失败。但是，即使指定了此标志，仍可能需要附加权限才能够访问该文件
Delete	允许随后删除文件

例如，下列代码实例化了一个 FileStream 类对象 fs，实例化时对文件名、打开方式、访问方式及是否共享都给出了明确的说明。

  FileStream fs;
  fs = new FileStream("Test.cs", FileMode.OpenOrCreate,FileAccess.ReadWrite, FileShare.None);

8.4.3　文本文件的读写操作

文本文件是一种典型的顺序文件，它是指以 ASCII 码方式（也称文本方式）存储的文件，其文件的逻辑结构又属于流式文件。文本文件中除了存储文件有效字符信息（包括能用 ASCII 码字符表示的回车换行等信息）外，不能存储其他任何信息。在 C#语言中，文本文件的读取与写入主要是通过 StreamReader 类和 SteamWriter 类实现。

1. StreamReader 类

StreamReader 类是专门用来处理文本文件的读取类。它可以方便地以一种特定的编码从字节流中读取字符。

（1）创建 StreamReader 类对象

通常情况下，创建 StreamReader 类对象可以使用以下 3 种方式之一。

方法一：用指定的流初始化 StreamReader 类的新实例。

  StreamReader sr = new StreamReader(Stream stream);

方法二：用指定的文件名初始化 StreamReader 类的新实例。

  StreamReader sr = new StreamReader(string path);

其中，path 为包含路径的完整文件名。

方法三：用指定的流或文件名，并指定字符编码初始化 StreamReader 类的新实例。

使用流和字符编码，代码如下。

StreamReader sr = new StreamReader(Stream stream, Encoding encoding);

使用文件名和字符编码，代码如下。

StreamReader sr = new StreamReader(string path, Encoding encoding);

其中，Encoding 为字符编码的枚举类型。

例如，下列代码以默认的编码方式读取 c:\aa.txt 的全部内容，并将其显示到 RichTextBox 控件中。

```
StreamReader sr = new StreamReader(@"c:\aa.txt",Encoding.Default);
try
{
    RichTextShow.Text = sr.ReadToEnd();
}
finally
{
    sr.Close();
}
```

注意，在进行文件的读写操作后一定要注意调用 Close()方法关闭文件，以释放占用的系统资源。为了避免由于程序出错引发异常而使 Close()方法无法调用，最好将其放置在 finally 语句块中。

（2）StreamReader 类的常用属性和方法

StreamReader 类最常用的属性是 EndOfStream 属性，该属性表示是否已读取到了文件的结尾（true 表示已到达结尾）。StreamReader 类较为常用的方法如表 8-9 所示。

表 8-9 StreamReader 类常用方法及说明

方 法 名	说 明
Close	关闭 StreamReader 对象和基础流，并释放与读取器关联的所有系统资源
Read	读取输入流中的下一个或下一组字符
ReadBlock	从当前流中读取最大 count 的字符，并从 index 开始将该数据写入缓冲区
ReadLine	从当前流中读取一行字符，并将数据作为字符串返回
ReadToEnd	从流的当前位置到末尾读取流

2．SteamWriter 类

SteamWriter 类是专门用来处理文本文件的类，可以方便地向文本文件中写入字符串。

（1）创建 StramWriter 类对象

创建 SteamWriter 类对象的常用构造函数同 StreamReader 类非常相似，这里只介绍如何用文件名和指定编码方式创建实例，它区别于 StreamReader 类，格式为

StreamWriter sw = new StreamWriter(string path, bool append,Encoding encoding);

如果希望使用文件名和编码参数来创建 SteamWriter 类对象，必须使用上述格式。其中，append 参数用于确定是否将数据追加到文件。如果该文件存在，并且 append 为 false，则该文件被覆盖。如果该文件存在，并且 append 为 true，则数据被追加到该文件中。否则，将创建新文件。

例如，将 RichTextBox 控件中显示的文本保存在 c:\out.txt 文件中，代码如下。

StreamWriter sw = new StreamWriter(@"c:\out.txt", true, Encoding.Default);

171

```
try
{
    sw.WriteLine(RichTextShow.Text);
}
finally
{
    sw.Close();
}
```

(2) SteamWriter 类的常用方法

SteamWriter 类的常用方法及说明如表 8-10 所示。

表 8-10 SteamWriter 类常用方法及说明

方 法 名	说 明
Close	关闭 SteamWriter 对象和基础流
Write	向相关联的流中写入字符
WriteLine	向相关联的流中写入字符，后跟换行符

【演练 8-3】 新建一个 Windows 应用程序项目，使用 Windows 自带的"记事本"程序，按照如图 8-12 所示的格式创建一个名为 Items.txt 的文本文件，并将其复制到项目文件夹 bin\Debug 中。如图 8-13 所示，程序启动后能读取 Items.txt 中的各项并填充到组合框中。如图 8-14 所示，用户在文本框中输入新选项文本后，单击"添加"按钮能将新选项同时追加到 Items.txt 文件和组合框中。

图 8-12 文本文件中预设的选项　　图 8-13 将选项添加到组合框　　图 8-14 添加新选项

程序设计步骤如下。

(1) 设计程序界面

新建一个 Windows 窗体应用程序项目，向窗体中添加 2 个标签控件 label1、label2，添加 1 个组合框控件 comboBox1、1 个文本框控件 textBox1 和 1 个按钮控件 button1。

(2) 设置对象属性

设置 2 个标签控件 label1、label2 的 Text 属性分别为"新增选项"和"现有选项"；设置组合框控件 comboBox1 的 Name 属性为 cboItems；设置文本框控件 textBox1 的 Name 属性为 txtItem；设置按钮控件 button1 的 Name 属性为 btnAdd，Text 属性为"添加"。适当调整各控件的大小及位置。

(3) 编写程序代码

由于需要使用 StreamReader 和 StreamWriter 类，需要添加对 System.IO 命名空间的引用，代码如下。

```
using System.IO;
```

在窗体类框架（class Form1）中创建用于填充组合框选项的 FillItems()方法，代码如下。

```
void FillItems()
{
```

```
        cboItems.Items.Clear();                //清除现有选项
        StreamReader sr = new StreamReader("Items.txt", Encoding.Default);
        try
        {
            while (!sr.EndOfStream)             //EndOfStream 属性用于判断是否已到达文件尾
            {
                string item = sr.ReadLine();
                if ( item != "")
                {
                    cboItems.Items.Add(item);
                }
            }
        }
        finally
        {
            sr.Close();
        }
        //将第一个选项的文本显示到组合框中
        cboItems.Text = cboItems.Items[0].ToString();
    }
```

窗体装入时执行的事件处理程序代码如下。

```
    private void Form1_Load(object sender, EventArgs e)
    {
        this.Text = "文本文件的读写";
        FillItems();                            //调用 FillItems()方法填充组合框
    }
```

"添加"按钮被单击时执行的事件处理程序代码如下。

```
    private void btnAdd_Click(object sender, EventArgs e)
    {
        StreamWriter sw = new StreamWriter("Items.txt",true, Encoding.UTF8);
        if (txtNewItem.Text != "")
        {
            sw.WriteLine(txtNewItem.Text);
        }
        else
        {
            MessageBox.Show("不能添加空选项！","操作失败",
                            MessageBoxButtons.OK,MessageBoxIcon.Warning);
            return;                             //不再执行后续代码
        }
        sw.Close();
        FillItems();
        MessageBox.Show("选项添加成功！","操作完成",
                        MessageBoxButtons.OK,MessageBoxIcon.Information);
    }
```

8.5 实训 设计一个专家库管理程序

8.5.1 实训目的

熟练掌握打开、读取、写入和删除文本文件的方法。加深对 File 类、StreamReader 类和

StreamWriter 类的理解，掌握它们包含的常用方法和属性。理解 try…catch…finally 语句在捕获和处理异常方面的作用。

8.5.2 实训要求

设计一个用于项目评审专家随机抽取的程序，并要求程序具有添加项目类型、添加专家信息的功能。程序功能要求如下。

1）如图 8-15 所示，程序启动后显示出"通用计算机类"项目专家库中的所有记录。

2）如图 8-16 所示，用户在选择了项目类型并输入所需人数后单击"确定"按钮，即可随机抽取并显示出各位专家的信息。单击"显示全部"按钮可显示所选项目类型对应的所有专家记录。如果指定的人数大于专家库中现有记录数，则弹出如图 8-17 所示的信息框给出提示。

图 8-15　程序启动后的初始界面

图 8-16　按指定人数和类型随机抽取专家

3）通过"项目类型"组合框更换类型时，数据列表控件中自动显示该类型所有专家的信息。如果所选项目类型没有对应的专家记录，则弹出如图 8-18 所示的信息框给出提示。

图 8-17　需要专家数大于库中记录数

图 8-18　没有符合条件的专家信息

4）选择"数据维护"选项卡，进入如图 8-19 所示的界面。通过该界面可以向系统中添加新的项目类型和新的专家记录。其中，"所属类型"组合框中的选项与"抽取专家"选项卡中"项目类型"组合框中的选项同步。如果添加的新项目类型或专家信息已存在，则弹出如图 8-20 所示的信息框给出提示。

图 8-19　"数据维护"选项卡

图 8-20　添加重复信息时的出错提示

程序设计方法要求如下。

1）程序所需数据存放在文本文件中。type.txt 中存放类型名称，以类型名称命名的文本文件中存放隶属于该类型的专家信息。数据组织格式如图 8-21 和图 8-22 所示。为了在调用文件时能省略路径描述，可将数据文件复制到项目所在文件夹 bin\Debug 中。

图 8-21 存放项目类型的文件

图 8-22 存放专家数据的文件

2)在窗体类框架(class Form1)中创建一个专家类 Expert,该类具有 Name(姓名)、单位(Unit)和联系电话(Tel)3 个 string 类型的属性。

3)在窗体类框架(class Form1)中创建一个用于设置"项目类型"和"所属类型"组合框的 FillType()方法,该方法能够顺序读取 type.txt 中的信息并填充到组合框中。

4)在窗体类框架中创建一个用于获取专家信息的 GetData()方法,该方法能够顺序读取指定类型的专家信息文件(通用计算机类.txt、计算机网络类.txt 等),并将数据以 Expert 类对象的形式存放到 List<T>类型的窗体级变量 ExpertInfo 中。

5)在窗体类框架中创建一个用于将 ExpertInfo 中的数据显示到 DataGridView 控件的 FillData()方法。

6)在各控件的事件(窗体装入、按钮被单击或组合框选项改变等)中通过调用 FillType()、GetData()和 FillData()方法实现程序的各项功能。

8.5.3 实训步骤

1. 设计程序界面

新建一个 Windows 应用程序项目,参照程序运行效果图向窗体中添加 1 个 TabControl 控件。向 TabControl 控件的第一个选项卡中添加 2 个标签控件 label1、label2,添加 1 个组合框控件 comboBox1,添加 1 个文本框控件 textBox1,添加 2 个按钮控件 button1、button2 和 1 个数据列表控件 dataGridVew1。

向 TabControl 控件的第二个选项卡中添加 2 个分组框控件 groupBox1、groupBox2,向 groupBox1 中添加 1 个标签控件 label3、1 个文本框控件 textBox2 和 1 个按钮控件 button3;向 groupBox2 中添加 4 个标签控件 label4~label7、3 个文本框 textBox3~textBox5、1 个组合框控件 comboBox2 和 1 个按钮控件 button4。适当调整各控件的大小及位置。

2. 设置对象属性

各控件的初始属性设置如表 8-11 所示。

表 8-11 各控件对象的属性设置

控件	属性	值	说 明
label1~label7	Text	"项目类型""人数"和"新项目类型名称"等	标签控件中显示的输入提示文本
textBox1~textBox5	Name	txtNum、txtType、txtName、txtTel、txtUnit	文本框在程序中的名称
button1~button4	Name	btnOK、btnAll、btnType、btnExpert	按钮在程序中使用的名称
	Text	"确定""显示全部""确定""确定"	按钮上显示的文本信息
comboBox1~comboBox2	Name	cboType、cboNewType	组合框在程序中使用的名称
groupBox1~groupBox2	Text	"添加项目类型""添加专家记录"	分组框上显示的文本信息
dataGridView1	Name	dgvList	数据表格控件在程序中使用的名称

3. 编写程序代码

由于在程序中需要使用文件操作，故需要添加如下命名空间的引用。

```
using System.IO;
```

在窗体类框架（class Form1）中创建专家类 Expert 的代码如下。

```
class Expert
{
    private string _name, _unit, _tel;      //声明字段变量
    public string Name                       //声明属性
    {
        get { return _name; }
        set { _name = value; }
    }
    public string Unit
    {
        get { return _unit; }
        set { _unit = value; }
    }
    public string Tel
    {
        get { return _tel; }
        set { _tel = value; }
    }
}
```

在窗体类框架（class Form1）中创建用于填充类型组合框的 FillType() 方法，代码如下。

```
void FillType()
{
    cboType.Items.Clear();                   //清除原有选项
    cboNewType.Items.Clear();
    //打开并读取 type.txt 文件的内容
    StreamReader sr = new StreamReader("type.txt",Encoding.Default);
    try
    {
        while (!sr.EndOfStream)
        {
            string Item = sr.ReadLine();
            if (Item != "")
            {
                cboType.Items.Add(Item);     //将读取的内容添加到组合框中
                cboNewType.Items.Add(Item);
            }
        }
        //将第一个选项的文本显示到组合框中
        cboType.Text = cboType.Items[0].ToString();
        cboNewType.Text = cboNewType.Items[0].ToString();
    }
    catch (Exception ex)
    {
        MessageBox.Show(ex.Message, "出错", MessageBoxButtons.OK, MessageBoxIcon.Warning);
```

```
            }
            finally
            {
                sr.Close();
            }
        }
```

在窗体类框架（class Form1）中声明以 Expert 类为参数类型的 List<T>泛型集合，代码如下。

```
List<Expert> ExpertInfo = new List<Expert>();
```

在窗体类框架（class Form1）中创建用于获取数据的 GetData()方法，代码如下。

```
void GetData()
{
    ExpertInfo.Clear(); //清除泛型集合对象中的现有项
    //如果用户选择的项目类型没有对应的专家信息库文件
    if (!File.Exists(cboType.Text + ".txt"))
    {
        MessageBox.Show("尚未建立该类型的专家库！", "出错", MessageBoxButtons.OK,
                        MessageBoxIcon.Warning);
        return;                         //不再执行后续代码
    }
    StreamReader sr = new StreamReader(cboType.Text + ".txt", Encoding.Default);
    try
    {
        while (!sr.EndOfStream)
        {
            Expert exp = new Expert();      //实例化一个 Expert 类对象
            exp.Name = sr.ReadLine();       //为对象的属性赋值
            if (exp.Name != "")
            {
                exp.Unit = sr.ReadLine();
                exp.Tel = sr.ReadLine();
            }
            ExpertInfo.Add(exp);//将完成属性赋值的对象添加到泛型集合中
        }
    }
    catch (Exception ex)
    {
        MessageBox.Show(ex.Message, "出错", MessageBoxButtons.OK, MessageBoxIcon.Warning);
    }
    finally
    {
        sr.Close();
    }
}
```

在窗体类框架（class Form1）中创建用于填充数据表格控件的 FillData()方法，代码如下。

```
void FillData()
{
    if (dgvList.ColumnCount == 0)
    {
```

```csharp
            //声明一个 DataGridView 控件的文本框类型列对象 col1
            DataGridViewTextBoxColumn col1 = new DataGridViewTextBoxColumn();
            col1.Width = 100;                          //设置列宽度
            col1.HeaderText = "姓名";                   //设置列标题中显示的文本
            col1.DataPropertyName = "Name";            //要绑定的属性名
            DataGridViewTextBoxColumn col2 = new DataGridViewTextBoxColumn();
            col2.Width = 187;
            col2.HeaderText = "工作单位";
            col2.DataPropertyName = "Unit";
            DataGridViewTextBoxColumn col3 = new DataGridViewTextBoxColumn();
            col3.Width = 100;
            col3.HeaderText = "联系电话";
            col3.DataPropertyName = "Tel";
            dgvList.Columns.Add(col1);
            dgvList.Columns.Add(col2);
            dgvList.Columns.Add(col3);
        }
            dgvList.DataSource = ExpertInfo;           //使用泛型集合作为数据表控件的数据源
    }
```

窗体装入时执行的事件处理程序代码如下。

```csharp
        private void Form1_Load(object sender, EventArgs e)
        {
            this.Text = "专家库管理程序";
            FillType();          //调用 FillType()方法
            GetData();           //调用 GetData()方法
        }
```

"抽取专家"选项卡中的"确定"按钮被单击时执行的事件处理程序代码如下。

```csharp
        private void btnOK_Click(object sender, EventArgs e)
        {
            dgvList.DataSource = null;
            Random rd = new Random();
            GetData();
            int Num;
            try     //若用户输入的人数为非数字字符,则引发异常
            {
                Num = int.Parse(txtNum.Text);
            }
            catch (FormatException)            //捕获异常并显示提示信息
            {
                MessageBox.Show("输入的数据格式有误!","出错",
                            MessageBoxButtons.OK,MessageBoxIcon.Warning);
                return;                        //不再执行后续代码
            }
            if (Num > ExpertInfo.Count)        //如果用户输入的人数大于泛型集合中的记录数
            {
                MessageBox.Show("目前该项目专家库中仅有 " + ExpertInfo.Count.ToString() +
                            " 位专家!","出错",MessageBoxButtons.OK,MessageBoxIcon.Warning);
                return;                        //不再执行后续代码
            }
```

```csharp
        //计算需要删除的记录数，删除数=总数-需要数
        int RemoveRows = ExpertInfo.Count - int.Parse(txtNum.Text);
        for (int i = 0; i < RemoveRows; i++)
        {
            //产生一个随机数，并以该数为索引值移除泛型集合中的对应项
            ExpertInfo.RemoveAt(rd.Next(0, ExpertInfo.Count));
        }
        FillData();            //调用 FillData()方法，重新填充数据表格控件
    }
```

"抽取专家"和"数据维护"选项卡中组合框的选项改变共享事件的处理程序代码如下。

```csharp
    private void cboType_SelectedIndexChanged(object sender, EventArgs e)    //共享事件
    {
        dgvList.DataSource = null;
        cboBox combo = (ComboBox)sender;            //获取触发本事件的具体控件对象
        if (combo.Name != "cboNewType")
        {
            GetData();
        }
        FillData();
    }
```

"抽取专家"选项卡中的"显示全部"按钮被单击时执行的事件处理程序代码如下。

```csharp
    private void btnAll_Click(object sender, EventArgs e)
    {
        dgvList.DataSource = null;
        GetData();
        FillData();
    }
```

"数据维护"选项卡的"添加项目类型"区域中的"确定"按钮被单击时执行的事件处理程序代码如下。

```csharp
    private void btnType_Click(object sender, EventArgs e)
    {
        if (txtTypeName.Text == "")
        {
            MessageBox.Show("项目类型名称不能为空！", "出错", MessageBoxButtons.OK,
                            MessageBoxIcon.Warning);
            return;
        }
        for (int i = 0; i < cboNewType.Items.Count; i++)
        {
            if (cboNewType.Items[i].ToString() == txtTypeName.Text)
            {
                MessageBox.Show("要添加的项目类型已存在！", "出错", MessageBoxButtons.OK,
                                MessageBoxIcon.Warning);
                return;
            }
        }
        StreamWriter sw = new StreamWriter("type.txt", true, Encoding.Default); try
        {
```

```
            sw.WriteLine(txtTypeName.Text);
        }
        catch (Exception ex)
        {
            MessageBox.Show(ex.Message, "出错", MessageBoxButtons.OK, MessageBoxIcon.Warning);
            return;
        }
        finally
        {
            sw.Close();
        }
        MessageBox.Show("数据添加成功！", "完成", MessageBoxButtons.OK,
                        MessageBoxIcon.Information);
        txtTypeName.Text = "";
        txtTypeName.Focus();
        FillType();
    }
```

"数据维护"选项卡的"添加专家记录"区域中的"确定"按钮被单击时执行的事件处理程序代码如下。

```
        private void btnExpert_Click(object sender, EventArgs e)
        {
            if (txtNewName.Text == "" || txtNewUnit.Text == "" || txtNewTel.Text =="")
            {
                MessageBox.Show("请输入完整数据！", "出错", MessageBoxButtons.OK,
                                MessageBoxIcon.Warning);
                return;
            }
            if (File.Exists(cboNewType.Text + ".txt"))
            {
                StreamReader sr = new StreamReader(cboNewType.Text + ".txt",Encoding.Default);
                try
                {
                    while (!sr.EndOfStream)          //判断要添加的数据是否已经存在
                    {
                        string ExpName = sr.ReadLine();
                        string ExpUnit = sr.ReadLine();
                        string ExpTel = sr.ReadLine();
                        if (ExpName == txtName.Text && ExpUnit == txtUnit.Text &&
                            ExpTel == txtTel.Text)
                        {
                            MessageBox.Show("要添加的专家记录已存在！", "出错",
                                            MessageBoxButtons.OK, MessageBoxIcon.Warning);
                            return;
                        }
                    }
                }
                catch (Exception ex)
                {
                    MessageBox.Show(ex.Message, "出错", MessageBoxButtons.OK,
```

```
                        MessageBoxIcon.Warning);
            return;
        }
        finally
        {
            sr.Close();
        }
    }
    StreamWriter sw = new StreamWriter(cboNewType.Text + ".txt", true, Encoding.Default);
    try
    {
        sw.WriteLine(txtNewName.Text);      //将新专家信息添加到对应的专家库文件中
        sw.WriteLine(txtNewUnit.Text);
        sw.WriteLine(txtNewTel.Text);
    }
    catch (Exception ex)
    {
        MessageBox.Show(ex.Message, "出错", MessageBoxButtons.OK, MessageBoxIcon.Warning);
        return;
    }
    finally
    {
        sw.Close();
    }
    MessageBox.Show("数据添加成功！", "完成", MessageBoxButtons.OK,
                    MessageBoxIcon.Information);
    txtNewName.Text = "";
    txtNewUnit.Text = "";
    txtNewTel.Text = "";
    txtNewName.Focus();
}
```

第9章 数据库和数据绑定

数据库是存放各类数据的文件,而数据库应用程序则是管理和使用这些数据的用户接口。也就是说,用户是通过数据库应用程序来查询、添加、删除和修改保存在数据库中的数据的。

为了减轻开发人员的工作量,Visual Studio 针对一些常规的数据库操作,提供了一种能自动将数据按照指定格式动态显示到程序界面上的"数据绑定"技术,通常将在数据绑定中用于显示数据、操作数据库的控件称为"数据访问控件"。

9.1 使用数据库系统

数据库的种类有很多,但最常用的是关系型数据库。关系型数据库根据表、记录和字段之间的关系进行数据组织和访问。它通过若干个表(Table)来存储数据,并通过关系(Relation)将这些表联系在一起。

一个关系型数据库中可以包含若干张表,每张表又由若干记录(行)组成,记录由若干字段(列)组成。表与表之间通过关系连接。这种结构与 Excel 工作簿十分相似。

9.1.1 创建 Microsoft SQL Server 数据库

Microsoft SQL Server(以下简称为 SQL Server)是美国微软公司推出的一个数据库软件,在中小应用环境中拥有很高的市场占有率,目前其最高版本为 SQL Server 2016。为了方便开发人员和小型桌面应用程序设计,Microsoft 提供了对应于各个版本的、免费的、体积较小且具有 SQL Server 主要功能的 SQL Server Express 版,它可以运行在 Windows 7、Windows 10 等非服务器版的 Windows 操作系统中。

Visual Studio 2015 中内置了 SQL Server 2014 Express LocalDB 版(安装升级包后,可自动更新为 LocalDB 2016),LocalDB 是 SQL Server Express 的一种运行模式,也可以理解为超轻量级的 SQL Server,特别适合在开发环境中使用。本书所有涉及 SQL Server 的内容和示例均以 LocalDB 版为背景。

1. 新建数据库和数据表

为了方便数据库管理,Visual Studio 提供了一个简单的可操作本地或远程 SQL Server 数据库的"服务器资源管理器"。在 Visual Studio 中选择"视图"→"服务器资源管理器"命令,可切换到该窗口。

(1)新建数据库

在"服务器资源管理器"中右击"数据连接"选项,在弹出的快捷菜单中选择"添加连接"命令,弹出如图 9-1 所示的"添加连接"对话框。选择"数据源"类型为"Microsoft SQL Server 数据库文件(SqlClient)",在"数据库文件名"栏中输入希望打开或新建的数据库文件名(如本例的 d:\c#2015\code\db\test.mdf),单击"确定"按钮。如果输入的数据库文件不存在(新建),系统会弹出信息框询问用户是否要创建该文件,单击"是"按钮,即可在指定位置创建数据库文件（*.mdf）和对应的日志文件（*.ldf）。

若希望连接远程 SQL Server 服务器，可单击"更改"按钮并在弹出的对话框中选择数据源类型为 Microsoft SQL Server，然后输入服务器计算机名或 IP 地址，选择身份验证方式（通常使用 SQL Server 身份验证方式）及要连接或附加到的数据库名称等，最后单击"确定"按钮完成操作。

图 9-1 "添加连接"对话框

（2）新建数据库表

在"服务器资源管理器"窗口中，右击数据库名称下的"表"选项，在弹出的快捷菜单中选择"添加新表"命令，如图 9-2 所示打开"表设计器"窗口，如图 9-3 所示。在该窗口中使用可视化或 T-SQL 语句的方式创建表结构（指定各字段的名称、数据类型、主键、是否允许为空等）。表结构设计完毕后，需要在 T-SQL 窗格中指定表名称（如本例的 users，系统默认值为 Table）。

图 9-2 新建数据库表

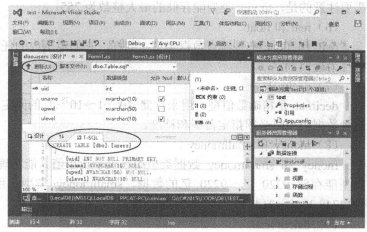

图 9-3 设计表结构

最后单击"更新"按钮，在弹出的对话框中单击"更新数据库"按钮，将新表按指定名称保存到数据库中。

若需修改表结构,可在"服务器资源管理器"窗口中右击表名称,在弹出的快捷菜单中选择"打开表定义"命令。若需向表中添加或修改记录,可右击表名称,在弹出的快捷菜单中选择"显示表数据"命令。若需删除某条记录,可在显示记录窗口中右击该记录,在弹出的快捷菜单中选择"删除"命令。

2．SQL Server 中常用的数据类型

与程序设计时相同,存储在数据库中的数据也需要在设计时就指定其数据类型。以下是 SQL Server 中最常用的,也是最基本的数据类型。

（1）char(n)

char(n)是一种字符类型,它需要定长存储,这意味着为它指定的长度 n 将用于所有存储该类型的列或变量中所存储的值。例如,若指定某列的数据类型为 char(20),则该列的每一行都将使用 20 个字符,如果数据列中只使用了 2 个字符,则其余 18 位将使用空格填充。

（2）varchar(n)

varchar(n)用于声明一个包含 n 个可变长度的非 Unicode 字符列。它是 SQL Server 中最有用的字符类型之一,因为它所存储的字符数据可以表示大多数数据,同时它也不会因字段值长度不同而浪费存储空间。

（3）nvarchar(n)

nvarchar(n)用于声明一个包含 n 个字符的可变长度 Unicode 字符列,占用存储空间的字节数是所输入字符个数的 2 倍。一般情况下,若数据是字母或符号可使用 varchar 类型,数据是汉字时最好使用 nvarchar 类型。

（4）text

text 类型用来存储由大量文本组成的文本块,最多可以存放多达 2GB 的字符数据。

（5）int

int 类型用于存储整型数字,占 4 字节的存储空间,允许的数据范围为 $2^{31} \sim 2^{31}-1$。对于更大或更小的数据,可以使用 bigint（8 字节）、smallint（2 字节）或 tinyint（1 字节）类型。需要注意的是,tinyint 类型能存储的最大整数为 255。

（6）real 和 float

real 和 float 都是浮点数据类型。同样,它们范围内的任何值都无法被精确地表示,因此被称为近似数字。

（7）decimal

decimal 是精确数值型,用来存储 $-10^{38}-1 \sim 10^{38}-1$ 的固定精度和范围的数值型数据。使用这种数据类型时必须指定范围和精度。

（8）money 和 smallmoney

money 和 smallmoney 数据类型用来表示货币值。能精确到货币单位的万分之一。money 类型能存储-9220 亿～9220 亿的数据,smallmoney 类型占用较小的存储空间,但只能存储 -214748.3648～214748.3647 的数据。

（9）datetime

datetime 作为两个 4 字节整数存储。第一个整数说明超前或落后于系统基本时间（1900 年 1 月 1 日）的天数。后一个字节记录小时之后的毫秒数。

datetime 类型的有效日期范围为从 1753 年 1 月 1 日,直到 9999 年的最后一天,并且它对毫秒的记录为它提供了 3.33 毫秒的精确度。关于日期时间类型数据 SQL Server 还提供有

date、datetime2、datetimeoffset、smalldatetime 和 time 等类型。

9.1.2 常用 SQL 语句

结构化查询语言（Structured Query Language，SQL）是专为数据库建立的操作命令集，它是一种功能齐全的数据库语言，并且现在几乎所有的数据库均支持 SQL。SQL 语句书写时不区分大小写。

使用 SQL 语句可以从数据库中返回一个或多个表中的部分或全部记录，返回的记录中可以包含全部或部分字段，并且可以按指定的方式进行记录排序。通常将使用 SQL 语句返回的数据集合称为"数据集"，它是大多数数据库应用程序的操作对象。此外，使用 SQL 语句还可以实现对数据的修改、添加和删除等操作。

1．查询语句（SELECT）

SELECT 语句主要用于从数据库中返回需要的数据集，其语法格式为

```
SELECT select_list
[INTO new_table_name]
FROM table_list
[WHERE search_conditions]
[GROUP BY group_by_list]
[HAVING search_conditions]
[ORDER BY order_list [ASC|DESC]]
```

各参数的说明如下。

1）select_list：选择列表用来描述数据集的列，它是一个逗号表达式列表。每个表达式定义了数据类型和大小，以及数据集列的数据来源。在选择列表中可以使用"*"号指定返回源表中所有的列（字段）。

2）INTO new_table_name：使用该子句可以通过数据集创建新表，new_table_name 表示新建表的名称。

3）FROM table_list：在每条要从表或视图中检索数据的 SELECT 语句中，都必须包含一个 FROM 子句。使用该语句指定要包含在查询中的所有列，以及 WHERE 所引用的列所在的表或视图。用户可以使用 AS 子句为表和视图指定别名。

4）WHERE：这是一个筛选子句，它定义了源表中的行要满足 SELECT 语句的要求所必须达到的条件。只有符合条件的行才会被包含在数据集中。WHERE 子句还用在 DELETE 和 UPDATE 语句中，用于指定需要删除或更新记录的条件。

5）GROUP BY：该语句根据 group_by_list 中的定义，将返回的记录集结果分成若干组。

6）HAVING：该语句是应用于数据集的附加筛选。HAVING 子句从中间数据集对行进行筛选，这些中间数据集是用 SELECT 语句中的 FROM、WHERE 或 GROUP BY 子句创建的。该语句通常与 GROUP BY 语句一起使用。

7）ORDER BY：该语句定义了数据集中的行排列顺序（排序）。order_list 指定了列排列的顺序。可以使用 ASC 或 DESC 指定排序是按升序还是降序。

下面举几个例子。

1）返回"学生信息"表中的所有记录，语句如下。

  SELECT * FROM 学生信息　　　　//通配符"*"表示包括记录中所有字段

2）从"学生信息"表中查询"姓名"字段值为"张三"的记录，但仅返回记录的"姓

名"字段,语句如下。

SELECT 姓名 FROM 学生信息 WHERE 姓名='张三'

3)从"学生信息"表中返回"姓名""班级"和"总分"字段,条件为"性别"为"女",并且"总分"大于360,语句如下。

SELECT 姓名,班级,总分 FROM 学生信息 WHERE 性别='女' AND 总分>360

4)从"学生成绩"表中返回姓名字段中含有"张"的所有记录,语句如下。这是在实现"模糊"查询时常用的手段。语句中的"%"为通配符,表示任意字符串。

SELECT * FROM 学生信息 WHERE 姓名 LIKE %张%

5)将表9-1和表9-2通过"课程名称"字段进行关联,返回一个多表查询数据集。要求其中包括"学号""姓名""课程名称"和"主讲教师"4个字段。

表9-1 学生选课

学号	姓名	课程名称
0001	张三	高等数学
0002	李四	外语
0003	王五	高等数学
0004	赵六	高等数学

表9-2 任课教师表

课程名称	主讲教师
高等数学	张胜利
外语	李开心
计算机	王希望
电子线路	刘成功

SELECT 学生选课.学号, 学生选课.姓名, 学生选课.课程名称, 任课教师.主讲教师
FROM 任课教师 INNER JOIN 学生选课 ON 任课教师.课程名称 = 学生选课.课程名称

2. 插入记录语句(Insert)

使用Insert语句可以向表中插入一条记录,该语句的语法格式为

INSERT INTO 表名称(字段名) VALUE(字段值)

例如,向"学生成绩"表中插入一条记录,并填写"编号"字段值为0009,"数学""语文"及"英语"字段(成绩)依次为89、76和92,语句如下。

INSERT INTO 学生成绩(编号,数学,语文,英语) VALUES('0009',89,76,92)

3. 修改记录语句(Update)

使用Update语句可更新(修改)表中的数据,该语句的语法格式为

UPDATE 表名称 SET 字段名=值 WHERE 条件

举例如下。

1)将"学生成绩表"中"总分"大于300的所有记录的"等级"字段值更改为"优秀",语句如下。

UPDATE 学生成绩 SET 等级='优秀' WHERE 总分>300

2)修改grade表中学号为0006的学生的数学为86,语文为87,英语为88,语句如下。

UPDATE grade SET 数学=86, 语文=87, 英语=88 WHERE 学号='0006'

4. 删除记录语句(Delete)

使用DELETE语句可以删除数据表中指定行,该语句的语法格式为

DELETE FROM 表名称 WHERE 条件

例如,删除"学生信息"表中"班级"字段值为"网络0001"的所有记录(行),语句如下。

DELETE FROM 学生信息 WHERE 班级='网络0001'

在实际应用中，SQL 语句是作为字符串被引用的，所以其中的关键字不区分大小写，但数据表名称和字段名不要使用中文来定义，上例中仅是为了使读者更容易理解 SQL 语句的含义才以中文表示了表名称和字段名。

9.1.3 Microsoft SQL Server 常用操作

在简单的应用范围中，使用前面介绍的 SQL 语句就能很好地完成对数据库的查询、修改、添加或删除操作，但在一些较大的应用中，可能因数据库中记录条数众多而影响操作的速度，此时就需要使用"存储过程"等技术来提高应用程序的运行效率。此外，在将数据库文件从一台计算机迁移到另一台计算机时，还需要使用数据库的"分离"或"附加"功能。

1. 创建存储过程

存储过程可以使得对数据库的管理，以及显示关于数据库及其用户信息的工作容易得多。存储过程是 SQL 语句和可选控制流语句的预编译集合，以一个名称存储并作为一个单元处理。存储过程存储在数据库内，可由应用程序通过一个调用执行，而且允许用户声明变量、有条件执行，以及其他强大的编程功能。

存储过程可包含程序流、逻辑，以及对数据库的查询。它们可以接收参数、输出参数、返回单个或多个结果集，以及返回值。

可以出于任何使用 SQL 语句的目的来使用存储过程，它具有以下几个优点。

1) 可以在单个存储过程中执行一系列 SQL 语句。

2) 可以从自己的存储过程内引用其他存储过程，这可以简化一系列复杂的 SQL 语句，提高语句的利用率。

3) 存储过程在创建时即在服务器上进行编译，所以执行起来比单个 SQL 语句要快许多。

一般情况下，数据库应用程序中需要经常、反复使用的 SQL 查询或其他操作应在设计数据库时就创建相应的存储过程。

在 Visual Studio 的"服务器资源管理器"中创建存储过程的操作步骤为：在"服务器资源管理器"窗口中连接某数据库，并展开其内容列表。右击内容列表中的"存储过程"选项，在弹出的快捷菜单中选择"添加新存储过程"命令，在弹出的对话框中选择数据来源（表、视图或函数等，一般可选择某数据表）后单击"添加"按钮，在 Visual Studio 中打开如图 9-4 所示的存储过程代码编辑窗口。

图 9-4 存储过程代码编辑窗口

可以看到系统已自动创建了存储过程的框架代码，程序员只需在框架中填入相应的代码即可。例如，下列代码创建了一个名为 SelectUser 的存储过程，当该存储过程执行时能从 users 表中返回指定 username 字段值的记录。

```
CREATE PROCEDURE SelectUser
(
@username nvarchar(10)
)
AS
    SELECT * FROM users
    WHERE username = @username
RETURN
```

其中，@username 表示需要从外界接收的参数（用户名）；AS 关键词后面是存储过程需要执行的 SQL 语句；RETURN 表示终止执行，无条件退出（该语句如果在最后一行，则可省略）。

存储过程创建完毕后，可在"服务器资源管理器"窗口中右击"存储过程"文件夹下的存储过程名称，在弹出的快捷菜单中执行"执行"命令，在打开的对话框中输入需要传递的参数值后，单击"确定"按钮，在输出窗口中即可看到输出结果。

又如，下列代码创建的存储过程 editstu，可从外界接收两个数据：@stuno（学号）和 @result（成绩），并将 Exam（考试）表中 stuno 字段值为@stuno 的记录的 result 字段值改为 @result 中接收的数据。

```
CREATE PROCEDURE dbo.editstu
(
@stuno nchar(6)
@result int
)
AS
    UPDATE Exam SET result=@result
    WHERE stuno=@stuno
RETURN
```

2. 分离和附加数据库

开发人员经常会遇到需要将某 SQL Server 数据库平台中的数据库安全地迁移到另一服务器中使用的问题，SQL Server 提供的数据库"分离"和"附加"功能可以帮助用户方便地完成数据库迁移工作。

SQL Server 允许"分离"数据库的数据和事务日志文件，然后将其重新"附加"到另一台服务器上。分离数据库操作将使数据库脱离 SQL Server 的管理成为独立的数据库文件（一个数据库文件*.mdf 和一个事务日志文件*.ldf）。只有完成了分离操作的数据库和事务日志文件才可以复制或移动到其他位置。

（1）分离数据库

在"服务器资源管理器"的"数据连接"选项下，右击需要分离的数据库名称，在弹出的快捷菜单中选择"分离数据库"命令，即可完成分离操作。数据库分离后若需要重新连接，可执行快捷菜单中的"修改连接"命令。

（2）附加数据库

首先需要将从其他计算机分离复制过来或从 Internet 中下载的数据库文件复制到安装有 SQL Server Express LocalDB 的计算机中，启动 Visual Studio，在"服务器资源管理器"中右击

"数据连接"选项,在弹出的快捷菜单中选择"新建连接"命令,弹出"添加连接"对话框。

1)选择"数据源"类型为"Microsoft SQL Server 数据库文件(SqlClient)"。

2)单击"浏览"按钮,在弹出的对话框中选择需要附加的数据库文件(日志文件必须与数据库文件保存在同一文件夹中)。

3)若为本地 SQL Server 数据库系统,则可选择登录方式为"Windows 身份验证";若为远程数据库系统,则一般应选择"SQL Server 身份验证"方式。

4)单击对话框下方的"测试连接"按钮,可在执行附加前进行检测,检测无误后可单击"确定"按钮执行附加操作。

"附加"完成后,新数据库即成为服务器所管辖的数据库之一,可以按照服务器定义的相关设置对其进行管理。

9.1.4 创建 Microsoft Access 数据库

Access 数据库管理系统是 Microsoft Office 的一个组件,也是最常用的本地数据库之一,在 Visual Studio 中可以方便地使用各种数据库对象和方法操作 Access 数据库。Access 特别适合小型数据库应用程序开发。

1. 创建数据库

从 Windows "开始"菜单启动"Microsoft Office"下的"Microsoft Access 2010"。在 Access 程序窗口中选择"空数据库"模板,输入数据库文件名并选择保存的位置后,单击"创建"按钮。至此,一个空 Access 数据库创建完毕,并以指定的文件名(*.accdb)保存在指定的文件夹中。用户可以继续创建需要的表,也可以退出 Access,待以后需要时将其打开完成后续工作。

2. 创建数据表

新建或打开数据库后,单击工具栏中的"设计"按钮,在指定了表名称后系统将打开如图 9-5 所示的 Access 设计视图窗口,在此可以依次输入各字段的名称、选择数据类型,在"字段属性"栏中输入字段的大小、格式等属性值。表结构设计完毕后,单击设计视图窗格右上角的"关闭"按钮,退出设计视图(注意:关闭的是设计视图窗格而不是 Access 窗口)。

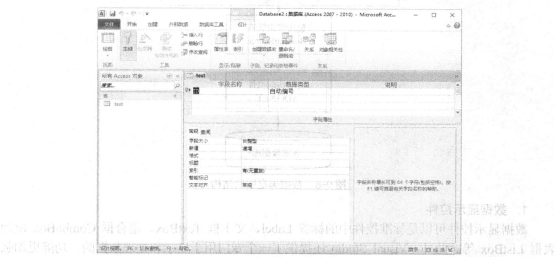

图 9-5 Access 设计视图

一般应在每个表中指定一个字段为该表的主键（带有标记的字段），主键应唯一地代表一条记录，即所有记录中该字段没有重复的值。有了主键可以方便地与数据库中的其他表进行关联，并利用主键值相等的规则结合多个表中的数据创建查询。

如果需要修改表结构，可以在 Access 窗口左侧的"所有 Access 对象"窗格中选择表名称，单击工具栏中的"设计"按钮，重新进入创建表结构窗口进行必要的修改。

双击"所有 Access 对象"窗格中的表名称，可以将其打开到表数据输入窗格。需要注意输入数据记录时，表中的主键字段值不允许空缺。输入完毕后关闭输入窗格，将数据保存在数据库文件中。

需要说明的是，在应用程序中使用扩展名为 accdb 的 Access 2007 格式的数据库时需要安装 Access 2007 数据组件 AccessDatabaseEngine.exe，否则会出现"未在本地计算机上注册 Microsoft.ACE.Oledb.12.0 提供程序"的出错提示。若无特殊需要，可在完成了 Access 数据库设计后，选择"文件"→"保存并发布"命令，将数据库保存成 Access 2003 格式（扩展名为 mdb）。

9.2 数据绑定

通过数据绑定技术，开发人员可以轻松地从数据库中获取数据，并将数据动态地显示到程序界面，而且在这个过程中甚至不需要编写任何代码。

9.2.1 数据绑定的概念

数据绑定技术将对数据库的操作分成多个可以独立操作的步骤，并将这些步骤封装进一些专用的控件中。通过使用这些控件，开发人员可以避免编写大量代码，从而提高开发效率。

数据绑定主要分为数据显示控件、数据绑定管道和数据访问组件 3 个层次，它们相互配合来实现一种简单的数据库操作途径。这 3 个层次的组成及相互关系如图 9-6 所示。

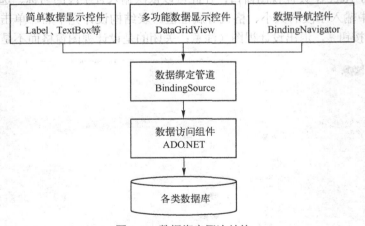

图 9-6　数据绑定层次结构

1．数据显示控件

数据显示控件可以是标准控件中的标签 Label、文本框 TextBox、组合框 ComboBox 或列表框 ListBox 等。此外，Visual Studio 还提供了一个专门用于显示和处理数据的、功能更加强大的数据表格控件 DataGridView。数据显示控件是一组界面构成元素，主要负责显示数据和接收用户输入。

数据导航控件实际上是一个包含多个内置工具按钮的工具栏项，通过该控件配合其他数据访问控件，可以轻松实现对数据源的浏览、添加、修改和删除等操作。

2．数据绑定管道

数据绑定管道主要由 BindingSource 类组成，它是数据访问组件和数据显示控件之间的"桥梁"，负责将数据从数据访问组件传递到数据显示控件，它也可以从数据显示控件获取用户添加或更新后的新数据，经过适当处理后，通过数据访问组件保存到数据库。

3．数据访问组件

数据访问组件负责从数据源（数据库、数组或文件等）获取数据，并通过数据绑定管道将数据显示到界面中。在 Visual Studio 中，数据访问组件指的就是 ADO.NET 组件。在使用数据显示控件、数据绑定通道方式访问数据库时，数据访问组件被封装到了数据绑定管道中，对用户来说数据访问组件是透明的。

9.2.2 简单绑定和复杂绑定

数据绑定按绑定项的单一性和多样性可分为简单绑定和复杂绑定两种情况。

1．简单绑定

简单数据绑定就是将数据显示控件的属性绑定到数据源的某个字段上，该属性值在程序运行时能随数据源对应字段值的变化而变化。例如，可以将 Student 类对象的 Name 属性绑定到一个文本框控件 textBox1 的 Text 属性上，当文本框失去焦点且 textBox1.Text 属性被修改时，将引起 Student.Name 属性的变更。举例如下。

```
class Student                          //声明一个 Student 类
{
    private string _name;
    public string Name                 //声明 Name 属性
    {
        set { _name = value; }
        get { return _name; }
    }
}
Student stu = new Student();           //创建 Student 类实例
private void Form1_Load(object sender, EventArgs e)
{
    stu.Name = "zhangsan";             //窗体装入时为 Name 属性赋值
    //为文本框添加绑定，将 Text 属性绑定到 stu 对象的 Name 属性上
    //窗体装入时文本框中自动显示 zhangsan，说明对象属性变更传递到了文本框 Text 属性中
    textBox1.DataBindings.Add("Text", stu, "Name");
}
private void button1_Click(object sender, EventArgs e)
{
    //修改文本框中的文本为 lisi，单击按钮后标签中显示 lisi，
    //说明文本框属性传递到了类对象属性中
    label1.Text = stu.Name;
}
```

2．复杂绑定

复杂绑定就是将一个基于列表的控件（ComboBox、ListBox 或 DataGridView 等）绑定到

一个数据实例列表（如数据表实例、数组或集合等）上。同样，复杂绑定也能实现界面数据和数据源数据之间的双向传递。

例如，下列代码可将一个字符串集合绑定到组合框控件中，也就是把集合作为组合框的数据源，组合框中的供选项由集合提供。

```
ArrayList items = new ArrayList();        //声明一个集合对象 items
items.Add("aaa");                         //向 items 对象中添加项
items.Add( "bbb");
items.Add("ccc");
...
items.Add("zzz");
comboBox1.DataSource = items;             //直接将集合赋值给组合框的 DataSource 属性
```

9.3 BindingSource 和 BindingNavigator 控件

使用数据绑定技术实现对数据库的基本操作时，数据显示控件和数据绑定控件是必不可少的，而数据导航控件则是一种实现便利操作的辅助控件。

9.3.1 BindingSource 控件

BindingSource（绑定源）控件是数据绑定中一个非常重要的控件，其主要用途如下。

1）为窗体上的数据显示控件提供一个到达数据源的中间层。即通过将 BindingSource 控件绑定到数据源，再将数据显示控件绑定到 BindingSource 控件，来完成数据显示控件和数据源数据的同步。显示界面与数据源进一步的交互（如导航、排序、筛选或更新等）也都是通过 BindingSource 控件来实现的。

2）BindingSource 控件是强类型的，可以保证数据的安全性和有效性。

将数据源中的信息表现到数据显示控件通常需要经过以下几个步骤。

1）使用数据源配置向导项目中添加数据源对象，数据源对象可以是数据库、服务或对象。

2）系统自动添加 BindingSource 控件和其他相关控件，并设置 BindingSource 控件的 DataSource 属性为前面设置完毕的数据源对象。

3）设置数据显示控件的 DataBindings 属性为前面设置完毕的 BindingSource 对象中的表、视图、存储过程或其中某个具体的字段。

【演练 9-1】 设计一个 Windows 应用程序。设已在 Microsoft SQL Server 中创建了一个名为 Students 的数据库，数据库中包含一个名为 StuInfo 的数据表，其中包含的记录信息如图 9-7 所示。程序启动后能自动将数据库中的指定字段值分别绑定到组合框和文本框中，如图 9-8 所示。并且当组合框中的数据项变化时各文本框中的数据能自动更新。

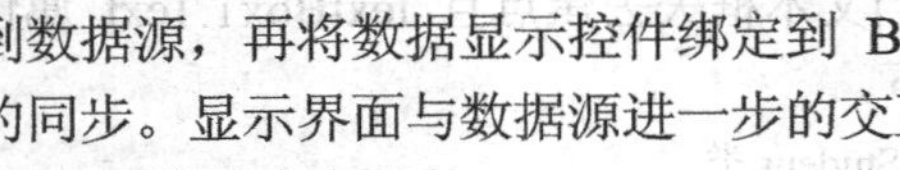

StuNo	StuName	StuSex	StuAge	StuPolity	StuHome
0001	李四	男	20	党员	北京市
0002	陈七	女	22		山东
0003	张大民	男	20		上海市
0004	赵六	男	21	党员	河南省
0005	张三	女	23		河北省

图 9-7 Students 数据库中 StuInfo 表的内容

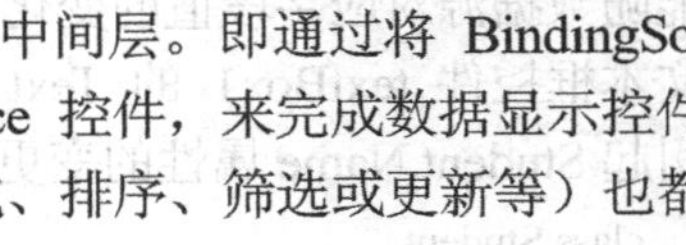

图 9-8 绑定到数据显示控件的数据

程序设计步骤如下。

(1) 设计程序界面

新建一个 Windows 应用程序项目，向窗体中添加 6 个标签、1 个组合框和 5 个文本框控件。适当调整各控件的大小及位置。

(2) 设置对象属性

设置 6 个标签控件的 Text 属性分别为"学号""姓名""性别""年龄""政治面貌"和"籍贯"；设置窗体的 Text 属性为"数据绑定示例"。

(3) 向项目中添加数据源

选择"视图"→"其他窗口"→"数据源"命令，在窗口左侧将出现"数据源"任务窗格。单击"添加新数据源"弹出如图 9-9 所示的"数据源配置向导"对话框。在对话框中选择数据源类型为"数据库"，单击"下一步"按钮。在弹出的"选择数据库模型"对话框中选择数据库模型为"数据集"后单击"下一步"按钮。

在如图 9-10 所示的"选择您的数据连接"对话框中，可以从下拉列表框中选择曾经使用过的数据连接，也可以单击"新建连接"按钮添加新的连接。

图 9-9　选择数据源类型

图 9-10　选择数据连接

若单击"新建连接"按钮，将弹出如图 9-11 所示的"添加连接"对话框。选择数据源类型为"Microsoft SQL Server 数据库文件（SqlClient）"（若需要使用其他类型的数据库，如 Access、Excel 等，可单击"更改"按钮，并在弹出的对话框中进行选择）。单击"浏览"按钮，在弹出的对话框中选择数据库文件后单击"确定"按钮，返回"选择您的数据连接"对话框。返回后可以单击"连接字符串"前面的"+"号查看连接字符串的具体内容。图 9-12 所示为本例中由系统自动生成的、保存在项目 app.config 文件中的数据库文件连接字符串内容（关于连接字符串的说明将在后续章节中详细介绍）。

图 9-11　"添加连接"对话框

图 9-12　连接字符串内容

在"选择您的数据连接"对话框中单击"下一步"按钮,若当前使用的数据库文件没有存放在项目文件夹中,系统将弹出如图 9-13 所示的信息框。此时,可单击"否"按钮。

如果单击"是"按钮,则每当运行程序时,该数据库文件都将复制到项目的输出目录中。这样对数据库浏览程序不会产生任何影响,但如果在程序中对数据库进行了修改、添加或删除等操作,复制将会导致所做的修改丢失。因为修改的是项目文件夹 bin\Debug 中的副本,复制操作导致该副本被替换。

单击"是"按钮后,系统将修改连接字符串中关于数据库文件路径的描述如下。

```
<connectionStrings>
    <add name="YL9_1.Properties.Settings.StudentsConnectionString"
        connectionString="Data Source=(LocalDB)\MSSQLLocalDB;
                     AttachDbFilename=|DataDirectory|\Students.mdf;Integrated
                     Security=True;Connect Timeout=30"
        providerName="System.Data.SqlClient" />
</connectionStrings>
```

在如图 9-14 所示的"将连接字符串保存到应用程序配置文件中"对话框中,可根据实际安全需要将连接字符串保存到 app.config 中,或将其手工书写到应用程序代码中。

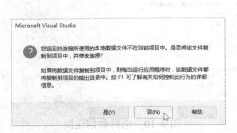

图 9-13 是否复制数据库文件到项目文件夹中　　　　图 9-14 保存连接字符串到 app.config 中

单击"下一步"按钮,弹出如图 9-15 所示的"选择数据库对象"对话框,可选择数据表、视图、存储过程和函数作为具体的数据源,这里选择 StuInfo 表及其包含的所有字段作为具体的数据源。选择完毕后单击"完成"按钮,结束数据源配置操作。

操作完成后,在"数据源"窗格中将出现一个名为××DataSet 的数据源项(也称为数据集),其中××为数据库名称,如本例的 StudentsDataSet(见图 9-16)。在数据源项中可以看到其中包含的表、视图及存储过程等。

图 9-15 "选择数据库对象"对话框　　　　图 9-16 数据源窗格

（4）将数据显示控件绑定到数据源

在窗体设计器中单击选择组合框控件 comboBox1 后，单击其右上角的"▶"标记打开组合框的任务菜单，选择"使用数据绑定项"复选框后，任务菜单显示如图 9-17 所示的各选项。单击"数据源"选项右侧的下拉按钮，按如图 9-18 所示选择 StuInfo 数据表作为具体的数据源。单击"显示成员"选项右侧的下拉按钮，按如图 9-19 所示选择 StuInfo 表的 StuNo 字段作为显示成员。

图 9-17　使用数据绑定项　　　图 9-18　选择 StuInfo 数据表　　　图 9-19　设置显示成员

至此，组合框的数据绑定操作设置完毕，按〈F5〉键试运行程序，可以看到组合框中已可以自动添加数据库中所有记录的"学号"字段数据了。

需要注意的是，对窗体上任何一个控件进行了数据绑定设置后，系统都将自动向项目中添加一个名为××BindingSource 的数据绑定源控件，其中××为数据表名称，如本例的 stuInfoBindingSource。

文本框的数据绑定操作与组合框略有不同，操作时需要在其"属性"窗口中选择 DataBindings 属性，并单击 Advanced 选项右侧的"浏览"按钮，在如图 9-20 所示的"格式设置和高级绑定"对话框中单击"绑定"栏右侧的下拉按钮，并选择需要的字段名称。设置完毕后，单击"确定"按钮。

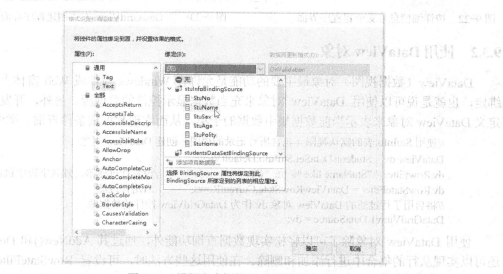

图 9-20　设置文本框的 Text 属性绑定

所有显示控件的数据绑定设置完毕后，一个能通过组合框选择学号实现数据库浏览的简单程序也就设计完成了。由于组合框和 5 个文本框被绑定到了相同的数据源，所以组合框中的"学号"值变化时自然引起数据源中当前记录指针的变化，从而使各文本框中显示的信息能与组合框中"学号"值的变化同步。

通过数据源配置向导实现数据绑定的过程中，数据源配置完毕时系统自动添加一个数据集控件（DataSet），将数据显示控件绑定到数据源时系统自动添加一个 BindingSource 控件和一个表适配器控件（TableAdapter）。由于这 3 个控件始终处于后台运行状态，故控件图标将出现在窗体设计器的下方，而不会在窗体上表示出来。

在【演练 9-1】中，为了详细说明如何将数据显示控件绑定到数据源，而采用了手工设置属性的操作方法。实际上，在数据源配置完成后，只要将表对象、视图对象或存储过程对象按如图 9-21 所示的 DataGridView 方式或"详细信息"方式直接拖放到窗体上，即可创建一个带有导航工具栏的、简单的数据库操作程序。而且，在数据源窗口中还可以为每个字段选择适合的数据显示控件（文本框、组合框或标签等）。

图 9-21　设置数据源方式

图 9-22 所示为使用"详细信息"方式创建的应用程序界面，图 9-23 所示为以 DataGridView 方式创建的应用程序界面。界面中信息内容提示标签的文本及 DataGridView 控件的列标题文本都可以通过属性设置进行修改。此外，通过界面中的导航工具栏可以实现对数据库的浏览、添加、删除和修改操作。

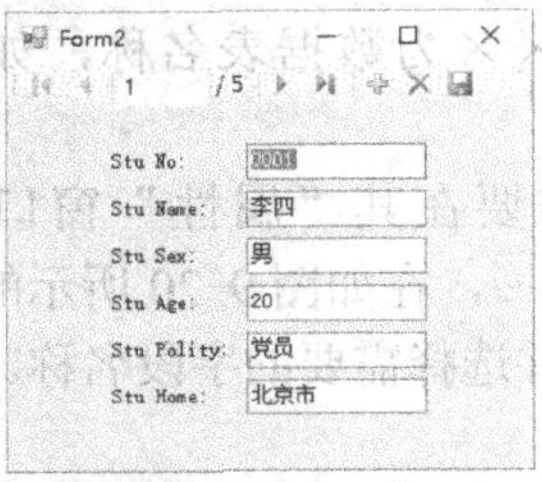

图 9-22　按详细信息方式创建程序界面 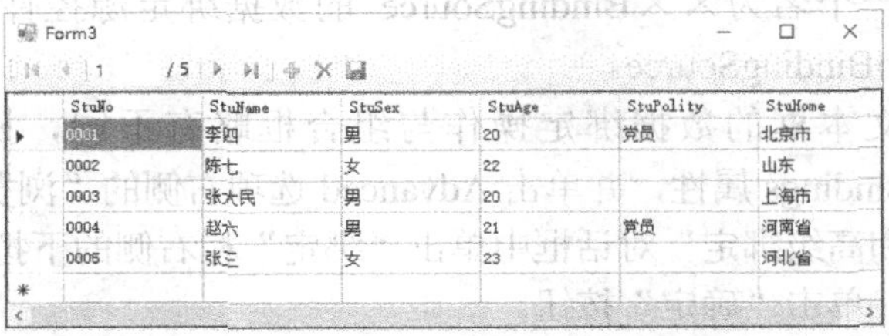　　　图 9-23　按 DataGridView 方式创建程序界面

9.3.2　使用 DataView 对象

DataView（数据视图）对象最主要的功能是允许在 Windows 窗体或 Web 窗体上进行数据绑定，也就是说可以使用 DataView 对象来充当数据显示控件的数据源。另外，开发人员可自定义 DataView 对象来表示当前数据集中数据的子集，从而实现数据按条件查询。举例如下。

```
//使用 StuInfo 表的默认视图（包含所有记录的视图）创建 DataView 对象
DataView dv = StudentsDataSet.StuInfo.DefaultView;
dv.RowFilter = "StuName like % 张 %";          //设置行过滤器，姓名字段中包含"张"
dv.RowStateFilter = DataViewRowState.CurrentRows;   //启用行过滤
//将启用了行过滤的 DataView 对象 dv 作为 DataGridView 控件的数据源
DataGridView1.DataSource = dv;
```

使用 DataView 对象除了可以轻松实现数据查询功能外，通过其 AddNew()和 Delete()方法还可以实现从行的集合中进行添加和删除。在使用这些方法时，可设置 RowStateFilter 属性，以便指定只有已被删除的行或新行才可由 DataView 显示。

9.3.3　使用 BindingNavigator 控件

前面介绍过在数据源配置完成后，通过直接拖动数据源到窗体上的方式可以简单地创建一个具有浏览、添加、删除和修改功能的数据库应用程序。其中，多数功能都可以通过操作由系统自动创建的导航工具栏来实现。该工具栏实际上就是一个 BindingNavigator 控件，其外观如图 9-24 所示。

BindingNavigator 控件实际上是一个内置了多个工具按钮的工具栏控件，使用时需要通过其 BindingSource 属性指定与它协同工作的数据源。

图 9-24 BindingNavigator 控件外观

BindingNavigator 控件包含 6 个按钮、1 个文本框和 1 个标签控件，各控件的功能说明如下。

1）"转移到第一条"按钮：单击该按钮时调用 BindingSource 对象的 MoveFirst()方法，将当前记录指针移动到数据源的第一条记录。

2）"转移到上一条"按钮：单击该按钮时调用 BindingSource 对象的 MovePrevious()方法，将当前记录指针移动到数据源的上一条记录。

3）当前记录与总记录数显示区：该区域由一个文本框和一个标签控件组成，文本框中显示的是当前记录指针的位置，在文本框中输入一个小于总数的数字后按〈Enter〉键，可将记录指针移动到指定位置。标签控件中显示的数字为当前数据源中记录的总数。

4）"转移到下一条"按钮：单击该按钮时调用 BindingSource 对象的 MoveNext()方法，将当前记录指针移动到数据源当前记录的下一条记录。

5）"转移到最后一条"按钮：单击该按钮时调用 BindingSource 对象的 MoveLast()方法，将当前记录指针移动到数据源的最后一条记录。

6）"添加新记录"按钮：单击该按钮时调用 BindingSource 对象的 AddNew()方法，向数据源中添加一条新记录。

7）"删除当前记录"按钮×：单击该按钮时调用 BindingSource 对象的 ReMoveCurrent()方法，从数据源中移除当前记录。

8）"保存更新"按钮：执行添加、删除或修改操作后，必须单击该按钮才能将变更提交到数据库中。否则，用户的操作只能体现在数据源上，程序再次启动时还会看到原有的状况。

切换到代码窗口，可以看到由系统自动添加的以下代码。

```
//窗体装入时执行的事件处理程序代码
private void Form1_Load(object sender, EventArgs e)
{
    //这行代码将数据加载到表 studentsDataSet.StuInfo 中，可以根据需要移动或移除它
    this.stuInfoTableAdapter.Fill(this.studentsDataSet.StuInfo);    //将数据填充到表适配器
}
//导航栏中的"保存"按钮被单击时执行的事件处理程序代码
private void stuInfoBindingNavigatorSaveItem_Click(object sender, EventArgs e)
{
    this.Validate();
    this.stuInfoBindingSource.EndEdit(); //结束编辑
    this.tableAdapterManager.UpdateAll(this.studentsDataSet);    //将变更提交到数据库
}
```

9.4 DataGridView 控件

使用组合框、文本框或标签等控件组成的数据显示界面每页只能显示一条记录，不利于快速浏览和操作。Visual Studio 中提供了一个功能更加强大的、专用于数据表显示和操作的

DataGridView 控件，使用该控件能以二维表格形式显示和操作数据记录。

9.4.1 DataGridView 控件概述

DataGridView 控件可以使用多种类型的数据源，如 List、Array、DataTable、DataSet 和 BindingSource 等。DataGridView 控件提供了众多属性和方法，使用这些属性和方法能轻松实现对数据库的常规操作。

1. DataGridView 控件支持的数据源类型

DataGridView 控件支持的数据源类型有以下几种。

1）实现 IList 接口的类，这些类提供一维数组格式的数据，如 List、Array 等。

2）实现 IListSource 接口的类，这些类提供表格形式的数据，如 DataTable 类、DataSet 类等。

3）实现 IBindingList 接口的类，这些类提供可用于绑定的一维数组格式的数据，如泛型类 BindingList<T>。

4）实现 IBindingListView 接口的类，这些类提供可用于绑定的复杂数据源，如 BindingSource 类。

其中，应用最为广泛的是使用 DataTable 类、DataSet 类和 BindingSource 类作为 DataGridView 控件的数据源。

DataGridView 控件既可以工作在绑定模式下，也可以工作在非绑定模式下。在非绑定模式下，开发人员可以编写代码向 DataGridView 控件中添加数据，并控制数据的显示方式。所以，若需要显示的数据量较小或需要显示的数据为程序运行中产生的临时数据（如查询结果等）时，可以考虑在非绑定模式下使用 DataGridView 控件。

2. DataGridView 控件的常用属性和方法

DataGridView 控件定义在 System.Windows.Forms 命名空间中。DataGridView 控件与数据操作相关的常用属性和方法如表 9-3 所示。

表 9-3 DataGridView 控件与数据操作相关的常用属性和方法

分类	名称	说明
属性	AllowUserToAddRows	获取或设置一个值，该值指示是否向用户显示添加行的选项
	AllowUserToDeleteRows	获取或设置一个值，该值指示是否允许用户从控件中删除行
	AllowUserToOrderColumns	获取或设置一个值，该值指示是否允许通过手动对列进行排序
	AutoGenerateColumns	获取或设置一个值，该值指示在设置 DataSource 或 DataMember 属性时是否自动创建列
	Columns	获取一个包含控件中所有列的集合
	ColumnCount	获取或设置 DataGridView 中显示的列数
	CurrentCell	获取或设置当前处于活动状态的单元格
	CurrentCellAddress	获取当前处于活动状态的单元格的行索引和列索引
	CurrentRow	获取包含当前单元格的行
	DataBindings	为该控件获取数据绑定
	DataSource	获取或设置控件所显示数据的数据源
	DataMember	获取或设置数据源中 DataGridView 显示其数据的列表或表的名称
	MultiSelect	获取或设置一个值，该值指示是否允许用户一次选多个单元格、行或列

(续)

分类	名称	说明
方法	IsCurrentCellDirty	获取一个值,该值指示当前单元格是否有未提交的更改
	IsCurrentRowDirty	获取一个值,该值指示当前行是否有未提交的更改
	NewRowIndex	获取新记录所在行的索引
	ReadOnly	获取或设置一个值,该值指示用户是否可以编辑控件的单元格
	RowCount	获取或设置控件中显示的行数
	Rows	获取一个集合,该集合包含控件中的所有行
	SelectedCells	获取用户选定的单元格的集合
	SelectedColumns	获取用户选定的列的集合
	SelectedRows	获取用户选定的行的集合
	BeginEdit	将当前单元格置于编辑模式下
	CancelEdit	取消当前选定单元格的编辑模式并丢弃所有更改
	ClearSelection	取消对当前选定单元格的选择
	EndEdit	提交对当前单元格进行的编辑并结束编辑操作
	SelectAll	选择控件中的所有单元格
	Sort	对控件的内容进行排序

9.4.2 设置 DataGridView 控件的外观

DataGridView 控件作为典型的表格数据显示和编辑控件,其默认的外观样式如图 9-25 所示。可以看出控件由列标题、表格、选择标记和滚动条组成。而在数据显示层次上又可分为表格(Grid)、行(Row)、列(Column)和单元格(Cell)4 部分。

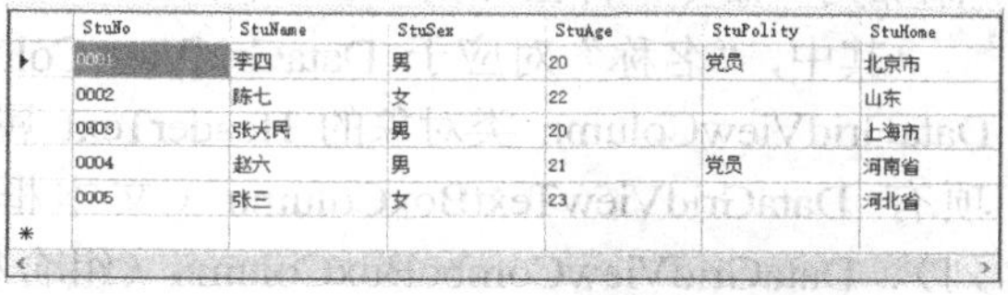

图 9-25 DataGridView 控件的默认外观

1. DataGridView 的常用外观属性

Visual Studio 不仅为 DataGridView 控件设计了强大的数据管理功能,还提供了大量用于设置其外观的属性,通过这些属性的设置可以获得一个美观、大方的数据显示及操作界面。DataGridView 控件与外观设置相关的常用属性如表 9-4 所示。

表 9-4 DataGridView 控件与外观设置相关的常用属性

属性名	说明
AllowUserToResizeColumns	获取或设置一个值,该值指示用户是否可以调整列宽
AllowUserToResizeRows	获取或设置一个值,该值指示用户是否可以调整行高
AutoSizeColumnsMode	获取或设置一个值,该值指示以何种方式设置列宽
BackgroundColor	获取或设置控件的背景色
BorderStyle	获取或设置控件的边框样式
Font	获取或设置控件中显示的文本的字体
ForeColor	获取或设置控件的前景色
GridColor	获取或设置网格线的颜色,网格线用于对控件的单元格进行分隔
RowHeadersVisible	获取或设置一个值,该值指示是否显示包含行标题的列
RowHeadersWidth	获取或设置包含行标题的列的宽度(以像素为单位)

2. DataGridViewColumn 类的常用属性

除了上述用于设置整个 DataGridView 控件外观的属性外，Visual Studio 还提供了一个 DataGridViewColumn 类，专门用于管理 DataGridView 控件的列。DataGridViewColumn 类包含许多用于设置列外观的属性，其中比较常用的几个属性如表 9-5 所示。

表 9-5 DataGridViewColumn 类的常用属性

属性名	说明
AutoSizeMode	获取或设置模式，通过此模式列可以自动调整其宽度
DataPropertyName	获取或设置数据源属性的名称或与 DataGridViewColumn 对象绑定的数据库列的名称
HeaderText	获取或设置列标题单元格的标题文本
IsDataBound	获取一个值，指示该列是否绑定到某个数据源
Name	列对象在程序中使用的名称
Visible	获取或设置一个值，指示该列是否可见
Width	获取或设置列的当前宽度

3. 非绑定模式下设置 DataGridView 控件的列

前面介绍过，在数据量较小或需要显示临时数据时，可以使 DataGridView 控件工作在非绑定模式下。此时，控件的外观就必须进行手工设置。

向窗体中添加一个空白 DataGridView 控件后，单击该控件，在弹出的快捷菜单中选择"添加列"命令，弹出如图 9-26 所示的"添加列"对话框。

其中，"名称"对应于 DataGridViewColumn 类对象的 Name 属性，"页眉文本"对应于 DataGridViewColumn 类对象的 HeaderText 属性，而"类型"是指该列的控件表现形式，可选项有 DataGridViewTextBoxColumn（文本框列）、DataGridViewCheckBoxColumn（复选框列）、DataGridViewComboBoxColumn（组合框列）、DataGridViewButtonColumn（按钮列）、DataGridViewImageColumn（图片列）和 DataGridViewLinkColumn（链接列）。

对话框下方的 3 个复选框分别用于设置当前列是否可见、是否能进行编辑，以及是否显示在固定位置，不随滚动条移动而被隐藏。而且，冻结列也是只读的，不能被编辑。

如果需要对初步设置完成的列进行修改，可在控件上右击，在弹出的快捷菜单中选择"编辑列"命令，在弹出的如图 9-27 所示的"编辑列"对话框中进行更进一步的设置。

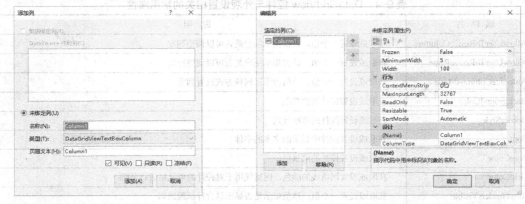

图 9-26 "添加列"对话框   图 9-27 "编辑列"对话框

9.4.3 使用 DataGridView 控件

在绑定模式下使用 DataGridView 控件显示和编辑数据的操作方法较为简单，多数情况下通过数据源配置向导结合 BindingNavigator 控件，即可轻松设计出集增、删、改、查四大功能于一身的数据库应用程序，而且开发人员几乎不需编写任何代码。

在非绑定模式下，则需要编写代码来实现向 DataGridView 控件中添加行、修改行、删除行及显示数据的功能。

【演练 9-2】 设计一个在非绑定方式下使用 DataGridView 控件的 Windows 应用程序。

（1）程序功能要求

程序启动后显示如图 9-28 所示的界面。其中 DataGridView 控件由"编号""书名""作者""单价"和"日期"5 列构成，"编号"列处于冻结状态。如图 9-29 所示，连续单击"添加新书"按钮，可将若干本随机产生的假设图书信息添加到 DataGridView 控件中。

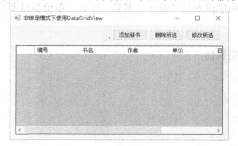

图 9-28　程序启动时的界面

图 9-29　添加新书记录

在选择了某条记录后单击"删除所选"按钮，可将记录从 DataGridView 控件中移除；单击"修改所选"按钮，可用一组新的随机数替换现有数据的"书名""作者""单价"和"日期"4 个字段值（编号字段处于冻结状态，不能修改）。

（2）程序设计要求

1）在窗体类（class Form1）框架中创建一个名为 Books 的类，该类具有 ID、Name、Author、Price 和 Date 共 5 个属性，以及一个用于初始化 ID 和 Name 属性的构造函数。

2）在窗体类（class Form1）框架中创建一个名为 CreateBook()的方法，该方法能通过产生的随机数虚构一本新书信息。

3）为了保证显示到 DataGridView 控件中的图书编号没有重复的，要求在窗体类（class Form1）框架中创建一个名为 CheckID()的方法，该方法在 CreateBook()方法中产生图书编号时进行检查，若产生的编号已存在则重新产生。

4）在窗体类（class Form1）框架中创建一个名为 ModifyBook()的方法，该方法能通过产生的随机数虚构出要修改数据的记录的新字段值。

5）在窗体类（class Form1）框架中创建一个名为 ShowBook()的方法，该方法能从调用语句接收一个 Books 类对象参数和一个 DataGridViewRow 对象，将 Books 类对象的各属性值显示到单元格后，将 Books 对象保存到 DataGridViewRow 对象的 Tag 属性中。

6）在窗体的装入事件、3 个按钮的单击事件中，通过调用 CreateBook()、ModifyBook()和 ShowBook()方法，以及 DataGridView 控件的 Remove()方法实现程序功能。

程序设计步骤如下。

（1）设计程序界面

新建一个 Windows 应用程序项目，向窗体中添加 1 个 DataGridView 控件和 3 个按钮控件。适当调整各控件的大小及位置。

（2）设置对象属性

设置 3 个按钮控件的 Name 属性分别为 btnAdd、btnDel 和 btnModi，设置它们的 Text 属性分别为"添加新书""删除所选"和"修改所选"；设置 DataGridView 控件的 Name 属性为 dgvBook，向 DataGridView 控件中添加 5 列，要求编号列处于冻结状态。各列的 Name 属性分别为 ColID、ColName、ColAuthor、ColPrice 和 ColDate。

（3）编写程序代码

在窗体类（class Form1）框架中创建 Books 类，代码如下。

```
class Books
{
    string _id, _name, _author;        //声明字段变量（编号、书名、作者、单价和日期）
    double _price;
    DateTime _date;
    public string ID                    //声明属性
    {
        get { return _id; }
        set { _id = value; }
    }
    public string Name
    {
        get { return _name; }
        set { _name = value; }
    }
    public string Author
    {
        get { return _author; }
        set { _author = value; }
    }
    public double Price
    {
        get { return _price; }
        set { _price = value; }
    }
    public DateTime Date
    {
        get { return _date; }
        set { _date = value; }
    }
    public Books(string _id, string _name)   //构造函数
    {
        ID = _id;
        Name = _name;
    }
}
```

在窗体类（class Form1）框架中创建用于产生一本新书信息的 CreateBook() 方法，代码如下。

```csharp
Random rd = new Random();          //在 class Form1 中声明一个随机数对象 rd
Books CreateBook()
{
    int seed;
    while(true)                    //建立一个死循环，只有在编号值合法时才能退出
    {
        seed = rd.Next(1, 21);
        if (CheckID(seed))         //调用 CheckID()方法检查编号字段值是否已存在
        {
            break;
        }
    }
    string BookName = string.Format("BookName-{0}", seed);
    Books book =new Books(seed.ToString("D3"), BookName);  //编号保留 3 位数字
    book.Date = DateTime.Today.AddDays(seed * -1);
    book.Price = seed;
    book.Author = string.Format("Author-{0}", seed);
    return book;
}
```

在窗体类（class Form1）框架中创建用于检查图书编号是否已存在的 CheckID()方法，代码如下。

```csharp
bool CheckID(int n)                //从调用语句接收编号值，返回一个 bool 值
{
    bool b = true;
    //遍历 DataGridView 控件中的所有行
    foreach (DataGridViewRow r in DataGridBook.Rows)
    {
        //若编号值已存在，则设置返回值为 false，并跳出循环
        if (int.Parse(r.Cells[0].Value.ToString()) == n)
        {
            b = false;
            break;
        }
    }
    return b;
}
```

在窗体类（class Form1）框架中创建用于修改现有记录的 ModifyBook()方法，代码如下。

```csharp
void ModifyBook(Books book)
{
    int seed = rd.Next(1, 21);
    book.Name = string.Format("BookName-{0}", seed);
    book.Date = DateTime.Today.AddDays(seed);
    book.Price = seed;
    book.Author = string.Format("Author-{0}", seed);
}
```

在窗体类（class Form1）框架中创建用于显示记录的 ShowBook()方法，代码如下。

```csharp
void ShowBook(Books book, DataGridViewRow row)
{
```

```csharp
            row.Cells["ColID"].Value = book.ID;
            row.Cells["ColName"].Value = book.Name;
            row.Cells["ColPrice"].Value = book.Price;
            row.Cells["ColAuthor"].Value = book.Author;
            row.Cells["ColDate"].Value = book.Date.ToString("yyyy-MM-dd");
            row.Tag = book;
        }
```
窗体装入时执行的事件处理程序代码如下。
```csharp
        private void Form1_Load(object sender, EventArgs e)
        {
            this.Text = "非绑定模式下使用 DataGridView";
            //不允许用户添加新行
            dgvBook.AllowUserToAddRows = false;
            //不允许用户删除行
            dgvBook.AllowUserToDeleteRows = false;
            //用户只能整行选择
            dgvBook.SelectionMode = DataGridViewSelectionMode.FullRowSelect;
            //用户只能单行选择
            dgvBook.MultiSelect = false;
        }
```
"添加新书"按钮被单击时执行的事件处理程序代码如下。
```csharp
        private void btnAdd_Click(object sender, EventArgs e)
        {
            if (dgvBook.Rows.Count > 19)          //保证编号不会重复
            {
                MessageBox.Show("表格中最多显示 20 本图书记录！", "出错", MessageBoxButtons.OK,
                                MessageBoxIcon.Warning);
                return;
            }
            Books book = CreateBook();
            int NewIndex = DataGridBook.Rows.Add();
            DataGridViewRow NewRow = dgvdBook.Rows[NewIndex];
            ShowBook(book, NewRow);
        }
```
"删除所选"按钮被单击时执行的事件处理程序代码如下。
```csharp
        private void btnDel_Click(object sender, EventArgs e)
        {
            if (dgvBook.CurrentRow != null)
            {
                dgvBook.Rows.Remove(DataGridBook.CurrentRow);
            }
        }
```
"修改所选"按钮被单击时执行的事件处理程序代码如下。
```csharp
        private void btnModi_Click(object sender, EventArgs e)
        {
            if (dgvBook.CurrentRow != null)
            {
```

```
                Books book = (Books)dgvBook.CurrentRow.Tag;
                if (book != null)
                {
                    ModifyBook(book);
                    ShowBook(book, dgvBook.CurrentRow);
                }
            }
        }
```

9.5 实训　简单数据库应用程序设计

9.5.1 实训目的

理解通过数据源配置向导创建基本数据库应用程序的步骤；理解由向导自动创建的 4 个对象（DataSet、BindingSource、TableAdapter 和 BindingNavigator）在程序中的作用；理解使用 DataView 对象过滤数据集的方法。

9.5.2 实训要求

创建一个 Windows 应用程序，使用数据源配置向导使程序能够对 Access 数据库中数据进行浏览、查询、添加、删除和更新等操作。

设已创建了一个名为 employee 的 Access 数据库，并在库中创建了存放职工基本情况信息的 employee 表和存放职工工资数据的 pay 表。两个表均将职工“编号”字段设置为主键，建立了编号相等的“一对一”的关系。数据表中的记录如图 9-30 所示。

employee

编号	姓名	性别	年龄	部门	职务
0001	张三	男	32	办公室	主任
0002	李四	女	28	办公室	副主任
0003	王五	男	24	财务处	科员
0004	王五	男	32	教务处	科员

pay

编号	基本工资	职务工资	补贴	奖金	扣税
0001	760.00	450.00	200.00	200.00	46.00
0002	760.00	300.00	68.00	300.00	45.00
0003	500.00	200.00	60.00	200.00	19.00
0004	500.00	200.00	50.00	200.00	12.00
0005	550.00	334.00	445.00	220.00	45.00

图 9-30　employee 表和 pay 表中存放的数据

程序启动后显示如图 9-31 所示的界面，程序的具体功能如下。

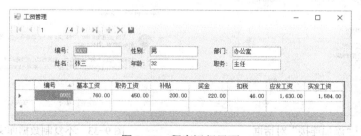

图 9-31　程序运行界面

1）窗体上方以独立控件方式显示表 employee 中的当前记录，下方在 DataGridView 控件中总是显示匹配 employee 表当前记录的 pay 表对应记录。

2）单击导航栏中的箭头按钮或在导航文本框中输入记录号后按〈Enter〉键，可显示指定的记录。

3）用户可以在独立控件或 DataGridView 中修改数据。

4）单击导航栏中的"添加"按钮，可通过独立控件和 DataGridView 控件添加新记录。

5）单击"删除"按钮×，可删除表 employee 中的当前记录，由于 DataGridView 中的记录自动匹配独立控件中显示的 employee 表记录，所以当记录删除后，DataGridView 中的信息自动变化。

6）单击"保存"按钮，保存用户对 employee 表和 pay 表所做的修改，并弹出"数据更新成功"提示信息框。

9.5.3 实训步骤

1. 创建应用程序项目

新建一个 Windows 应用程序，适当调整窗体的大小。

2. 创建数据源及相关对象

在"数据源"窗口中单击"添加数据源"，启动"数据源配置向导"。在"选择数据源类型"对话框中选择"数据库"后单击"下一步"按钮。在"选择数据库模型"对话框中选择"数据集"后单击"下一步"按钮。在"选择你的数据连接"对话框中单击"新建连接"按钮。

在弹出的如图 9-32 所示的"添加连接"对话框中单击"更改"按钮，选择数据源类型为"Microsoft Access 数据库文件（OLE DB）"，单击"浏览"按钮，在弹出的对话框中选择事先已创建好的数据库文件。如果数据库文件设置有访问密码，则应在对话框中填写具有访问权限的用户名和密码。单击对话框中的"测试连接"按钮，可检查数据源连接是否正确。设置完毕后单击"确定"按钮，返回到"新建数据连接"对话框。

数据连接添加完毕后，单击"添加您的数据连接"对话框中的"下一步"按钮，当系统提问是否将选择的数据库文件复制到项目中时，可单击"否"按钮，如图 9-33 所示。

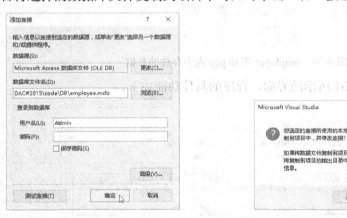
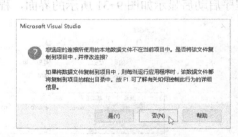

图 9-32 "添加连接"对话框　　　　　　　图 9-33 不复制数据库文件

在如图 9-34 所示的"将连接字符串保存到应用程序配置文件中"对话框中，向导询问用户是否将用于数据连接的连接字符串保存到配置文件中及连接字符串使用的名称，一般可取默认值直接单击"下一步"按钮。由向导自动生成的连接字符串由"数据库文件"名加"ConnectionString"组成，如本例的 employeeConnectionString。

在如图 9-35 所示的对话框中选择需要的数据库对象，可以是表或视图。在选择了 employee 表和 pay 表后，单击"完成"按钮。

图 9-34　保存连接字符串

图 9-35　选择数据库对象

通过"数据源配置向导"完成了数据库连接后,在"数据源"任务窗格中将显示由向导创建的用于接收和保存数据的 DataSet 对象,如本例的 employeeDataSet。

如图 9-36 所示,选择数据源窗格中的 employee 表对象,单击其右侧的下拉按钮,在打开的下拉列表框中选择以"详细信息"方式在应用程序窗体上显示数据。

对表 pay 取默认的 DataGridView(数据表)方式显示数据。

设置完毕后将 employee 表标记和 pay 表标记拖到 Windows 窗体上,并适当调整各控件的位置和大小。

图 9-36　设置表以独立控件方式显示

3. 配置 TableAdapter

为了在 DataGridView 控件中显示员工的工资数据,以及"应发工资"和"实发工资"两个数据表中没有的计算字段,需要通过 TableAdapter 配置向导修改相应的 SQL 查询语句。

右击窗体下方对象列表中的 employeeDataSet,在弹出的快捷菜单中选择"在数据集编辑器中编辑"命令。右击 pay 表对象,在弹出的快捷菜单中选择"配置"命令,如图 9-37 所示,启动"TableAdapter 配置向导"。在弹出的"输入 SQL 语句"对话框中修改 Select 语句(添加两个计算字段),如图 9-38 所示。

图 9-37　启动 TableAdapter 配置向导

图 9-38　修改 SQL 语句

单击"下一步"按钮,在如图 9-39 所示的对话框中选择要生成的方法,选择完毕后单击"完成"按钮。

4. 设置 DataGridView 控件属性

DataGridView 中各列宽度若不符合用户的要求,可进行手工调整。右击 DataGridView 控件,在弹出的快捷菜单中选择"编辑列"命令,弹出如图 9-40 所示的"编辑列"对话框。将所有字段的 Width(宽度)属性设置为 80。这样设置的目的是为了减小 DataGridView 控件中各字段的占位宽度,使之能够显示所有字段,不会出现横向滚动条。对于"应发工资"和"实发工资"列应设置其 ReadOnly 属性为 True,不允许用户编辑修改其中的数据。

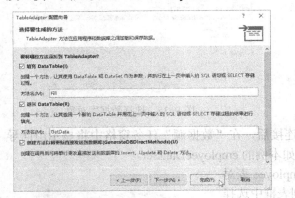
图 9-39　选择要生成的方法

图 9-40　设置绑定列属性

在 DataGridView 的"属性"窗口中单击 DefaultCellStyle 属性右侧的按钮，弹出如图 9-41 所示的对话框,在"布局"栏中设置 Alignment 属性为 MiddleRight(中部右对齐),在"行为"栏中设置 Format 属性为 N2(数值型数据保留 2 位小数)。同样,为了使列标题居中显示,可将 DataGridView 控件的 DataGridView.ColumnHeadersDefaultCellStyle 属性中的 Alignment 设置为 MiddleCenter。设计完毕的程序界面如图 9-42 所示。

图 9-41　设置单元格对齐及小数位

图 9-42　设计完毕的程序界面

5．编写程序代码

窗体装入时执行的事件过程代码如下。

```
private void Form1_Load(object sender, EventArgs e)
{
    this.Text = "工资管理程序";           // 设置窗体标题属性
    //填充 employeeTableAdapter
    this.employeeTableAdapter.Fill(this.employeeDataSet.employee);
    //填充 payTableAdapter
    this.payTableAdapter.Fill(this.employeeDataSet.pay);
}
```

employee 表中"编号"文本框内的文字发生变化时执行的事件过程代码如下。

```csharp
private void 编号TextBox_TextChanged(object sender, EventArgs e)
{
    //定义变量 dvresult 为 DataView 类型，并为其赋值当前 DataSet 的默认视图
    DataView dvresult = employeeDataSet.pay.DefaultView;
    //设置 DataView 中的数据按部门列排序
    dvresult.Sort = "编号";
    //设置过滤器，仅显示指定"编号"的行
    dvresult.RowFilter = "编号='" + 编号TextBox.Text + "'";
    //设置行状态过滤器
    dvresult.RowStateFilter = DataViewRowState.CurrentRows;
    //指定 DataGridView 控件的新数据源为按编号过滤后的 DataView
    payDataGridView.DataSource = dvresult;
}
```

单击导航栏中的"保存"按钮■时执行的事件过程代码如下。

```csharp
private void employeeBindingNavigatorSaveItem_Click(object sender, EventArgs e)
{
    this.Validate();
    this.employeeBindingSource.EndEdit();
    this.employeeTableAdapter.Update(this.employeeDataSet.employee);
    this.payTableAdapter.Update(this.employeeDataSet.pay);
    //更新数据表格中的"应发工资"和"实发工资"
    this.payTableAdapter.Fill(this.employeeDataSet.pay);
    MessageBox.Show("数据更新成功！", "系统提示",
    MessageBoxButtons.OK, MessageBoxIcon.Information);
}
```

第10章 创建数据库应用程序

.NET Framework 中的数据库访问可以通过 ADO.NET 组件来实现。ADO.NET 是美国微软公司推出的，由 ADO（Microsoft ActiveX Data Objects）演变而来的数据访问技术。作为.NET 框架的一部分，ADO.NET 绝不仅仅是前一版本 ADO 的简单升级。ADO.NET 提供了一组功能强大的.NET 类，这些类不仅有助于实现对各种数据源进行高效访问，使用户能够对数据进行复杂的操作，而且形成了一个重要的框架，在这个框架中可以实现应用程序之间的通信和 XML Web 服务。

10.1 ADO.NET 概述

ADO.NET 是对 ADO 的一个跨时代的改进，它们之间有很大的差别。最主要的表现是 ADO.NET 可通过 DateSet 对象在"断开连接模式"下访问数据库，即用户访问数据库中的数据时，首先要建立与数据库的连接，从数据库中下载需要的数据到本地缓冲区，之后断开与数据库的连接。此时用户对数据的操作（查询、添加、修改或删除等）都是在本地进行的，只有需要更新数据库中的数据时，才再次与数据库连接，将修改后的数据发送到数据库后关闭连接。这样大大减少了因连接过多（访问量较大时）而对数据库服务器资源的大量占用。

ADO.NET 也支持在连接模式下的数据访问方法，该方法主要通过 DataReader 对象实现。该对象表示一个向前的、只读的数据集合，其访问速度非常快，效率极高，但其功能有限。

此外，由于 ADO.NET 传送的数据都是 XML 格式的，因此任何能够读取 XML 格式的应用程序都可以使用 ADO.NET 进行数据处理。事实上，接收数据的组件不一定必须是 ADO.NET 组件，它可以是一个基于 Microsoft Visual Studio 的解决方案，也可以是任何运行在其他平台上的任何应用程序。

10.1.1 ADO.NET 的数据模型

在 C#中，可以使用 ADO.NET 数据模型来实现对数据库的连接和各种操作。ADO.NET 数据模型由 ADO 发展而来，其特点主要有以下几个方面。

1）ADO.NET 不再采用传统的 ActiveX 技术，是一种与.NET 框架紧密结合的产物。

2）ADO.NET 包含对 XML 标准的全面支持，这对于实现跨平台的数据交换具有十分重要的意义。

3）ADO.NET 既能在数据源连接的环境下工作，也能在断开数据源连接的条件下工作。特别是后者，非常适合网络环境多用户应用的需要。因为在网络环境中若持续保持与数据源的连接，不但效率低下而且占用大量系统资源。经常会因多个用户同时访问同一资源而造成冲突。ADO.NET 较好地解决了在断开网络连接的情况下正确进行数据处理的问题。

应用程序和数据库之间保持连续的通信，称为"已连接环境"。这种方法能及时刷新数据库，安全性较高。但是，由于需要保持持续的连接，所以需要固定的数据库连接。如果使用在 Internet 上，对网络的要求较高，并且不宜多个用户共同使用同一个数据库，所以扩展性差。

一般情况下，数据库应用程序使用该类型的数据连接。

随着网络的发展，许多应用程序要求能在与数据库断开的情况下进行操作，出现了非连接环境。这种环境中，应用程序可以随时连接到数据库获取相应的信息。但是，由于与数据库的连接是间断的，可能获得的数据不是最新的，并且对数据进行更改时可能引发冲突，因为在某一时刻可能有多个用户同时对同一数据进行操作。

ADO.NET 采用了层次管理的结构模型，各部分之间的逻辑关系如图 10-1 所示。结构的最顶层是应用程序（Windows 应用程序或 ASP.NET 网站），中间是数据层（ADO.NET）和数据提供器（Provider），在这个层次中数据提供器起到了关键作用。

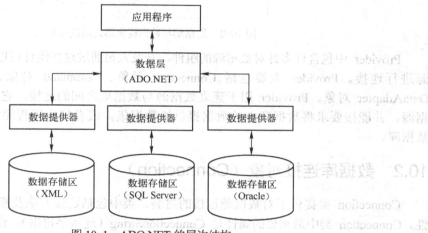

图 10-1 ADO.NET 的层次结构

数据提供器（也称为"数据提供程序"）相当于 ADO.NET 的通用接口，各种不同类型的数据源需要使用不同的数据提供器。它相当于一个容器，包括一组类及相关的命令，它是数据源（DataSource）与数据集（DataSet）之间的桥梁，负责将数据源中的数据读入到数据集中（内存中），也可将用户处理完毕的数据集保存到数据源中。

10.1.2 ADO.NET 中的常用对象

前面介绍过的数据源控件及各类数据显示控件，可以方便地、几乎无须编写任何代码地完成对数据库的一般操作。但这种方式下若希望修改各类控件的外观设计或希望执行特殊的数据库操作时，就显得有些困难了。

在 C#中，除了可以使用控件完成数据库信息的浏览和操作外，还可以使用 ADO.NET 提供的各种对象，通过编写代码自由地实现更复杂、更灵活的数据库操作功能。

ADO.NET 对象主要指包含在数据集（DataSet）和数据提供器（Provider）中的对象。使用这些对象可通过代码自由地创建符合用户需求的数据库应用程序。

在 ADO.NET 中，数据集（DataSet）与数据提供器（Provider）是两个非常重要而又相互关联的核心组件。它们二者之间的关系如图 10-2 所示。

DataSet 对象用于以数据表形式在程序中放置一组数据，它不关心数据的来源。DataSet 是实现 ADO.NET 断开式连接的核心，应用程序从数据源读取的数据暂时被存放在 DataSet 中，程序再对其中的数据进行各种操作。

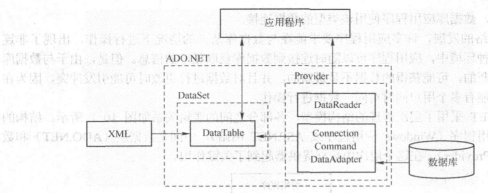

图 10-2 数据集与数据提供器之间的关系

Provider 中包含许多针对数据源的组件，开发人员通过这些组件可以使程序与指定的数据源进行连接。Provider 主要包括 Connection 对象、Command 对象、DataReader 对象及 DataAdapter 对象。Provider 用于建立数据源与数据集之间的连接，它能连接各种类型的数据源，并能按要求将数据源中的数据提供给数据集，或者将应用程序编辑后的数据发送回数据库。

10.2 数据库连接对象（Connection）

Connection 类提供了对数据源连接的封装。类中包括连接方法及描述当前连接状态的属性。Connection 类中最重要的属性是 ConnectionString（连接字符串），该属性用来指定服务器名称、数据源信息及其他登录信息。

Connection 对象的功能是创建与指定数据源的连接，并完成初始化工作。它提供了一些属性用来描述数据源和进行用户身份验证。Connection 对象还提供一些方法允许程序员与数据源建立连接或者断开连接。

对不同的数据源类型，使用的 Connection 对象也不同，ADO.NET 主要提供了以下 3 种数据库连接对象用于连接到不同类型的数据源。

1）要连接到 Microsoft SQL Server 7.0 或更高版本，应使用 SqlConnection 对象。

2）要连接到 OLE DB 数据源，或连接到 Microsoft SQL Server 6.x 或更低版本、连接到 Access 或 Excel，应使用 OleDbConnection 对象。

3）要连接到 ODBC 数据源，应使用 OdbcConnection 对象。

10.2.1 创建 Connection 对象

使用 Connection 对象的构造函数创建 SqlCommand 对象，并通过构造函数的参数来设置 Connection 对象的特定属性值的语法格式如下：

SqlConnection 连接对象名 = new SqlConnection(连接字符串);

也可以首先使用构造函数创建一个不含参数的 Connection 对象实例，然后再通过连接对象的 ConnectionString 属性，设置连接字符串。其语法格式为

SqlConnection 连接对象名 = new SqlConnection();
连接对象名.ConnectionString = 连接字符串;

以上两种方法在功能上是等效的。选择哪种方法取决于个人喜好和编码风格。不过，对属性进行明确设置确实能使代码更易理解和调试。

创建其他类型的 Connection 对象时，仅需将上述语法格式中的 SqlConnection 替换成相应的类型即可。例如，下列语法格式用于创建一个用于连接 Access 数据库的 Connection 对象。

OleDbConnection 连接对象名 = new OleDbConnection();
连接对象名.ConnectionString = 连接字符串;

10.2.2 数据库的连接字符串

为了连接到数据源，需要使用一个提供数据库服务器的位置、要使用的特定数据库及身份验证等信息的连接字符串，它由一组用分号";"隔开的"参数=值"组成。

连接字符串中的关键字不区分大小写。但根据数据源不同，某些属性值可能是区分大小写的。此外，连接字符串中任何包含分号、单引号或双引号的值都必须用双引号括起来。Connection 对象的连接字符串保存在 ConnectionString 属性中。可以使用 ConnectionString 属性来获取或设置数据库的连接字符串。

1. 连接字符串中的常用属性

表 10-1 列出了数据库连接字符串的常用参数及说明。

表 10-1 数据库连接字符串中的常用属性及说明

属 性 名	说 明
Provider	设置或返回连接提供程序的名称，仅用于 OleDbConnection 对象
Data Source 或 Serve	要连接的 SQL Server 实例的名称或网络地址
Initial Catalog 或 Database	要连接的数据库名称
User ID 或 Uid Password 或 Pwd	SQL Server 登录账户（用户名和密码），在安全级别要求较高的场合不建议使用
Integrated Security 或 Trusted_Connection	该参数决定连接是否为安全连接。当为 False（默认值）时，将在连接中指定用户 ID 和密码。当为 True、Yes 和 SSPI（安全级别要求较高时推荐使用）时，使用当前的 Windows 账户凭据进行身份验证
Persist Security Info	当该值设置为 False（默认值）时，如果连接是打开的或者一直处于打开状态，那么安全敏感信息将不会作为连接的一部分返回。重置连接字符串将重置包括密码在内的所有连接字符串值。可识别的值为 True、False、Yes 和 No
Connection Timeout	在终止尝试并产生异常前，等待连接到服务器的连接时间长度（以秒为单位）

2. 连接到 SQL Server 的连接字符串

SQL Server 的.NET Framework 数据提供程序，通过 SqlConnection 对象的 ConnectionString 属性设置或获取连接字符串，可以连接 Microsoft SQL Server 7.0 或更高版本。

有两种连接数据库的方式：标准安全连接和信任连接。

（1）标准安全连接

标准安全连接（Standard Security Connection）也称为非信任连接。它把登录账户（User ID 或 Uid）和密码（Password 或 Pwd）写在连接字符串中。其语法格式为

"Data Source=服务器名或 IP;Initial Catalog=数据库名;User ID=用户名;Password=密码"

或者

"Server=服务器名或 IP;Database=数据库名;Uid=用户名;Pwd=密码;Trusted_Connection=False"

如果要连接到本地的 SQL Server 服务器，可使用 localhost 作为服务器名称。

（2）信任连接

信任连接（Trusted Connection）也称为"SQL Server 集成安全性"，这种连接方式有助于在连接到 SQL Server 时提供安全保护，因为它不会在连接字符串中公开用户 ID 和密码，是安全级别要求较高时推荐的数据库连接方法。对于集成 Windows 安全性的账号来说，其连接字符串的形式一般如下。

"Data Source=服务器名或 IP 地址;Initial Catalog=数据库名;Integrated Security=SSPI"

或者

"Server=服务器名或 IP 地址;Database=数据库名;Trusted_Connection=True"

3. 连接到 OLE DB 数据源的连接字符串

OLE DB 的.NET Framework 数据提供器，通过 OleDbConnection 对象的 ConnectionString 属性设置或获取连接字符串，提供与 OLE DB 公开数据源的连接或 SQL Server 6.x 更早版本的连接。

对于 OLE DB .NET Framework 数据提供程序，连接字符串格式中的 Provider 关键字是必需的，必须为 OleDbConnection 连接字符串指定提供程序名称。下列连接字符串使用 Jet 提供程序连接到一个 Microsoft Access 2003 数据库（*.mdb）。

"Provider=Microsoft.Jet.OLEDB.4.0; Data Source=数据库名;User ID=用户名;Password=密码"

下面所示为连接到 Microsoft Access 2007/2010 数据库（*.accdb，无访问密码）的连接字符串。

"Provider=Microsoft.ACE.OLEDB.12.0;Data Source=d:\\test.accdb"

或

@"Provider=Microsoft.ACE.OLEDB.12.0;Data Source=d:\test.accdb"   //"@"表示"\"非转义符

4. 在 App.config 文件中存放连接字符串

除了可以通过 Connection 对象将连接字符串书写在程序代码中，还可以将其书写在项目的配置文件 App.config 中。ConfigurationManager 类提供的 connectionStrings 属性专门用来获取 App.config 配置文件中<configuration>元素的<connectionStrings>节的数据。<connectionStrings>中有 3 个重要部分：字符串名、字符串的内容和数据提供器名称。

下面的 App.config 配置文件片段说明了用于存储连接字符串的架构和语法。在<configuration>元素中，创建一个名为<connectionStrings>的子元素并将连接字符串置于其中，代码如下。

```
<connectionStrings>
    <add name="连接字符串名" connectionString="数据库的连接字符串"
        providerName="System.Data.SqlClient 或 System.Data.OleDb 或 System.Data.Odbc" />
</connectionStrings>
```

子元素 add 用来添加属性。add 有 3 个属性：name、connectionString 和 providerName。

1）name 属性是唯一标识连接字符串的名称，以便在程序中检索到该字符串。

2）connectionString 属性是描述数据库的连接字符串。

3）providerName 属性是描述.NET Framework 数据提供程序的固定名称，其名称为 System.Data.SqlClient（默认值）、System.Data.OldDb 或 System.Data.Odbc。

应用程序中任何页面上的任何数据源控件都可以引用此连接字符串项。将连接字符串信息存储在 App.config 文件中的优点是，程序员可以方便地更改服务器名称、数据库或身份验证信息，而无须逐个修改程序。

在程序中获得<connectionStrings>连接字符串的方法为

System.Configuration.ConfigurationManager.ConnectionStrings["连接字符串名"].ToString();

如果在 Windows 应用程序项目中添加了对 System.Configuration.dll 的引用，并在程序中通过"using System.Configuration;"语句引入了 ConfigurationManager 类的命名空间，则获得<connectionStrings>连接字符串的代码可简写为

ConfigurationManager.ConnectionStrings["连接字符串名"].ToString();

打开和修改 App.config 的方法如下。

1）在"解决方案资源管理器"中双击 App.config 文件名。

2）在打开的文件中找到<configuration>元素中的<connectionStrings/>子元素，删除"<connectionStrings/>"的后两个字符"/>"，成为"<connectionStrings"，然后输入">"，这时系统将自动填充</connectionStrings>。在<connectionStrings>与</connectionStrings>之间输入如下所示的配置数据。

例如，下列代码创建了一个名为 StudentDBConnectionString 的，连接到名为 vm2k8s 的 SQL Server 服务器的，SQL Server 用户名为 sa，密码为 123456 的连接字符串。

```
<connectionStrings>
    <add name="StudentDBConnectionString" connectionString="Data Source=vm2k8s;
        Initial Catalog=StudentDB;User ID=sa;Password=123456;"
        providerName="System.Data.SqlClient"/>
</connectionStrings>
```

又如，下列代码创建了一个与 SQL Server LocalDB 数据库文件 mydb.mdf 连接的连接字符串 ConnStr。

```
<connectionStrings>
    <add name="ConnStr" connectionString=
        "Data Source=(LocalDB)\MSSQLLocalDB; AttachDbFilename=
        d:\mydb.mdf;Integrated Security=True"
        providerName="System.Data.SqlClient" />
</connectionStrings>
```

10.3 数据库命令对象（Command）

Command 对象用在数据源上执行的 SQL 语句或存储过程，该对象最常用的属性是 CommandText 属性，用于设置针对数据源执行的 SQL 语句或存储过程。

连接好数据源后，就可以对数据源执行一些命令操作。命令操作包括对数据的查询、插入、更新、删除和统计等。在 ADO.NET 中，对数据库的命令操作是通过 Command 对象来实现的。从本质上讲，ADO.NET 的 Command 对象就是 SQL 命令或者是对存储过程的引用。除了查询或更新数据命令之外，Command 对象还可用来对数据源执行一些不返回结果集的查询命令，以及用来执行改变数据源结构的数据定义命令。

根据所用的数据源类型不同，Command 对象也主要分为 3 种，分别是 OleDbCommand、SqlCommand 和 OdbcCommand 对象。

10.3.1 创建 Command 对象

使用 Connection 对象与数据源建立连接后，可使用 Command 对象对数据源执行各种操作命令并从数据源中返回结果。可通过对象的构造函数或调用 CreateCommand()方法来创建 Command 对象。

1. 使用构造函数创建 Command 对象

使用构造函数创建 SqlCommand 对象的语法格式如下。

    SqlCommand 命令对象名 = new SqlCommand(查询字符串, 连接对象名);

举例如下。

    SqlCommand cmd = new SqlCommand("SELECT * FROM StudentInfo", conn);

也可以先使用构造函数创建一个空 Command 对象，然后直接设置各属性值。这种写法能够使代码更易理解和调试。其语法格式如下。

    SqlCommand 命令对象名 = new SqlCommand();
    命令对象名.Connection = 连接对象名;
    命令对象名.CommandText = 查询字符串;

例如，下面的代码在功能上与前面介绍的方法是等效的。

    sqlCommand cmd = new SqlCommand();
    cmd.Connection = conn;   //conn 是前面创建的连接对象名
    cmd.CommandText = "SELECT * FROM StudentInfo";

2. 使用 CreateCommand()方法创建 Command 对象

使用 Connection 对象的 CreateCommand()方法也可以创建 Command 对象。由 Command 对象执行的 SQL 语句或存储过程可以使用 CommandText 属性来指定。

使用 Connection 对象的 CreateCommand()方法创建 SqlCommand 对象的语法格式如下。

    SqlCommand 命令对象名 = 连接对象名.CreateCommand();
    命令对象名.CommandText = 要执行的 SQL 语句或存储过程;

例如，通过 Command 对象的 CommandText 属性来执行一条 SQL 语句的代码如下。

    //从 App.config 中获取连接字符串
    string ConnStr = ConfigurationManager.ConnectionStrings["StudentDBConnectionString"].ToString();
    SqlConnection conn = new SqlConnection(ConnStr); //创建数据库连接对象 conn
    string sqlstr="SELECT * FROM StudentInfo";
    //创建 Command 对象，并初始化要执行的 SQL 语句（为 CommandText 属性赋值）
    SqlCommand cmd = new SqlCommand(sqlstr, conn);

如果要通过 Command 对象的 CommandText 属性来执行存储过程 ProcName，代码可按如下方式书写。

    SqlCommand cmd = new SqlCommand("ProcName",conn);
    cmd.CommandType=CommandType.StoredProcedure; //调用存储过程

或者

    SqlCommand command = new SqlCommand();   //创建 Command 对象
    command.Connection = connection;   //设置 Connection 属性
    command.CommandType = CommandType.StoredProcedure; //设置为存储过程
    command.CommandText = "ProcName";   //设置存储过程的名称

需要注意的是，使用 CommandType 属性需要引用命名空间 "using System.Data;"。

10.3.2 Command 对象的属性和方法

Command 对象的常用属性如表 10-2 所示。

表 10-2 Command 对象常用的属性及说明

属 性 名	说 明
CommandType	获取或设置 Command 对象要执行命令的类型，类型值有 Text（默认）、StoredProcedure 或 TableDirect。 1）Text：定义要在数据源处执行的语句的 SQL 命令。 2）StoredProcedure：存储过程的名称。可以使用某一命令的 Parameters 属性访问输入和输出参数，并返回值（无论调用哪种 Execute 方法）。当使用 ExecuteReader()方法时，在关闭 DataReader 对象后才能访问返回值和输出参数。 3）TableDirect：表的名称。 当设置为 StoredProcedure 时，应将 CommandText 属性设置为存储过程的名称。当调用 Execute 方法之一时，该命令将执行此存储过程
CommandText	获取或设置对数据源执行的 SQL 语句、存储过程名或表名
Connection	获取或设置此 Command 对象使用的 Connection 对象的名称
CommandTimeOut	获取或设置在终止对执行命令的尝试并生成错误之前的等待时间。等待命令执行的时间以秒为单位如果分配的 CommandTimeout 属性值小于 0，将生成一个 ArgumentException

Command 对象的方法统称为 Execute 方法，常用方法及说明如表 10-3 所示。

表 10-3 Command 对象的常用方法及说明

方 法 名	返 回 值
ExecuteScalar()	返回一个标量值。例如，需要返回 COUNT()、SUM()或 AVG()等聚合函数的结果
ExecuteNonQuery()	执行 SQL 语句并返回受影响的行数。用于执行不返回任何行的命令，如 INSERT、UPDATE 或 DELETE
ExecuteXMLReader()	返回 XmlReader 对象。只用于 SqlCommand 对象
ExecuteReader()	返回一个 DataReader 对象，将在 10.4 节中详细介绍

1. ExecuteScalar()方法

如果需要返回的只是单个值的数据库信息，而不需要返回表或数据流形式的数据库信息，则可使用该方法。例如，可能需要返回 COUNT()、SUM()或 AVG()等聚合函数的结果，INSERT、UPDATE、DELETE 或 SELECT 受影响的行数。这时就要使用 Command 对象的 ExecuteScalar()方法，返回一个标量值。如果在一个常规查询语句中调用该方法，则只读取第一行第一列的值，而丢弃所有其他值。其语法格式为

　　命令对象名.ExecuteScalar();

使用 ExecuteScalar()方法时，首先需要创建一个 Command 对象，然后使用 ExecuteScalar() 方法执行该对象设置的 SQL 语句。

【演练 10-1】 使用 SqlCommand 对象的 ExecuteScalar()方法来返回表中的记录总数。设 SQL Server 数据库文件 employee.mdf 和 employee_log.ldf 存放在 d:\c#2015\code\db 文件夹中，数据库的 emp 表中存放有若干条员工信息记录。

新建一个 Windows 窗体应用程序项目，在"解决方案资源管理器"中双击打开 App.config 文件，参照前面介绍过的方法向其中添加连接字符串，代码如下。

　　<configuration>
　　　　…

```
            <connectionStrings>
                <add name="ConnString" connectionString="Data Source=
                    (LocalDB)\MSSQLLocalDB;AttachDbFilename=
                    d:\c#2015\code\db\employee.mdf;Integrated Security=True"
                    providerName="System.Data.SqlClient" />
            </connectionStrings>
            …
        </configuration>
```

切换到Form1.cs的代码窗口编写程序代码。

在命名空间区域中添加下列引用。

```
using System.Data.SqlClient;
using System.Configuration;
```

窗体装入时执行的事件处理程序代码如下。

```
protected void Form1_Load(object sender, EventArgs e)
{
    string ConnStr =
        ConfigurationManager.ConnectionStrings["ConnString"].ToString();
    SqlConnection conn = new SqlConnection(ConnStr);      //创建数据库连接对象conn
    string SqlStr = "Select Count(*) From emp";           //查询字符串，统计emp表中的记录数
    //创建Command对象cmd，并初始化查询字符串
    SqlCommand cmd = new SqlCommand(SqlStr, conn);
    conn.Open();
    int count = (int)cmd.ExecuteScalar();                 //将返回的记录数转换成int类型
    conn.Close();                                         //关闭数据库连接
    MessageBox.Show("数据库中记录总数为： " + count.ToString(), "统计结果",
        MessageBoxButtons.OK, MessageBoxIcon.Information);
}
```

2．ExecuteNonQuery()方法

使用Command对象的ExecuteNonQuery()方法，可以方便地处理那些修改数据但不返回行的SQL语句，如Insert、Update和Delete等，以及用于修改数据库或编录架构的语句，如Create Table、Alter Column等。

使用ExecuteNonQuery()方法执行更新操作时将返回一个整数，表示受影响的记录数。如果执行了多个语句，则返回的值为受影响的记录总数。

ExecuteNonQuery()方法的语法格式为

  命令对象名.ExecuteNonQuery();

例如，下列代码使用ExecuteNonQuery()方法执行一条SQL语句，将一条新记录插入到数据表中，同时在页面中显示受影响的记录数。

```
…                   //建立与SQL Server数据库文件employee.mdf的连接
conn.Open();
string SqlStr = "Insert Into emp(eid, ename, esex, eunit, eduty) Values('0008',
                '白雪', '女', '财务处', '科员')";
SqlCommand cmd = new SqlCommand(SqlStr, conn);
int num = cmd.ExecuteNonQuery();          //执行方法并保存受影响的记录数
MessageBox.Show("受影响的记录数为： " + num.ToString();
```

如果插入记录后在"服务器资源管理器"中看到新记录的文字段值变成了一串"?"，则

需通过 Windows "开始"菜单启动 Microsoft SQL Server Management Studio。如图 10-3 所示，使用"Windows 身份验证"方式连接数据库实例（locadb）\MSSQLLocalDB。右击数据库名称，在弹出的快捷菜单中选择"属性"命令，打开"数据库属性"窗口，在"选项页"窗格中选择"选项"选项，在右侧窗格中修改"排序规则"为 Chinese_PRC_CS_AI_WS，如图 10-4 所示。

图 10-3　连接到服务器

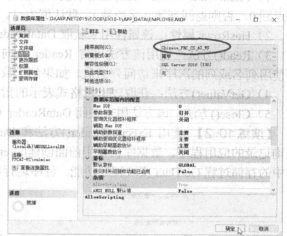
图 10-4　修改排序规则

10.4　ExecuteReader()方法和 DataReader 对象

通过 ExecuteReader()方法执行 CommandText 中定义的 SQL 语句或存储过程，可以返回一个 DataReader（数据阅读器）对象。该对象是包含了一行或多行数据记录的结果集。使用 DataReader 对象提供的方法可以实现对结果集中数据的检索数据。

DataReader 对象具有以下几个特点。

1）DataReader 对象是一种只读的、只能向前移动的游标。

2）DataReader 每次只能在内存中保留一行，所以开销非常小。

3）DataReader 对象工作过程中需要一直保持与数据库的连接，不能提供非连接的数据访问。

4）使用 OLEDB 数据库编程时需要使用 OleDbDataReader 对象，使用 SQL Server 数据库编程时则应使用 SqlDataReader 对象。

10.4.1　使用 ExecuteReader()方法创建 DataReader 对象

ExecuteReader()方法的语法格式为

　　SqlDataReader 对象名 = 命令对象名.ExecuteReader();

或

　　OleDbDataReader 对象名 = 命令对象名. ExecuteReader();

其中，"对象名"是创建的 DataReader 对象的名称，"命令对象名"是 Command 对象的名称。使用 ExecuteReader()方法时，首先需要创建一个 Command 对象，然后使用 ExecuteReader()

方法创建 DataReader 对象来对数据源进行读取。

10.4.2 DataReader 对象的常用属性及方法

OleDbDataReader 或 SqlDataReader 对象常用的属性和方法有以下几个。

1）FieldCount 属性：该属性用来获取当前行中的列数，如果未放置在有效的记录集中，则返回 0，否则返回列数（字段数），默认值为-1。

2）HasRows 属性：该属性用来获取 DataReader 对象中是否包含任何行。

3）Read()方法：使用该方法可将 Reader 指向当前记录，并将记录指针移到下一行，从而可使用列名或列的次序来访问列的值。如果到了数据表的最后，则返回一个布尔值 false。

4）GetValue()方法：获取以本机格式表示的指定列的值。

5）Close()方法：该方法用来关闭 DataReader 对象，并释放对记录集的引用。

【演练 10-2】 使用 ExecuteReader()方法和 DataReader 对象，设计一个通过员工姓名模糊查询记录的应用程序。数据库仍使用前面创建的 employee 数据库中的 emp 表，要求通过数据库中的存储过程 GetData 实现程序功能。程序运行结果如图 10-5 所示。

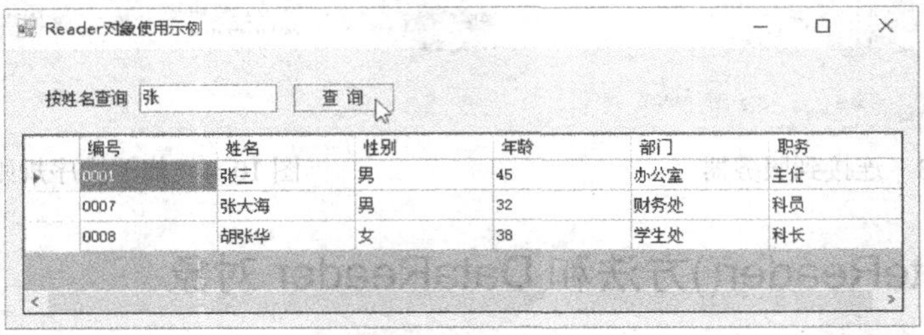

图 10-5 程序运行结果

程序设计步骤如下。

（1）设计程序界面及控件属性

新建一个 Windows 窗体应用程序项目，向窗体中添加 1 个标签 label1、1 个文本框 textBox1、1 个按钮 button1 和 1 个数据表格控件 dataGridView1。

设置 label1 的 Text 属性为"按姓名查询"；设置 textBox1 的 Name 属性为 txtKey；设置 button1 的 Name 属性为 btnQuery，Text 属性为"查询"；设置 dataGridView1 的 Name 属性为 dgvShow。

（2）在 App.config 文件中配置连接字符串

在"解决方案资源管理器"中双击打开 App.config 文件，添加如下所示的连接字符串代码。

```
<connectionStrings>
    <add name="ConnString" connectionString="Data Source=
        (LocalDB)\MSSQLLocalDB;AttachDbFilename=
        d:\c#2015\code\db\employee.mdf;Integrated Security=True"
        providerName="System.Data.SqlClient" />
</connectionStrings>
```

（3）创建存储过程

在"服务器资源管理器"中右击 employee 数据库下的"存储过程"，在弹出的快捷菜单中选择"添加新存储过程"命令,在打开的窗口中输入如下所示的代码,然后单击"更新"按钮。

```
CREATE PROCEDURE [dbo].[GetData]
    @ename nvarchar(10)
AS
    SELECT eid as "编号",ename as "姓名",esex as "性别",
           eage as 年龄, eunit as "部门", eduty as "职务"
    FROM emp WHERE ename LIKE '%' + RTRIM(@ename) +'%'
RETURN
```

(4)编写程序代码

在"解决方案资源管理器"中右击项目名称,在弹出的快捷菜单中选择"添加"→"引用"命令,选择添加对 System.Configuration.dll 的引用,并在 Form1.cs 代码窗口最上方的命名空间引用区中引入需要的命名空间。

```
using System.Data.SqlClient;
using System.Configuration;
```

编写"查询"按钮被单击时执行的事件处理代码如下。

```
protected void btnQuery_Click(object sender, EventArgs e)
{
    string ConnStr =
        System.Configuration.ConfigurationManager.ConnectionStrings["ConnString"].ToString();
    //使用 using 语句可以在语句块结束后自动关闭数据库连接
    using (SqlConnection conn = new SqlConnection(ConnStr))
    {
        SqlCommand cmd = new SqlCommand("GetData", conn);      //GetData 为存储过程名
        cmd.CommandType = CommandType.StoredProcedure;          //指定命令类型为存储过程
        cmd.Parameters.Add(new SqlParameter("@ename", SqlDbType.NVarChar, 10));
        cmd.Parameters["@ename"].Value = txtKey.Text;
        conn.Open();
        //调用 ExecuteReader()方法创建一个 DataReader 对象
        SqlDataReader dr = cmd.ExecuteReader();
        if (!dr.HasRows)                //如果 dr 对象中不包含任何行
        {
            MessageBox.Show("未找到符合条件的记录", "出错", MessageBoxButtons.OK,
                MessageBoxIcon.Warning);
            return;                     //不再执行后续语句
        }
        BindingSource bs = new BindingSource();     //创建一个 BindingSource 对象 bs
        bs.DataSource = dr;                         //将 dr 赋值给 bs 对象的 DataSource 属性
        dgvShow.DataSource = bs;                    //将 bs 指定为数据表格控件的数据源
    }
}
```

思考:如果用户没有输入任何查询关键字直接单击"查询"按钮,将得到怎样的结果?为什么?

【演练 10-3】 使用 DataReader 对象设计一个用户登录身份验证页面,页面打开时如图 10-6 所示,用户在输入了正确的用户名和密码后,程序将根据用户级别提示不同的欢迎信息。

221

图 10-6　登录成功后根据用户级别显示不同的欢迎信息

设已完成了 Access 数据库 manager.mdb 的设计，并在其中创建了如图 10-7 所示的用于存放用户信息的 Admin 表。表中的 uname 字段表示用户名，upwd 字段表示密码，ulevel 字段表示用户级别，0 表示管理员，1 表示普通用户（游客）。设数据库文件保存在 d:\c#2015\code\db 文件夹中。

程序设计步骤如下。

（1）设计程序界面

图 10-7　用户信息

新建一个 Windows 窗体应用程序项目，向窗体中添加 2 个标签 label1～label2、2 个文本框 textBox1～textBox2 和 1 个按钮 button1。适当调整各控件的大小及位置。

（2）设置对象属性

设置 2 个标签的 Text 属性分别为"用户名"和"密码"；2 个文本框的 Name 属性分别为 txtName 和 txtPwd；设置"密码"文本框的 PasswordChar 属性为"*"；设置按钮 button1 的 Name 属性为 btnOK，Text 属性为"登录"。

（3）编写代码

在"解决方案资源管理器"中双击打开 App.config 文件，添加如下所示的连接字符串配置代码。

```
<connectionStrings>
    <add name="ConnString" connectionString="Provider=Microsoft.Jet.OleDb.4.0;
        Data Source=d:\c#2015\code\db\manager.mdb"
        providerName="System.Data.OldDb" />
</connectionStrings>
```

在"解决方案资源管理器"中右击项目名称，在弹出的快捷菜单中选择"添加"→"引用"命令，选择添加对 System.Configuration.dll 的引用，并在 Form1.cs 代码窗口最上方命名空间引用区中引入需要的命名空间。

```
using System.Configuration;
using System.Data.OleDb;
```

"登录"按钮被单击时执行的事件过程代码如下。

```
protected void btnOK_Click(object sender, EventArgs e)
{
    if (txtName.Text.Trim() == "" || txtPwd.Text.Trim() == "")
    {
        MessageBox.Show("用户名和密码不能为空", "出错", MessageBoxButtons.OK,
            MessageBoxIcon.Warning);
        return;
    }
```

```csharp
string ConnStr = ConfigurationManager.ConnectionStrings["ConnString"].ToString();
using (OleDbConnection conn = new OleDbConnection(ConnStr))
{
    conn.Open();
    string StrSQL = "select ulevel from Admin where uname='" + txtName.Text +
        "'and upwd='" + txtPwd.Text + "'";
    OleDbCommand com = new OleDbCommand(StrSQL, conn);
    OleDbDataReader dr = com.ExecuteReader();      //调用 ExecuteReader()方法得到 dr 对象
    dr.Read();              //调用 Read()方法得到返回记录集
    string level;
    if (dr.HasRows)         //如果有返回记录存在
    {
        level = dr["ulevel"].ToString();           //获取返回记录中的 uleverl 字段值
    }
    else                    //如果 dr 中不包含任何记录，即数据库中没有符合条件的记录
    {
        MessageBox.Show("用户名或密码错", "出错", MessageBoxButtons.OK,
            MessageBoxIcon.Warning); ;
        return;
    }
    if (level == "0")
    {
        MessageBox.Show("欢迎管理员 " + txtName.Text + " 登录", "登录成功",
            MessageBoxButtons.OK, MessageBoxIcon.Information); ;
    }
    else
    {
        MessageBox.Show("欢迎用户 " + txtName.Text + " 登录", "登录成功",
            MessageBoxButtons.OK, MessageBoxIcon.Information);
    }
}
```

10.5 数据适配器对象（DataAdapter）

DataAdapter 对象在物理数据库表和内存数据表（结果集）之间起着桥梁作用。它通常需要与 DataTable 对象或 DataSet 对象配合来实现对数据库的操作。

10.5.1 DataAdapter 对象概述

DataAdapter 对象是一个双向通道，用来把数据从数据源读到一个内存表中，或把内存中的数据写回到一个数据源中。这两种情况下使用的数据源可能相同，也可能不相同。通常将把数据源中的数据读取到内存的操作称为填充（Fill），将把内存中的数据写回数据库的操作称为更新（Update）。DataAdapter 对象通过 Fill()方法和 Update()方法来提供这一桥接通道。

DataAdapter 对象可以使用 Connection 对象连接到数据源，并使用 Command 对象从数据源检索数据，以及将更改写回数据源。

如果所连接的是 SQL Server 数据库，需要通过将 SqlDataAdapter 与关联的 SqlCommand 和 SqlConnection 对象一起使用。

如果连接的是 Access 数据库或其他类型的数据库，则需要使用 OleDbDataAdapter 或 OdbcDataAdapter 等对象。

10.5.2 DataAdapter 对象的属性和方法

与其他所有对象一样，DataAdapter 对象在使用前也需要进行实例化。下面以创建 SqlDataAdapter 对象为例，介绍使用 DataAdapter 类的构造函数创建 DataAdapter 对象的方法。

常用的创建 SqlDataAdapter 对象的语法格式如下。

    SqlDataAdapter 对象名 **= new SqlDataAdapter(SqlStr, conn);**

其中，SqlStr 为 Select 查询语句或 SqlCommand 对象，conn 为 SqlConnection 对象。

1. DataAdapter 对象的常用属性

DataAdapter 对象的常用属性如表 10-4 所示。

表 10-4 DataAdapter 对象的常用属性及说明

属 性 名	说 明
SelectCommand	获取或设置一个语句或存储过程，用于在数据源中选择记录
InsertCommand	获取或设置一个语句或存储过程，用于在数据源中插入新记录
UpdateCommand	获取或设置一个语句或存储过程，用于更新数据源中的记录
DeleteCommand	获取或设置一个语句或存储过程，用于从数据源中删除记录
MissingSchemaAction	确定现有 DataSet 架构与传入数据不匹配时需要执行的操作
UpdateBatchSize	获取或设置每次到服务器的往返过程中处理的行数

需要注意的是，DataAdapter 对象的 SelectCommand、InsertCommand、UpdateCommand 和 DeleteCommand 属性都是 Command 类型的对象。

设已创建了用于删除数据表记录的 SQL 语句 StrDel，并且已建立了与 Access 数据库的连接对象 conn，则下列代码说明了如何在程序中通过 DataAdapter 对象的 DeleteCommand 属性删除记录的程序设计方法。

```
OleDbCommand DelCom = new OleDbCommand(StrDel, conn);    //创建 Command 对象
OleDbDataAdapter da = new OleDbDataAdapter();            //创建 DataAdapter 对象
conn.Open();
da.DeleteCommand = DelCom;                               //设置 DataAdapter 对象的 DeleteCommand 属性
da.DeleteCommand.ExecuteNonQuery();                      //执行 DeleteCommand 代表的 SQL 语句（删除记录）
conn.Close();
```

2. DataAdapter 对象的常用方法

DataAdapter 对象的常用方法如表 10-5 所示。

表 10-5 DataAdapter 对象的常用方法及说明

方 法 名	说 明
Fill()	将从源数据读取的数据行填充至 DataTable 或 DataSet 对象中
Update()	在 DataSet 或 DataTable 对象中的数据有所改动后更新数据源
FillSchema()	将一个 DataTable 加入到指定的 DataSet 中，并配置表的模式
GetFillParameters()	返回一个用于 SELECT 命令的 DataParameter 对象组成的数组
Dispose()	删除 DataAdapter 对象，释放占用的系统资源

10.5.3 DataTable 对象

DataTable 对象是内存中的一个关系数据库表,可以独立创建,也可以由 DataAdapter 来填充。声明一个 DataTable 对象的语法格式如下。

    DataTable 对象名 = new DataTable();

创建一个 DataTable 对象后,通常需要调用 DataAdapter 的 Fill()方法对其进行填充,使 DataTable 对象获得具体的数据集,而不再是一个空表对象。

1. 创建 DataTable 对象

在实际应用中,使用 DataTable 对象一般需要经过以下几个步骤。

1) 创建数据库连接。
2) 创建 Select 查询语句或 Command 对象。
3) 创建 DataAdapter 对象。
4) 创建 DataTable 对象。
5) 调用 DataAdapter 对象的 Fill()方法填充 DataTable 对象。

需要注意的是,使用 DataTable 对象需要引用 System.Data 命名空间。

【演练 10-4】 按照上述步骤创建并填充 DataTable 对象的示例,程序最终将 DataTable 对象作为 DataGridView 控件的数据源,将数据表中的数据显示出来。程序运行结果如图 10-8 所示。

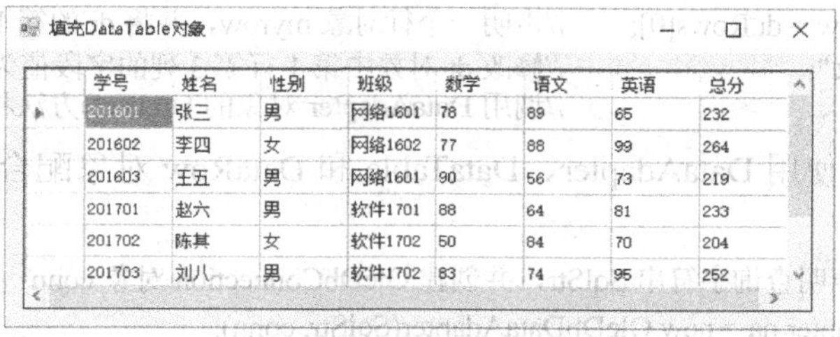

图 10-8 程序运行结果

程序设计步骤如下。

新建一个 Windows 应用程序项目,向窗体中添加一个用于显示数据的 DataGridView 控件。设所需的 Access 数据库 student.mdb 存放在 d:\c#2015\code\db 文件夹中。

切换到 Form1 的代码编辑窗口,在命名空间引用区添加必要的引用,代码如下。

  using System.Data.OleDb;

窗体装入时执行的事件处理程序代码如下。

```
protected void Form1_Load(object sender, EventArgs e)
{
    OleDbConnection conn = new OleDbConnection();
    //在程序代码中设置连接字符串(前面的例子都是将连接字符串写在 App.config 中)
    conn.ConnectionString = @"Provider=Microsoft.Jet.OleDb.4.0;
                              Data Source=d:\c#2015\code\db\student.mdb";
    string SqlStr = "select uid as 学号,uname as 姓名, usex as 性别, class as 班级,
                     math as 数学, chs as 语文, en as 英语, (math + chs + en) as 总分  from grade";
    OleDbDataAdapter da = new OleDbDataAdapter(SqlStr, conn);
```

```
DataTable dt = new DataTable();            //创建 DataTable 对象
da.Fill(dt);                               //填充 DataTable 对象
dataGridView1.DataSource = dt;             //将 DataTable 对象作为 GridView 控件的数据源
for (int i = 0; i < dataGridView1.ColumnCount; i++)   //设置 dataGridView1 各列的宽度为 60px
{
    dataGridView1.Columns[i].Width = 60;
}
```

2. DataTable 对象的常用属性

DataTable 对象的常用属性主要有 Columns 属性、Rows 属性和 DefaultView 属性。

1）Columns 属性：用于获取 DataTable 对象中表的列集合。

2）Rows 属性：用于获取 DataTable 对象中表的行集合。

3）DefaultView 属性：用于获取可能包括筛选视图或游标位置的表的自定义视图。

下列代码说明了使用 DataAdapter、DataTable 和 DataRow 对象配合实现修改数据记录的程序设计方法。

```
…                                           //声明查询字符串 SqlStr，并创建 OleDbConnection 对象 conn
OleDbDataAdapter da = new OleDbDataAdapter(SqlStr, conn);
DataTable dt = new DataTable();
//为 DataAdapter 自动生成更新命令
OleDbCommandBuilder builder = new OleDbCommandBuilder(da);
da.Fill(dt);
DataRow myrow = dt.Rows[0];    //声明一个行对象 myrow，并将 dt 的第 1 行数据存入对象中
myrow[2] = "女";                //修改 dt 对象中第 1 行第 3 列的字段值为 "女"
da.Update(dt);                  //调用 DataAdapter 对象的 Update()方法将修改提交到数据库
```

下列代码说明了使用 DataAdapter、DataTable 和 DataRow 对象配合实现添加新数据记录的程序设计方法。

```
…                                           //声明查询字符串 SqlStr，并创建 OleDbConnection 对象 conn
OleDbDataAdapter da = new OleDbDataAdapter(SqlStr, conn);
DataTable dt = new DataTable();
//为 DataAdapter 自动生成更新命令
OleDbCommandBuilder builder = new OleDbCommandBuilder(da);
da.Fill(dt);
//创建一个 DataRow 对象，并为其赋值为 dt 对象的新行
DataRow myrow = dt.NewRow();
myrow[0] = "201609";           //为新行的各字段赋值
myrow[1] = "zhangsan";
myrow[2] = "男";
…
dt.Rows.Add(myrow);            //将赋值完成的各字段组成的新行添加到 dt 对象中
da.Update(dt);                 //调用 DataAdapter 对象的 Update()方法将修改提交到数据库
```

需要说明的是，当使用 "OleDbCommandBuilder builder = new OleDbCommandBuilder(da);" 语句为 DataAdapter 对象自动生成更新命令时，要求数据库表中必须设有主键。

10.6 DataSet 概述

DataSet（数据集）对象是 ADO.NET 的核心构件之一，它是数据的内存流表示形式，提

供了独立于数据源的关系编程模型。DataSet 表示整个数据集，其中包括表、约束，以及表与表之间的关系。由于 DataSet 独立于数据源，故其中可以包含应用程序的本地数据，也可以包含来自多个数据源的数据。这是 DataSet 与前面介绍的 DataTable 的关键不同之处。

DataSet 提供了对数据库的断开操作模式（也称为离线操作模式），当 DataSet 从数据源获取数据后，就断开了与数据源之间的连接。在本地完成了各项数据操作（增、删、改、查等）后，可以将 DataSet 中的数据送回到数据源以更新数据库记录。

10.6.1 DataSet 与 DataAdapter

DataSet 是实现 ADO.NET 断开式连接的核心，它通过 DataAdapter 从数据源获得数据后就断开了与数据源之间的连接（这一点与前面介绍过的 DataReader 对象完全不同），此后应用程序所有对数据源的操作（定义约束和关系、添加、删除、修改、查询、排序、统计等）均转向DataSet，当所有这些操作都完成后，可以通过 DataAdapter 提供的数据源更新方法将修改后的数据写入数据库。

图 10-9 表示了 DataSet、DataAdapter 和数据源之间的关系，从图中可以看到 DataSet 对象并没有直接连接数据源，它与数据源之间的连接是通过 DataAdapter 对象来完成的。

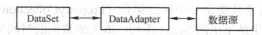

图 10-9　DataSet、DataAdapter 和数据源之间的关系

需要说明的是，对于不同的数据源，DataAdapter 对象也有不同的形式，如用于连接 Access 数据库的 OleDbDataAdapter，用于连接 SQL Server 数据库的 SQL DataAdapter，以及用于连接 ODBC 数据源的 OdbcDataAdapter 等。

10.6.2 DataSet 的组成

DataSet 主要由 DataRelationCollection（数据关系集合）、DataTableCollection（数据表集合）和 ExtendedProperties 对象组成，如图 10-10 所示。其中最基本也是最常用的是 DataTableCollection。

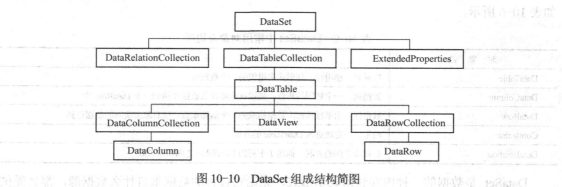

图 10-10　DataSet 组成结构简图

1. DataRelationCollection

DataRelationCollection 对象用于表示 DataSet 中两个 DataTable 对象之间的父子关系，它使一个 DataTable 中的行与另一个 DataTable 中的行相关联，这种关联类似于关系数据库中数据表之间的主键列和外键列之间的关联。DataRelationCollection 对象管理 DataSet 中所有

DataTable 之间的 DataRelation 关系。

2. DataTableCollection

每一个 DataSet 对象中都可以包含由 DataTable（数据表）对象表示的若干个数据表的集合。而 DataTableCollection 对象则包含 DataSet 对象中的所有 DataTable 对象。

DataTable 在 System.Data 命名空间中定义，表示内存驻留数据的单个表。其中包含由 DataColumnCollection（数据列集合）表示的数据列集合，以及由 ConstraintCollection 表示的约束集合，这两个集合共同定义表的架构。隶属于 DataColumnCollection 对象的 DataColumn（数据列）对象则表示了数据表中某一列的数据。

此外，DataTable 对象还包含有 DataRowCollection 所表示的数据行集合，而 DataRow（数据行）对象则表示数据表中某行的数据。除了反映当前数据状态之外，DataRow 还会保留数据的当前版本和初始版本，以标识数据是否曾被修改。

隶属于 DataTable 对象的 DataView（数据视图）对象用于创建存储在 DataTable 中的数据的不同视图。通过使用 DataView，可以使用不同的排序顺序公开表中的数据，并且可以按行状态或基于过滤器表达式来过滤数据。

3. ExtendedProperties

ExtendedProperties 对象其实是一个属性集合（PropertyCollection），用户可以在其中放入自定义的信息，如用于产生结果集的 Select 语句，或生成数据的时间/日期标志。

因为 ExtendedProperties 可以包含自定义信息，所以在其中可以存储额外的、用户定义的 DataSet（DataTable 或 DataColumn）数据。

10.6.3 DataSet 中的对象、属性和方法

在 DataSet 内部是一个或多个 DataTable 的集合。每个 DataTable 由 DataColumn、DataRow 和 Constraint（约束）的集合，以及 DataRelation 的集合组成。DataTable 内部的 DataRelation 集合对应于父关系和子关系，二者建立了 DataTable 之间的连接。

1. DataSet 中的对象

DataSet 由大量相关的数据结构组成，其中最常用的有以下 5 个对象，其名称及功能说明如表 10-6 所示。

表 10-6 DataSet 中常用对象及说明

对 象 名	说 明
DataTable	数据表。使用行、列形式来组织的一个数据集
DataColumn	数据列。一个规则的集合，描述决定将什么数据存储到一个 DataRow 中
DataRow	数据行。由单行数据库数据构成的一个数据集合，该对象是实际的数据存储
Constraint	约束。决定能进入 DataTable 的数据
DataRelation	数据表之间的关联。描述了不同的 DataTable 之间如何关联

DataSet 是数据的一种内存驻留表示形式，无论它包含的数据来自什么数据源，都会提供一致的关系编程模型。DataSet 表示整个数据集，其中包含对数据进行包含、排序和约束的表及表间的关系。

2. DataSet 对象的常用属性

DataSet 对象的常用属性如表 10-7 所示。

表 10-7　DataSet 对象的常用属性及说明

属 性 名	说　　明
DataSetName	获取或设置当前DataSet的名称
Tables	获取包含在DataSet中的表的集合

3. DataSet 对象的常用方法

DataSet 对象的常用方法如表 10-8 所示。

表 10-8　DataSet 对象的常用方法及说明

方 法 名	说　　明
AcceptChanges()	提交自加载此DataSet或上次调用AcceptChanges以来对其进行的所有更改
Clear()	通过移除所有表中的所有行来清除数据
Clone()	复制DataSet的结构，包括所有的DataTable架构、关系和约束（不复制任何数据）
Copy()	复制该DataSet的结构和数据
CreateDataReader()	为每个DataTable返回带有一个结果集的DataReader，顺序与Tables集合中表的显示顺序相同
HasChanges()	获取一个值，该值指示DataSet是否有更改，包括新增行、已删除的行或已修改的行
Merge()	将指定的DataSet、DataTable或DataRow对象的数组合并到当前的 DataSet 或 DataTable 中

使用 DataSet 的方法有若干种，这些方法可以单独应用，也可以结合应用。常用的应用形式有以下 3 种。

1）通过 DataAdapter 用现有关系数据源中的数据表填充 DataSet。
2）以编程方式在 DataSet 中创建 DataTable、DataRelation 和 Constraint，并使用数据填充表。
3）使用 XML 加载和保持 DataSet 内容。

10.7　使用 DataSet 访问数据库

DataSet 的基本工作过程为：首先建立与数据库的连接，并创建 DataSet；然后 DataSet 在本地计算机中为用户开辟一块内存空间，通过 DataAdapter（数据适配器）将得到的数据填充到 DataSet 中供程序使用，同时断开与数据库服务器的连接。

在这种方式下，应用程序所有针对数据库的操作都是指向 DataSet 的，并不会立即引起数据库的更新。待所有数据库操作完毕后，可通过 DataSet 和 DataAdapter 提供的方法将更新后的数据一次性保存到数据库中。

10.7.1　创建和填充 DataSet

创建数据集对象的语法格式为

　　DataSet 数据集对象名 = new DataSet();

或

　　DataSet 数据集对象名 = new DataSet("表名");

其中，前一个语法格式表示要先创建一个空数据集，以后再将已经建立的数据表（DataTable）包含进来；后一条语句表示先建立数据表，然后建立包含该数据表的数据集。

所谓"填充"，是指将 DataAdapter 对象通过执行 SQL 语句从数据源得到的返回结果，使用 DataAdapter 对象的 Fill() 方法传递给 DataSet 对象。其常用语法格式为

229

```
Adapter.Fill(ds);
```
或
```
Adapter.Fill(ds, tablename);
```

其中，Adapter 为 DataSetAdapter 对象实例；ds 为 DataSet 对象；tablename 为用于数据表映射的源表名称。第一种格式中实现了 DataSet 对象的填充，而第二种格式则实现了填充 DataSet 对象和指定一个可以引用的别名两项任务。

需要说明的是，Fill()方法的重载方式（语法格式）有很多（共有 13 种），上面介绍的仅是最常用的两种，读者可查阅 MSDN 来了解其他重载方式。

DataSet 对象支持多结果集的填充，也就是说可以将来自同一数据表或不同数据表中不同的数据集合同时填充到 DataSet 中。

例如，下列代码将来自同一数据表的不同数据集合（性别为"女"的所有记录和电子邮箱地址中包含"163"的所有记录）填充到了同一个 DataSet 对象中。然后，通过 DataSet 对象的 Tables 属性分别将它们显示到两个不同的 DataGridView 控件中。

```
protected void Form1_Load(object sender, EventArgs e)
{
    SqlConnection conn = new SqlConnection();          //创建 SQL Server 连接对象
    //设置连接远程 SQL Server 数据库的连接字符串
    conn.ConnectionString = "server = vm2k8s;
                            Initial Catalog = StudentDB;uid = sa; pwd = 123456";
    SqlDataAdapter da = new SqlDataAdapter();          //创建 DataAdapter 对象
    string SelectSql = "select * from StudentInfo where Sex = '女';" +
                       "select * from StudentInfo where Email like '%163%'";
    da.SelectCommand = new SqlCommand(SelectSql, conn);
    DataSet ds = new DataSet();                         //创建一个空 DataSet 对象
    da.Fill(ds);
    dataGridView1.DataSource = ds.Tables[0]; //使用第一个结果集为 dataGridView1 的数据源
    dataGridView2.DataSource = ds.Tables[1]; //使用第二个结果集为 dataGridView2 的数据源
    conn.Close();
}
```

10.7.2 添加新记录

DataAdapter 是 DataSet 与数据源之间的桥梁，它不但可以从数据源返回结果集并填充到 DataSet 中，还可以调用其 Update()方法将应用程序对 DataSet 的修改（添加、删除、更新）回传到数据源，完成数据库记录的更新。

当调用 Update()方法时，DataAdapter 将分析已做出的更改，并执行相应的命令（如插入、更新或删除）。

DataAdapter 的 InsertCommand、UpdateCommand 和 DeleteCommand 属性也是 Command 对象，用于按照 DataSet 中数据的修改来管理对数据源相应数据的更新。

通过 DataSet 向数据表中添加新记录的一般方法如下。

1）建立与数据库的连接。
2）通过 DataAdapter 对象从数据库中取出需要的数据。
3）实例化一个 SqlCommandBuilder 类对象，并为 DataAdapter 自动生成更新命令。

4）使用 DataAdapter 对象的 Fill()方法填充 DataSet。
5）使用 NewRow()方法向 DataSet 中填充的表对象中添加一个新行。
6）为新行中的各字段赋值。
7）将新行添加到 DataSet 中填充的表对象中。
8）调用 DataAdapter 对象的 Update()方法将数据保存到数据库中。

例如，下列代码实现了向 StudentDB 数据库的 StudentInfo 表中添加一条新记录。

```
protected void btnAdd_Click(object sender, EventArgs e)
{
    SqlConnection conn = new SqlConnection();
    //连接远程 SQL Server 服务器 vm2k8 中的 StudentDB 数据库
    conn.ConnectionString = "server = vm2k8s;Initial Catalog = StudentDB;
                                                uid = sa; pwd = 123456";
    SqlDataAdapter da = new SqlDataAdapter();
    string SelectSql = "select * from StudentInfo";
    da.SelectCommand = new SqlCommand(SelectSql, conn);      //取出数据库中需要的数据
    SqlCommandBuilder scb = new SqlCommandBuilder(da);       //为 DataAdapter 自动生成更新命令
    DataSet ds = new DataSet();
    da.Fill(ds);                //填充 DataSet 对象
    DataRow NewRow = ds.Tables[0].NewRow();     //向 DataSet 的第一个表对象中添加一个新行
    NewRow["StudentID"] = "201602601103";       //为新行的各字段赋值
    NewRow["StudentName"] = "刘东凤";
    NewRow["Sex"] = "男";
    NewRow["DateOfBirth"] = "1992-3-28";
    NewRow["Specialty"] = "计算机应用";
    NewRow["Email"] = "ldf@163.com";
    ds.Tables[0].Rows.Add(NewRow);    //将新建行添加到 DataSet 的第一个表对象中
    da.Update(ds);                    //将 DataSet 中的数据变化提交到数据库（更新数据库）
    conn.Close();
    MessageBox.Show("新记录添加成功");
}
```

需要说明的是，使用 SqlCommandBuilder 对象自动生成 DataAdapter 对象的更新命令（DeleteCommand、InsertCommand 和 UpdateCommand）时，填充到 DataSet 中的 DataTable 对象只能映射到单个数据表或从单个数据表生成，而且数据库表必须定义有主键。所以，通常把由 SqlCommandBuilder 对象自动生成的更新命令称为"单表命令"。

10.7.3 修改记录

通过 DataSet 修改现有数据表记录的操作方法与添加新记录非常相似，唯一不同的地方是无须使用 NewRow()添加新行，而是创建一个 DataRow 对象后，从表对象中获得需要修改的行并赋给新建的 DataRow 对象，根据需要修改各列的值（为各字段赋以新值）。最后，仍需要调用 DataAdapter 对象的 Update()方法将更新提交到数据库。

例如，下列代码按照指定"学号"字段值返回需要修改的记录，修改数据后将修改结果提交到数据库，完成修改记录的操作。

```
protected void btnEdit_Click(object sender, EventArgs e)
{
    SqlConnection conn = new SqlConnection();       //建立数据库连接
```

```
conn.ConnectionString = "server = vm2k8s;Initial Catalog = StudentDB; uid = sa; pwd = 123456" ;
SqlDataAdapter da = new SqlDataAdapter();          //创建一个 DataAdapter 对象
//得到要修改的记录
string SelectSql = "select * from StudentInfo where StudentID='20160001'";
da.SelectCommand = new SqlCommand(SelectSql, conn);
SqlCommandBuilder scb = new SqlCommandBuilder(da);     //为 DataAdapter 自动生成更新命令
DataSet ds = new DataSet();
da.Fill(ds);       //将要修改的记录填充到 DataSet 对象中
DataRow MyRow = ds.Tables[0].Rows[0];         //从 DataSet 中得到要修改的行
MyRow[1] = "张大民";              //为第 2 个字段赋以新值,学号字段为主键不能修改
MyRow[2] = "男";                  //为第 3 个字段赋以新值
MyRow[3] = "1998-2-19";
MyRow[4] = "软件技术";
MyRow[5] = "zdm@163.com";
da.Update(ds);                   //将 DataSet 中的数据变化提交到数据库(更新数据库)
conn.Close();
MessageBox.Show("记录修改成功!");
}
```

10.7.4 删除记录

使用 DataSet 从填充的表对象中删除行时需要创建一个 DataRow 对象,并将要删除的行赋值给该对象,然后调用 DataRow 对象的 Delete()方法将该行删除。当然,此时的删除仅是针对 DataSet 对象的,若需从数据库中删除该行,还需要调用 DataAdapter 对象的 Update()方法将删除操作提交到数据库。

"删除记录" 按钮被单击时执行的事件代码如下。

```
protected void btnDel_Click(object sender, EventArgs e)
{
    SqlConnection conn = new SqlConnection();            //建立数据库连接
    conn.ConnectionString = "server = vm2k8s;Initial Catalog = StudentDB; uid = sa; pwd = 123456";
    SqlDataAdapter da = new SqlDataAdapter();
    //仅返回要删除的行
    string SelectSql = "select * from StudentInfo where StudentID='20160001'";
    da.SelectCommand = new SqlCommand(SelectSql, conn);
    SqlCommandBuilder scb = new SqlCommandBuilder(da);    //为 DataAdapter 自动生成更新命令
    DataSet ds = new DataSet();
    da.Fill(ds);                //将要删除的记录填充到 DataSet 对象中
    DataRow DeleteRow = ds.Tables[0].Rows[0];             //得到要删除的行
    DeleteRow.Delete();    //调用 DataRow 对象的 Delete()方法,从数据表中删除行
    da.Update(ds);         //更新数据库
    conn.Close();
    MessageBox.Show("记录删除成功");
}
```

10.8 实训 使用 DataSet 设计一个用户管理程序

10.8.1 实训目的

1)通过本实训进一步理解使用 DataSet 配合 DataAdapter 和 DataTable 对象完成数据库常

规操作的一般步骤。

2）掌握 DataGridView 控件的基本使用方法和常用属性。

3）本实训除应用到了 DataSet、DataAdapter 和 DataTable 等 ADO.NET 对象外，还涉及许多 SQL 查询语句及在不同窗体间传递数据的技巧，这些都是开发多窗体数据库应用程序的基本手段，要求在实训中认真理解其含义及语句书写格式。

本例使用已在 Microsoft SQL Server 中创建的 Users 数据库的 Admin 表，结构如图 10-11 所示。

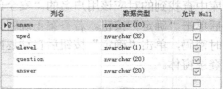

图 10-11 Admin 表结构

10.8.2 实训要求

使用 Connection 数据库连接对象、Command 命令对象、DataAdapter 数据适配器对象、DataSet 数据集对象、DataTable 数据表对象和数据行对象 DataRow 相互配合，实现对数据库记录的添加、删除、修改和查询。

1. 程序的功能要求

本程序共包含 5 个窗体，具有用户登录、注册新用户、恢复被遗忘的密码、管理个人信息及管理所有用户信息等功能。

（1）用户登录窗体（frmLogin.cs）

程序启动后显示如图 10-12 所示的用户登录界面，用户在输入了用户名和对应的密码后单击"登录"按钮，可根据用户级别显示不同的管理界面。若忘记输入用户名或密码、输入的用户名或密码错误，将显示如图 10-13 所示的提示信息框。此外，登录窗体也是恢复遗忘的密码和注册新用户窗体的入口。

图 10-12 "登录"界面

图 10-13 登录出错提示信息框

（2）注册新用户窗体（frmReg.cs）

在登录窗体中单击"注册新用户"按钮，打开如图 10-14 所示的操作界面。用户在填写或选择了各字段的值后，单击"确定"按钮可将数据提交到数据库。若出现新注册的用户名已在使用、两次输入的密码不相同、忘记输入用户名或密码，程序能给出图 10-15 所示的出错提示信息框。单击"返回"按钮将关闭本窗体，返回到用户登录界面。

图 10-14 "注册新用户"界面

图 10-15 出错提示信息框

(3)恢复遗忘的密码(frmRePwd.cs)

在用户登录界面中输入用户名后,单击"忘记密码?"链接,若用户名存在则打开如图 10-16 所示的"恢复遗忘的密码"界面。程序在文本框中填写了用户输入的用户名及从数据库中查找到的对应该用户名的"安全问题",要求用户回答对应的"安全问题答案",填写完毕后单击"确定"按钮。若答案正确将弹出如图 10-17 所示的信息框,显示通过随机数产生的临时密码,单击"确定"按钮后自动返回到登录界面。单击"返回"按钮,可关闭本窗体返回到登录窗体。

图 10-16 "恢复遗忘的密码"界面　　　　　图 10-17 生成新随机密码

(4)管理个人信息窗体(frmMain.cs)

用户在登录界面中正确地填写了用户名和相应的密码后,单击"确定"按钮,程序能根据保存在数据库中的用户级别信息(0 表示普通用户,1 表示管理员用户)显示出不同的管理界面。图 10-18 所示为用户级别为 0 时,只能管理个人信息的操作界面。

在"个人信息管理"界面中用户可以修改自己的用户名、密码、安全问题和安全问题答案,修改完毕后单击"保存"按钮可将数据提交到数据库中。单击"返回"按钮,将关闭本窗体返回到登录界面。

(5)管理所有用户信息窗体(frmMain)

本窗体与个人信息管理窗体实际上是同一窗体,只是窗体在显示时能根据用户级别不同显示的区域不同而已。管理员用户看到的操作界面如图 10-19 所示。

图 10-18 "个人信息管理"界面　　　　　图 10-19 "用户信息管理"界面

在本界面中管理员可以根据用户名或用户级别进行查询,关键字栏为空时单击"查询"按钮,可以显示当前数据表中的所有记录。单击某列标题栏可实现按该列的升序或降序排序。管理员在本界面中可以直接在数据表格控件中修改用户级别和安全问题答案(用户名和安全问题列为只读列,不能修改)。修改完毕后单击"保存修改"按钮,可将修改后的数据提交到数据库。

在数据表格中右击,将弹出如图 10-20 所示的快捷菜单。选择"删除记录"命令,可将当前记录从数据库中删除。选择"修改密码"命令,将打开如图 10-21 所示的修改密码操作窗体(frmEditPwd.cs)。用户在填写并确认了新密码后单击"确定"按钮,可将新密码提交到数据库。操作完成或单击了"返回"按钮后本窗体将关闭,返回到"用户信息管理"操作界面。

图 10-20 快捷菜单

图 10-21 "修改密码"界面

2. 程序的设计要求

新建一个 Windows 应用程序项目，向项目中添加一个名为 UserManager.cs 的类文件。UserManager 类中包含 StringToMD5()、CheckUser()及其重载形式、AddUser()、DelUser()、EditUser()和 Query()这几个方法。要求在程序中通过这些方法实现程序的所有功能。

（1）StringToMD5()方法

该方法从调用语句接收一个 string 类型的参数，将参数进行 MD5 加密后作为方法的返回值。使用 MD5 加密需要添加对 using System.Security.Cryptography 命名空间的引用。

（2）CheckUser()及其重载形式

该方法有以下两种重载形式。

> **string CheckUser(string name, string pwd)**
> **bool CheckUser(string name)**

前者用于根据调用语句提供的用户名和密码数据确定用户是否存在，并返回用户级别数据。返回值为空表示用户不存在。用于检测登录用户的合法性。

后者用于根据调用语句提供的用户名数据确定用户是否存在，返回值为 true 表示用户已存在。用于检测新增的用户名是否已被占用。

（3）AddUser()方法

该方法从调用语句接收一个 ArrayList 集合类型的参数，参数中按顺序存放有新增记录的各字段值。AddUser()方法返回一个 string 类型的值，用于表示操作状态（添加成功或出错原因）。

（4）DelUser()方法

该方法从调用语句接收一个用于表示要删除用户名的 string 类型的参数，DelUser()方法能根据接收的参数值从数据库中删除 admin 以外的任何用户。DelUser()方法返回一个 string 类型的值，用于表示操作状态（删除成功或出错原因）。

（5）EditUser()方法

该方法从调用语句接收一个用于表示用户名的 string 类型参数和一个存放有要修改的字段名及对应字段值的 HashTable 类型的参数。EditUser()方法能根据用户名参数找到需进行修改的记录，并使用 HashTable 类型的参数更新相关字段的值。EditUser()方法返回一个 string 类型的值，用于表示操作状态（修改成功或出错原因）。

（6）Query()方法

该方法从调用语句接收一个表示查询 SQL 语句的 string 类型参数，并能根据该参数返回一个存放有所有符合条件记录的 DataSet 类型的数据集。

程序的增、删、改、查功能要求使用 DataSet、DataAdapter、DataTable 和 DataRow 对象来实现。

10.8.3 实训步骤

首先应创建 UserManager 类并创建所需的几个方法，然后设计各功能窗体实现程序要求的功能。

1. 创建 UserManager 类及其包含的方法

新建一个 Windows 应用程序项目，向项目中再添加 4 个窗体，将各窗体分别命名为 frmLogin、frmReg、frmRePwd、frmEditPwd 和 frmMain。

向项目中添加一个类文件，并将其命名为 UserManager.cs。在代码窗口中编写如下所示的 UserManager 类的代码。

添加命名空间的引用，代码如下：

```csharp
using System.Security.Cryptography;      //提供对 MD5 加密的支持
using System.Data;                        //提供对 DataRow 的支持
using System.Data.SqlClient;              //提供对 DataSet、DataAdapter 和 DataTable 的支持
using System.Collections;                 //提供对 ArrayList 和 HashTable 的支持
namespace SX11_1
{
    class UserManager
    {
        //声明连接字符串、连接对象为公用静态变量，以便在任何方法中都可以使用
        public static string ConnStr = "Data Source = (LocalDB)\\MSSQLLocalDB;
            AttachDbFilename=d:\\c#2015\\code\\db\\users.mdf;Integrated Security = True";
        public static SqlConnection Conn = new SqlConnection(ConnStr);
        //对字符串进行 MD5 加密的方法
        public string StringToMD5(string pwd)
        {
            byte[] result = Encoding.Default.GetBytes(pwd);
            MD5 md5 = new MD5CryptoServiceProvider();
            byte[] SecPwd = md5.ComputeHash(result);
            string Md5Pwd = BitConverter.ToString(SecPwd).Replace("-", "");
            return Md5Pwd;
        }
        //根据用户名和密码确认用户是否合法的方法
        public string CheckUser(string name, string pwd)
        {
            string userlevel = "";
            try
            {
                string Md5Pwd = StringToMD5(pwd);
                string StrSql = "select ulevel from admin where uname='" + name +
                    "'and upwd='" + Md5Pwd + "'";
                SqlCommand com = new SqlCommand(StrSql, Conn);
                SqlDataAdapter da = new SqlDataAdapter();
                DataSet ds = new DataSet();
                da.SelectCommand = new SqlCommand(StrSql, Conn);
                da.Fill(ds);
                if (ds.Tables[0].Rows.Count != 0)    //返回有符合条件的记录
                {
```

```csharp
                    userlevel = ds.Tables[0].Rows[0][0].ToString();   //保存用户级别数据
            }
        }
        finally
        {
            Conn.Close();
        }
        return userlevel;              //若返回值为空，表示用户匹配失败
}
//以下说明可以显示在用户编写代码的智能提示中，方便用户正确编写代码
///<summary>
///若用户存在则返回 true
/// </summary>
public bool CheckUser(string name)           //CheckUser()方法的重载形式
{
    try
    {
        string StrSql = "select ulevel from admin where uname='" + name + "'";
        SqlCommand com = new SqlCommand(StrSql, Conn);
        SqlDataAdapter da = new SqlDataAdapter();
        DataSet ds = new DataSet();
        da.SelectCommand = new SqlCommand(StrSql, Conn);
        //将 DataAdapter 执行 SQL 语句返回的结果填充到 DataSet 对象
        da.Fill(ds);
        if (ds.Tables[0].Rows.Count != 0)
        {
            return true;      //用户已存在，检测失败
        }
        else
        {
            return false;
        }
    }
    finally
    {
        Conn.Close();
    }
}
//添加新用户的方法
public string AddUser(ArrayList ValList)
{
    string msg;
    try
    {
        SqlDataAdapter da = new SqlDataAdapter();
        string SelectSql = "select * from admin";
        da.SelectCommand = new SqlCommand(SelectSql, Conn);
        SqlCommandBuilder scb = new SqlCommandBuilder(da);
        DataSet ds = new DataSet();
        da.Fill(ds);
```

```csharp
            DataRow NewRow = ds.Tables[0].NewRow();
            for (int i = 0; i < ds.Tables[0].Columns.Count; i++)
            {
                //从 ArrayList 对象中取出值赋给对象的字段
                NewRow[i] = ValList[i];
            }
            ds.Tables[0].Rows.Add(NewRow);
            da.Update(ds);
            msg = "用户注册成功！";
        }
        catch (Exception ex)
        {
            msg = ex.Message;
        }
        finally
        {
            Conn.Close();
        }
        return msg;
    }
    //删除用户的方法
    public string DelUser(string name)
    {
        string msg;
        try
        {
            Conn.Open();
            //若调用语句传递过来的用户名不是 admin，则执行删除
            if (name != "admin")
            {
                SqlDataAdapter da = new SqlDataAdapter();
                string SelectSql = "select * from admin where uname='" + name + "'";
                da.SelectCommand = new SqlCommand(SelectSql, Conn);
                SqlCommandBuilder scb = new SqlCommandBuilder(da);
                DataSet ds = new DataSet();
                da.Fill(ds);
                DataRow DeleteRow = ds.Tables[0].Rows[0];
                DeleteRow.Delete();
                da.Update(ds);
                msg = "用户删除成功！";
            }
            else
            {
                msg = "默认管理员 admin 不能被删除！";
            }
        }
        finally
        {
            Conn.Close();
        }
```

```csharp
        return msg;
    }
    //修改用户数据的方法
    public string EditUser(string name, Hashtable ht)
    {
        string msg;
        try
        {
            SqlDataAdapter da = new SqlDataAdapter();
            string SelectSql = "select * from admin where uname='" + name + "'";
            da.SelectCommand = new SqlCommand(SelectSql, Conn);
            SqlCommandBuilder scb = new SqlCommandBuilder(da);
            DataSet ds = new DataSet();
            da.Fill(ds);
            DataRow MyRow = ds.Tables[0].Rows[0];
            //为各字段赋以新值
            foreach (DictionaryEntry dic in ht)
            {
                //HashTable 中的键存放字段名，值存放对应的字段值
                MyRow[dic.Key.ToString()] = dic.Value;
            }
            da.Update(ds);
            msg = "数据更新成功！";
        }
        catch (Exception ex)
        {
            msg = ex.Message;
        }
        finally
        {
            Conn.Close();
        }
        return msg;
    }
    //返回查询结果的方法
    public DataSet Query(string sql)
    {
        try
        {
            SqlDataAdapter da = new SqlDataAdapter();
            da.SelectCommand = new SqlCommand(sql, Conn);
            DataSet ds = new DataSet();
            da.Fill(ds);
            return ds;
        }
        finally
        {
            Conn.Close();
        }
    }
```

            }
        }

2. 用户登录功能的实现

（1）设计"登录"窗体

向 frmLogin 窗体中添加 2 个标签、2 个文本框、2 个按钮和 1 个链接按钮控件。适当调整各控件的大小及位置。

（2）设置控件属性

设置窗体的 MaximizeBox 属性为 false，不显示最大化按钮；MinimizeBox 属性为 false，不显示最小化按钮。设置窗体的 MaximumSize 属性值和 MinimumSize 属性值都等于窗体设计时的尺寸，使程序运行后窗体的大小不能改变。

设置 2 个标签的 Text 属性分别为"用户名"和"密码"；设置 2 个文本框的 Name 属性分别为 txtName 和 txtPwd；设置 2 个按钮控件的 Text 属性分别为"登录"和"注册新用户"，Name 属性分别为 btnLogin 和 btnReg；设置链接按钮 linkButton1 的 Name 属性为"忘记密码？"，Name 属性为 lbtnRePwd。

（3）编写程序代码

声明窗体级静态变量，以方便在其他窗体中使用，代码如下。

```
public static string UserLevel;        //保存用户级别
public static string UserName;         //保存用户名
```

"登录"窗体装入时执行的事件处理程序代码如下。

```
private void frmLogin_Load(object sender, EventArgs e)
{
    this.Text = "登录";
}
```

"登录"按钮被单击时执行的事件处理程序代码如下。

```
private void btnLogin_Click(object sender, EventArgs e)
{
    if (txtName.Text == "" || txtPwd.Text == "")
    {
        MessageBox.Show("用户名和密码不能为空！", "出错", MessageBoxButtons.OK,
                        MessageBoxIcon.Warning);
        return;
    }
    UserManager manage = new UserManager();
    UserName =txtName.Text.Trim();
    string UserPwd = txtPwd.Text.Trim();
    //调用 CheckUser()方法检查用户的合法性
    string IsOK = manage.CheckUser(UserName, UserPwd );
    if (IsOK == "")
    {
        MessageBox.Show("用户名或密码错！", "出错", MessageBoxButtons.OK,
                        MessageBoxIcon.Warning);
    }
    else
    {
        UserLevel = IsOK;
```

```csharp
            this.Hide();
            frmMain main = new frmMain();
            main.Show();
        }
```
"注册新用户"按钮被单击时执行的事件处理程序代码如下。
```csharp
        private void btnReg_Click(object sender, EventArgs e)
        {
            this.Hide();             //本窗体隐藏
            frmReg reg = new frmReg();
            reg.Show();              //注册新用户窗体显示
        }
```
"忘记密码?"链接按钮被单击时执行的事件处理程序代码如下。
```csharp
        private void lbtnRePwd_LinkClicked(object sender, LinkLabelLinkClickedEventArgs e)
        {
            if (txtName.Text == "")
            {
                MessageBox.Show("请输入用户名!","出错",
                              MessageBoxButtons.OK,MessageBoxIcon.Warning);
                return;
            }
            UserManager user = new UserManager();        //声明 UserManager 类对象
            //调用 UserManager 类对象的 CheckUser()方法检查用户名的合法性
            if (user.CheckUser(txtName.Text.Trim()))     //返回值为 true 表示用户名存在
            {
                this.Hide();
                frmRePwd repwd = new frmRePwd();
                //将用户名保存到 frmRePwd 窗体的 Tag 属性中,这是一种常用的跨窗体传递值的方法
                //本例中已设置了 UserName 公用静态变量,这里使用 Tag 属性仅是一个技巧示例
                repwd.Tag = txtName.Text;
                repwd.Show();
            }
            else
            {
                MessageBox.Show("用户名不存在!","出错",
                              MessageBoxButtons.OK,MessageBoxIcon.Warning);
            }
        }
```
"登录"窗体关闭时执行的事件处理程序代码如下。
```csharp
        private void frmLogin_FormClosed(object sender, FormClosedEventArgs e)
        {
            Application.Exit();       //退出应用程序
        }
```

3. 注册新用户功能的实现

(1) 设计"注册新用户"窗体

向 FrmReg 窗体中添加 5 个标签、4 个文本框、1 个组合框和 2 个按钮控件。适当调整各控件的大小及位置。

（2）设置控件属性

设置窗体的 MaximizeBox 属性为 false，不显示"最大化"按钮；MinimizeBox 属性为 false，不显示"最小化"按钮。设置窗体的 MaximumSize 属性值和 MinimumSize 属性值都等于窗体设计时的尺寸，使程序运行后窗体的大小不能改变。

设置 5 个标签的 Text 属性分别为"用户名""密码""确认密码""安全问题"和"安全问题答案"。

设置组合框的 Name 属性为 cboQuestion，并向其中添加"你的学校是？""你最要好的朋友是？"和"你最喜欢的运动是？" 3 个供选项，设置其 Text 属性为"你的学校是？"。

设置 4 个文本框的 Name 属性分别为 txtName、txtPwd、txtRePwd 和 txtAnswer；设置 2 个按钮控件的 Text 属性分别为"确定"和"返回"，Name 属性分别为 btnOK 和 btnBack。

（3）编写程序代码

添加命名空间的引用，代码如下。

```
using System.Collections;
```

"注册新用户"窗体装入时执行的事件处理程序代码如下。

```
private void frmReg_Load(object sender, EventArgs e)
{
    this.Text = "注册新用户";
    cboQuestion.Text = cboQuestion.Items[0].ToString();
}
```

"确定"按钮被单击时执行的事件处理程序代码如下。

```
private void btnOK_Click(object sender, EventArgs e)
{
    if (txtName.Text == "" || txtPwd.Text == ""|| txtRePwd.Text =="" || txtAnswer.Text =="")
    {
        MessageBox.Show("用户名、密码及安全问题答案不能为空！","出错",
                        MessageBoxButtons.OK, MessageBoxIcon.Warning);
        return;
    }
    if (txtPwd.Text != txtRePwd.Text)
    {
        MessageBox.Show("两次输入的密码不相同！ ","出错", MessageBoxButtons.OK,
                        MessageBoxIcon.Warning);
        return;
    }
    UserManager user = new UserManager();          //声明 UserManager 类对象
    //调用 UserManager 类对象的 CheckUser()方法检查用户名是否已在使用
    if (user.CheckUser(txtName.Text.Trim()))       //返回值为 true 表示用户名已在使用
    {
        MessageBox.Show("用户名已在使用，请重新输入！ ","出错", MessageBoxButtons.OK,
                        MessageBoxIcon.Warning);
        return;
    }
    ArrayList val = new ArrayList();               //声明 ArrayList 集合对象，用于顺序存放各字段值
    val.Add(txtName.Text);
    //调用 StringToMD5()加密用户密码
```

```
            string pwd = user.StringToMD5(txtPwd.Text);
            val.Add(pwd);
            val.Add('0');              //通过此环节添加的用户都是普通用户
            val.Add(cboQuestion.Text);
            val.Add(txtAnswer.Text);
            string MsgText = user.AddUser(val);  //调用 AddUser()方法将数据添加到数据库
            //显示操作结果（添加成功或出错原因）
            MessageBox.Show(MsgText, "提示", MessageBoxButtons.OK, MessageBoxIcon.Information);
        }
```

"返回"按钮被单击时执行的事件处理程序代码如下。

```
        private void btnBack_Click(object sender, EventArgs e)
        {
            this.Close();              //关闭本窗体
            frmLogin login = new frmLogin();
            login.Show();              //显示登录窗体
        }
```

4．恢复遗忘的密码功能的实现

（1）设计"登录"窗体

向 frmRePwd 窗体中添加 3 个标签、3 个文本框和 2 个按钮控件。适当调整各控件的大小及位置。

（2）设置控件属性

设置窗体的 MaximizeBox 属性为 false，不显示最大化按钮；MinimizeBox 属性为 false，不显示最小化按钮。设置窗体的 MaximumSize 属性值和 MinimumSize 属性值都等于窗体设计时的尺寸，使程序运行后窗体的大小不能改变。

设置 3 个标签的 Text 属性分别为"用户名""安全问题"和"安全问题的答案"；设置 3 个文本框的 Name 属性分别为 txtName、txtQuestion 和 txtAnswer；设置 2 个按钮控件的 Text 属性分别为"确定"和"返回"。

（3）编写程序代码

添加命名空间的引用，代码如下。

```
        using System.Collections;
```

"恢复遗忘的密码"窗体装入时执行的事件处理程序代码如下。

```
        private void frmRePwd_Load(object sender, EventArgs e)
        {
            this.Text = "恢复遗忘的密码";
            txtName.Text = this.Tag.ToString();
            UserManager user = new UserManager();
            string sql = "select * from admin where uname='" + txtName.Text + "'";
            txtQuestion.Text = user.Query(sql).Tables[0].Rows[0][3].ToString();
        }
```

"确定"按钮被单击时执行的事件处理程序代码如下。

```
        private void btnOK_Click(object sender, EventArgs e)
        {
            //声明 UserManager 类对象
            UserManager user = new UserManager();
```

```csharp
string sql = "select * from admin where uname='" + txtName.Text + "'";
//通过 UserManager 类对象的 Query()方法返回结果集，并比较安全问题答案值是否相同
if (txtAnswer.Text != user.Query(sql).Tables[0].Rows[0][4].ToString().Trim())
{
    MessageBox.Show("安全问题的答案错！", "出错", MessageBoxButtons.OK,
                MessageBoxIcon.Warning);
    return;
}
Random rd =new Random();                          //声明一个随机数对象
string pwd =rd.Next(1000, 9999).ToString();       //产生一个 4 位的随机数作为新密码
string md5pwd =user.StringToMD5(pwd);             //对新密码进行 MD5 加密
Hashtable HT = new Hashtable();                   //声明一个 HashTable 对象
HT.Add("upwd", md5pwd);                           //将字段名和字段值存放到 HashTable 对象中
//使用 HashTable 对象传递数据的好处是，无须考虑字段排列顺序，也可只修改部分字段值
string Msg = user.EditUser(txtName.Text.Trim(), HT);  //调用 EditUser()方法修改数据
if (Msg != "数据更新成功！") //如果操作未成功，显示出错原因
{
    MessageBox.Show(Msg, "系统提示", MessageBoxButtons.OK,
                MessageBoxIcon.Information);
}
else              //否则显示新密码进行 MD5 加密前的值
{
    MessageBox.Show("你的新密码为：" + pwd + " 请及时修改！", "系统提示",
                MessageBoxButtons.OK, MessageBoxIcon.Information);
}
this.Close();              //本窗体关闭
frmLogin login = new frmLogin();
login.Show();              //显示登录窗体
}
```

"返回" 按钮被单击时执行的事件处理程序代码如下。

```csharp
private void btnBack_Click(object sender, EventArgs e)
{
    this.Close();
    frmLogin login = new frmLogin();
    login.Show();
}
```

5．信息管理功能的实现

如图 10-22 所示，窗体界面由两个分组框控件 groupBox1 和 groupBox2 组成，分别表示个人信息管理区（普通用户区）和所有用户信息管理区（管理员区）。窗体装入时程序能根据当前登录用户的级别决定显示哪个区，隐藏哪个区。

（1）设计信息管理窗体

向普通用户区（groupBox1）中添加 5 个标签、4 个文本框、1 个组合框和 2 个按钮控件。适当调整各控件的大小及位置。

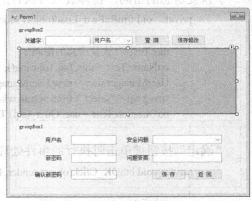

图 10-22　设计 frmMain 窗体界面

设置分组框 groupBox1 的 Name 属性为 groupUser；设置 5 个标签控件的 Text 属性分别为"用户名""新密码""确认新密码""安全问题"和"问题答案"；设置 4 个文本框的 Name 属性分别为 txtName、txtNewPwd、txtRePwd 和 txtAnswer；设置组合框的 Name 属性为 cboQuestion，并向其中添加"你的学校是？""你最要好的朋友是？"和"你最喜欢的运动是？"3 个供选项；设置 2 个按钮控件的 Text 属性分别为"保存"和"返回"，Name 属性分别为 btnSave 和 btnBack。

向管理员区（groupBox2）中添加 1 个标签、1 个文本框、1 个组合框、2 个按钮控件和 1 个数据表格控件 dataGridView1。适当调整各控件的大小及位置。

设置分组框 groupBox2 的 Name 属性为 groupAdmin；设置标签控件的 Text 属性为"关键字"；设置文本框的 Name 属性为 txtKey；设置组合框的 Name 属性为 cboType，向其中添加"用户名"和"用户级别" 2 个供选项，设置其 Text 属性为"用户名"；设置 2 个按钮控件的 Text 属性分别为"查询"和"保存修改"，设置它们的 Name 属性分别为 btnQuery 和 btnSaveAll；设置 dataGridView1 的 Name 属性为 dgvAdmin。

（2）编写程序代码

添加命名空间的引用，代码如下。

```
using System.Collections;
```

声明窗体级 DataTable 类型对象 dt，代码如下。

```
DataTable dt = new DataTable();
```

窗体装入时执行的事件处理程序代码如下。

```
private void frmMain_Load(object sender, EventArgs e)
{
    string sql;
    UserManager user = new UserManager();
    if (frmLogin.UserLevel == "0")              //显示个人信息管理界面（普通用户）
    {
        this.Text = "个人信息管理";
        //读取登录窗体中公用静态变量 UserName 的值，查询个人信息
        sql = "select uname,question,answer from admin where uname='" + frmLogin.UserName + "'";
        //设置分组框的标题文字
        groupUser.Text = "个人信息管理（无须修改的地方可保持原值或留空）";
        groupAdmin.Visible = false;             //管理员操作区不可见
        this.Height = this.Height - 216;        //减小窗体的高度
        groupUser.Top = 12;                     //设置个人信息管理区的显示位置
        groupUser.Left = 12;
        DataSet ds = user.Query(sql);           //调用 Query()方法得到返回的数据集
        //从返回的查询结果中得到用户名、安全问题及安全问题答案，并显示到相应的控件中
        txtName.Text = ds.Tables[0].Rows[0][0].ToString().Trim();
        cboQuestion.Text = ds.Tables[0].Rows[0][1].ToString().Trim();
        txtAnswer.Text = ds.Tables[0].Rows[0][2].ToString().Trim();
    }
    else        // "用户级别"不为 0，则显示所有用户管理界面（管理员用户）
    {
        this.Text = "用户信息管理";
        sql = "select uname as 姓名,ulevel as 用户级别,question as 安全问题,answer as 问题答案  from admin";
```

```csharp
groupAdmin.Text = "用户信息管理";              //设置分组框标题文字
groupUser.Visible = false;                    //个人信息管理区不可见
this.Height = this.Height - 147;              //减小窗体的高度
DataSet ds = new DataSet();
dt = user.Query(sql).Tables[0];               //调用 Query()方法得到查询结果集
dgvAdmin.DataSource = dt;                     //将查询结果显示到 DataGridView 控件中
//设置 DataGridView 控件的属性
dgvAdmin.MultiSelect = false;
dgvAdmin.Columns[3].AutoSizeMode = DataGridViewAutoSizeColumnMode.Fill;
dgvAdmin.AllowUserToAddRows = false;
dgvAdmin.Columns[0].ReadOnly = true;          //用户名字段不能编辑
dgvAdmin.Columns[2].ReadOnly = true;          //安全问题字段不能编辑
}
```

"个人信息管理"界面中的"保存"按钮被单击时执行的事件处理程序代码如下。

```csharp
private void btnSave_Click(object sender, EventArgs e)
{
    UserManager user = new UserManager();
    Hashtable HT = new Hashtable();
    if (txtNewPwd.Text != "")                 //用户填写了新密码
    {
        if (txtNewPwd.Text != txtRePwd.Text)
        {
            MessageBox.Show("两次输入的密码不相同！", "出错", MessageBoxButtons.OK,
                MessageBoxIcon.Warning);
            return;
        }
        else
        {
            string Md5Pwd = user.StringToMD5(txtNewPwd.Text.Trim());
            HT.Add("upwd", Md5Pwd);           //将字段名及对应的字段值添加到 HashTable 对象
        }
    }
    HT.Add("uname", txtName.Text);
    HT.Add("question", cboQuestion.Text);
    HT.Add("answer", txtAnswer.Text);
    string Msg = user.EditUser(frmLogin.UserName, HT);  //调用 EditUser()方法修改数据
    //显示操作结果（修改成功或出错原因）
    MessageBox.Show(Msg, "系统提示", MessageBoxButtons.OK, MessageBoxIcon.Information);
    this.Hide();                              //本窗体隐藏
    frmLogin login = new frmLogin();
    login.Show();                             //显示登录窗体
}
```

"个人信息管理"界面中的"返回"按钮被单击时执行的事件处理程序代码如下。

```csharp
private void btnBack_Click(object sender, EventArgs e)
{
    this.Hide();
    frmLogin login = new frmLogin();
    login.Show();
```

}

所有用户信息管理界面中的"查询"按钮被单击时执行的事件处理程序代码如下。

```csharp
private void btnQuery_Click(object sender, EventArgs e)
{
    string Field;
    if (cboType.Text == "用户名")
    {
        Field = "uname";            //根据用户选择得到查询依据的字段名
    }
    else
    {
        Field = "ulevel";
    }
    UserManager user = new UserManager();
    string sql = "select uname as 姓名,ulevel as 用户级别,question as 安全问题,answer as 
        问题答案 from admin where " + Field + " like '%" + txtKey.Text + "%'";
    dt = user.Query(sql).Tables[0];     //调用 Query()方法返回查询结果
    dgvAdmin.DataSource = dt;           //将查询结果显示到 DataGridView 控件中
}
```

所有用户管理界面数据表格中发生鼠标键按下事件时执行的事件处理程序代码如下。

```csharp
private void dgvAdmin_CellMouseDown(object sender,
                                    DataGridViewCellMouseEventArgs e)
{
    if (e.Button == MouseButtons.Right)  //如果单击的是鼠标右键
    {
        if (e.RowIndex >= 0)
        {
            //若行已是选中状态，则不再进行设置
            if (dgvAdmin.Rows[e.RowIndex].Selected == false)
            {
                dgvAdmin.ClearSelection();
                dgvAdmin.Rows[e.RowIndex].Selected = true;
            }
            //只选中一行时设置活动单元格
            if (dgvAdmin.SelectedRows.Count == 1)
            {
                dgvAdmin.CurrentCell =
                            dgvAdmin.Rows[e.RowIndex].Cells[e.ColumnIndex];
            }
            //显示快捷菜单
            ConMenu.Show(MousePosition.X, MousePosition.Y);
        }
    }
}
```

快捷菜单命令"修改密码"被选择时执行的事件处理程序代码如下。

```csharp
private void EditPwdMenuItem_Click(object sender, EventArgs e)
{
    frmEditPwd editpwd = new frmEditPwd();  //显示修改密码窗体，本窗体不隐藏，同时显示
```

247

```csharp
            //将要修改的记录的 uname 字段值保存到 Tag 属性中
            editpwd.Tag = dgvAdmin.CurrentRow.Cells[0].Value.ToString().Trim();
            editpwd.Show();            //显示修改密码窗体
}
```

快捷菜单命令"删除记录"被单击时执行的事件处理程序代码如下。

```csharp
private void DelMenuItem_Click(object sender, EventArgs e)
{
    UserManager user = new UserManager();
    //调用 DelUser()方法删除指定用户名的记录
    string Msg = user.DelUser(dgvAdmin.CurrentRow.Cells[0].Value.ToString().Trim());
    if (Msg != "用户删除成功!")    //如果删除失败,则显示出错原因
    {
        MessageBox.Show(Msg, "系统提示", MessageBoxButtons.OK,
                        MessageBoxIcon.Information);
    }
    string sql = "select uname as 姓名,ulevel as 用户级别, question as 安全问题, answer as 问题答案 from admin";
    dt = user.Query(sql).Tables[0];
    dgvAdmin.DataSource = dt;            //返回新的查询结果集
                                         //更新 DataGridView 控件中的显示信息
}
```

所有用户管理界面中的"保存修改"按钮被单击时执行的事件处理程序代码如下。

```csharp
private void btnSaveAll_Click(object sender, EventArgs e)
{
    for (int i = 0; i < dgvAdmin.RowCount; i++)
    {
        //DataRowState 的 UnChanged 属性表示行自被填充后是否从未被改变过
        if (dt.Rows[i].RowState != DataRowState.Unchanged)    //若有某行被改变
        {
            Hashtable HT = new Hashtable();
            HT.Add("ulevel", dt.Rows[i][1].ToString().Trim());
            HT.Add("answer", dt.Rows[i][3].ToString().Trim());
            UserManager user = new UserManager();
            string username = dt.Rows[i][0].ToString().Trim();
            user.EditUser(username, HT);
        }
    }
    MessageBox.Show("数据保存成功!","系统提示", MessageBoxButtons.OK,
                    MessageBoxIcon.Information);
}
```

默认情况下,DataGridView 控件最左侧标志位中不显示行号,为其 RowPostPaint 事件(在绘制 DataGridViewRow 后发生)编写如下代码,即可在最左侧标志位中显示自动行号。

```csharp
//为 DataGridView 控件添加自动行号
private void dgvAdmin_RowPostPaint(object sender, DataGridViewRowPostPaintEventArgs e)
{
    System.Drawing.Rectangle rectangle = new System.Drawing.Rectangle(e.RowBounds.Location.X,
            e.RowBounds.Location.Y, dgvAdmin.RowHeadersWidth - 4, e.RowBounds.Height);
    TextRenderer.DrawText(e.Graphics, (e.RowIndex + 1).ToString(),
            dgvAdmin.RowHeadersDefaultCellStyle.Font, rectangle,
```

```
                    dgvAdmin.RowHeadersDefaultCellStyle.ForeColor,
                    TextFormatFlags.VerticalCenter | TextFormatFlags.Right);
    }
```
窗体关闭时执行的事件处理程序代码如下。
```
    private void frmMain_FormClosed(object sender, FormClosedEventArgs e)
    {
        for (int i = 0; i < dgvAdmin.RowCount; i++)
        {
            //DataRowState 的 UnChanged 属性表示行自被填充后是否从未被改变过
            if (dt.Rows[i].RowState != DataRowState.Unchanged)        //若有某行被改变
            {
                DialogResult result;
                result = MessageBox.Show("数据表中存在已被修改的记录，是否保存？","系统提示",
                            MessageBoxButtons.YesNo, MessageBoxIcon.Information);
                if (result == DialogResult.Yes)            //若用户选择了"是"按钮
                {
                    Hashtable HT = new Hashtable();
                    //将字段名和对应的字段值保存到 HashTable 对象中
                    HT.Add("ulevel", dt.Rows[i][1].ToString().Trim());
                    HT.Add("answer", dt.Rows[i][3].ToString().Trim());
                    UserManager user = new UserManager();
                    string username = dt.Rows[i][0].ToString().Trim();
                    //调用 EditUser()方法更新数据
                    user.EditUser(username, HT);
                }
            }
        }
        Application.Exit();            //应用程序退出
    }
```

6．修改密码功能的实现

本功能由在所有用户管理界面中选择"修改密码"快捷菜单命令的单击事件调用。实际上是用户管理窗体的一个辅助窗体。

（1）设计登录窗体

向 frmEditPwd 中添加 2 个标签、2 个文本框和 2 个按钮控件。适当调整各控件的大小及位置。

（2）设置控件属性

设置窗体的 MaximizeBox 属性为 false，不显示最大化按钮；MinimizeBox 属性为 false，不显示最小化按钮。设置窗体的 MaximumSize 属性值和 MinimumSize 属性值都等于窗体设计时的尺寸，使程序运行后窗体的大小不能改变。

设置 2 个标签控件的 Text 属性分别为"新密码"和"确认新密码"；设置 2 个文本框的 Name 属性分别为 txtNewPwd 和 txtRePwd；设置 2 个按钮控件的 Text 属性分别为"确定"和"返回"，Name 属性分别为 btnOK 和 btnBack。

（3）编写程序代码

添加命名空间的引用，代码如下。
```
    using System.Collections;            //提供对 HashTable 对象的支持
```

"修改密码"窗体装入时执行的事件处理程序代码如下。

```
private void frmEditPwd_Load(object sender, EventArgs e)
{
    this.Text = "修改密码";
}
```

"修改密码"窗体中的"确定"按钮被单击时执行的事件处理程序代码如下。

```
private void btnOK_Click(object sender, EventArgs e)
{
    if (txtNewPwd.Text == "" || txtRePwd.Text == "")
    {
        MessageBox.Show("密码不能为空！", "出错", MessageBoxButtons.OK,
            MessageBoxIcon.Warning);
        return;
    }
    if (txtNewPwd.Text != txtRePwd.Text)
    {
        MessageBox.Show("两次输入的密码不相同！", "出错", MessageBoxButtons.OK,
            MessageBoxIcon.Warning);
        return;
    }
    UserManager user = new UserManager();
    Hashtable HT = new Hashtable();
    string Md5Pwd = user.StringToMD5(txtNewPwd.Text);
    HT.Add("upwd", Md5Pwd);
    string Msg = user.EditUser(this.Tag.ToString(), HT);     //调用 EditUser()方法修改数据
    MessageBox.Show(Msg,"系统提示",MessageBoxButtons.OK,MessageBoxIcon.Information);
    this.Close();
}
```

"修改密码"窗体中的"返回"按钮被单击时执行的事件处理程序代码如下。

```
private void btnBack_Click(object sender, EventArgs e)
{
    this.Close();
}
```

第 11 章　使用 Microsoft Excel 输出报表

Microsoft Excel 是广大用户十分熟悉的电子表格软件，它提供了支持.NET Framework 的类库。通过对该类库的引用，开发人员可以使用 C#、Visual Basic 等语言编写程序，实现对 Excel 电子表格的操作（创建文档、读、写、修改、插入图片和保存文档等）。将数据库中的数据写入已预设格式的 Excel 文件，就可以轻松地实现 Windows 窗体应用程序的报表输出。

11.1　操作 Excel 电子表格

Excel 电子表格能以二维表格的形式保存、分析和处理数据。实际上一个 Excel 电子表格工作簿文件就是一个简易的数据库，其中包含的数据表（sheet1，sheet2，…，sheetN）就是存放在“数据库”中的数据表。所以既可以将一个 Excel 电子表格用作应用程序的数据源，也可以通过 Excel 类库提供的类及其成员实现数据库与 Excel 工作表中数据的交互。

11.1.1　使用 Excel 电子表格作为数据源

Excel 电子表格实际上就是一种 OleDb 类型的数据库，通过 OleDbDataAdapter、DataSet 和 DataTable 对象可以将其设置为 DataGridView 控件的数据源，将 Excel 电子表格中的全部或通过 SQL 语句进行筛选后的部分数据显示到 DataGridView 控件中。

使用 DataAdapter 对象的 Update()方法保存用户通过 DataGridView 控件添加或修改的数据到 Excel 文件时，由于 Excel 不存在主键的概念，故需要手工设置 DataAdapter 对象的 UpdateCommand 和 InsertCommand 命令。

【演练 11-1】 在 DataGridView 控件中显示 Excel 电子表格中的全部或部分数据。设已创建了一个名为 1.xlsx 的 Excel 2010 格式的电子表格文件，其内容如图 11-1 所示。

	A	B	C	D	E	F
1	学号	姓名	性别	出生年月	专业	电子邮件
2	2017001	张三	男	1998-12-5	网络技术	zs@126.com
3	2017002	李四	女	1999-5-6	软件工程	lisi@sohu.com
4	2017003	张顺利	男	1998-9-12	软件工程	zsl@sina.com
5	2017004	王五	女	1999-12-30	网络技术	wangw@163.com
6	2017005	陈东凤	男	1999-3-8	计算机应用	chendf@126.com
7	2017006	李和平	女	1998-6-21	软件工程	lihp@163.com
8	2017007	张大民	男	1999-9-12	网络技术	zhangdm@sohu.com
9	2017008	刘顺利	女	1999-12-24	计算机应用	liusl@126.com
10	2017009	吴平安	男	1999-10-2	软件工程	wupa@sina.com.cn
11	2017010	周好运	女	1999-6-9	网络技术	zhouhy@163.com

图 11-1　存放在 Excel 电子表格中的数据

要求使用 DataSet 和 DataAdapter 对象创建一个能在 DataGridView 控件中显示 Excel 电子表格文件内容，且能按指定类型的关键字进行查询的 Windows 应用程序。

程序启动后显示如图 11-2 所示的界面。用户可以在文本框中输入查询关键字，并选择关键字类型（姓名、专业或电子邮件），然后单击“查询”按钮，得到如图 11-3 所示的查询结果。

程序设计步骤如下。

（1）设计程序界面

新建一个 Windows 应用程序项目，将 Excel 电子表格文件 1.xlsx 复制到项目文件夹 bin\Debug 中。在窗体设计器中，向窗体中添加 1 个标签控件、1 个文本框、1 个组合框、1 个按钮控件和 1 个 DataGridView 数据表格控件。适当调整各控件的大小及位置。

图 11-2 显示到 DataGridView 控件中的数据

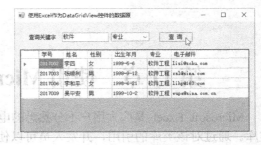
图 11-3 查询结果

（2）设置对象属性

设置标签控件的 Text 属性为"查询关键字"；设置文本框的 Name 属性为 txtKey；设置组合框的 Name 属性为 cboType，并向其中添加"姓名""专业"和"电子邮件"3 个供选项；设置按钮控件的 Text 属性为"查询"，设置其 Name 属性为 btnQuery；设置 DataGridView 控件的 Name 属性为 dgvExcel。

（3）编写程序代码

添加命名空间的引用，代码如下。

```
using System.Data.OleDb;          //提供对 OleDb 数据库的支持
```

在窗体类框架中声明窗体级变量，以方便在"查询"按钮的单击事件中也能使用，代码如下。

```
//请注意使用 Excel 为 OleDb 数据库时连接字符串的书写方式
//Environment.CurrentDirectory 表示项目文件夹下的 bin\Debug 子文件夹
string StrConn="Provider=Microsoft.ACE.OLEDB.12.0; Data Source="+Environment.CurrentDirectory +
               "\\1.xlsx; Extended Properties=Excel 12.0;";
OleDbConnection Conn = new OleDbConnection();
```

窗体装入时执行的事件处理程序代码如下。

```
private void Form1_Load(object sender, EventArgs e)
{
    this.Text = "使用 Excel 作为 DataGridView 控件的数据源";
    cboType.Text = "姓名";
    DataSet ds = new DataSet();                    //声明 DataSet 对象 ds
    Conn.ConnectionString = StrConn;
    string Sql = "select * From [Sheet1$]";        //从 Excel 工作簿的 Sheet1 工作表中读取数据
    OleDbDataAdapter da = new OleDbDataAdapter(Sql, Conn);   //创建 DataAdapter 对象
    da.SelectCommand = new OleDbCommand(Sql,Conn);
    da.Fill(ds);                                   //填充 DataSet 对象
    //设置 DataGridView 控件的数据源
    dgvExcel.DataSource = ds.Tables[0];
    dgvExcel.AllowUserToAddRows = false;           //不允许用户添加行
    //设置 DataGridView 控件在自动调整列宽时使用的模式
    dgvExcel.AutoSizeColumnsMode = DataGridViewAutoSizeColumnsMode.AllCells;
    dgvExcel.Columns[5].AutoSizeMode = DataGridViewAutoSizeColumnMode.Fill;
    dgvExcel.AutoResizeColumns();                  //自动调整各列宽度
}
```

"查询"按钮被单击时执行的事件处理程序代码如下。

```csharp
private void btnQuery_Click(object sender, EventArgs e)
{
    DataSet ds = new DataSet();
    Conn.ConnectionString = strConn;
    string Sql ="";
    //根据用户选择的查询关键字类型设置 Select 语句
    switch (cboType.Text.Trim())
    {
        case "姓名":
            Sql = "select * from [Sheet1$] where 姓名 like '%" + txtKey.Text + "%'";
            break;
        case "专业":
            Sql = "select * from [Sheet1$] where 专业 like '%" + txtKey.Text + "%'";
            break;
        case "电子邮件":
            Sql = "select * from [Sheet1$] where 电子邮件 like '%" + txtKey.Text + "%'";
            break;
    }
    OleDbDataAdapter da = new OleDbDataAdapter(Sql, Conn);
    da.SelectCommand = new OleDbCommand(Sql,Conn);
    da.Fill(ds);
    dgvExcel.DataSource = ds.Tables[0];
}
```

11.1.2 操作 Excel 工作簿

对 Excel 工作簿的操作是指对 Excel 文件进行新建、打开、保存和退出等操作。在 Visual Studio 中，可以通过编写代码的方式实现在 Excel 环境中能实现的绝大多数功能。

1. 引用 Excel 类库

在计算机中安装 Microsoft Excel 的同时，会在计算机中安装为编程语言提供接口的 Excel 类库 Microsoft Excel Object Library。其中 Microsoft Excel 11.0 Object Library 针对 Excel 2003，12.0 针对 Excel 2007，14.0 针对 Excel 2010，且具有向下兼容的特性。

Excel 类库实际上是一个 COM 组件，如果希望在 Visual Studio 中调用有关 Excel 文件操作的对象和方法，则需要向项目中添加对该类库组件的引用。

需要说明的是，使用 Excel 类库前，一定要在计算机中安装相应版本的 Excel 软件，否则即使拥有 Excel 类库的*.dll 文件也无法在 Visual Studio 环境中编写用于操作 Excel 电子表格文件的应用程序。

在"解决方案资源管理器中"右击项目名称，在弹出的快捷菜单中选择"添加引用"命令。在弹出的如图 11-4 所示的对话框中选择 COM 选项，根据自己计算机中安装的 Microsoft Office 版本选择 Microsoft

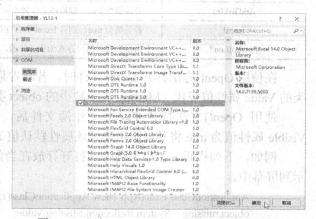

图 11-4 添加 Microsoft Excel 14.0 Object Library

Excel 12.0 Object Library 或 Microsoft Excel 14.0 Object Library 选项，然后单击"确定"按钮。

关于 Excel 操作的类和方法位于 Microsoft.Office.Interop.Excel 命名空间中，故应使用下列语句在项目中添加对该命名空间的引用。

    using Microsoft.Office.Interop.Excel;

2．打开现有 Excel 文件

在 Visual Studio 中打开现有 Excel 文件的操作步骤如下。

1）添加对 Excel 类库的引用。这一步是在 Visual Studio 中操作 Excel 文件所必需的操作，今后不再赘述。

2）声明一个 ApplicationClass 类对象。该类中包含众多用于 Excel 文件操作的属性、方法和事件，如打开、关闭或保存等。

3）声明一个 Workbook 类对象，然后调用 ApplicationClass 的子类 Workbooks 的 Open()方法将打开的 Excel 工作簿赋值给 Workbook 对象。在使用 Open()方法时，需要为其指定 15 个参数，各参数的说明如表 11-1 所示。

表 11-1 Open()方法的参数说明

参　数	说　　明
Filename	要打开的 Excel 工作簿的完整文件名（包括路径）
UpdateLinks	指定文件中链接的更新方式。只更新外部引用、只更新远程引用、二者都更新
ReadOnly	若该值为 true，表示以只读方式打开文件
Format	若 Excel 正在打开一个文本文件，则该参数用于指定分隔字符。1-制表符，2-逗号，3-空格，4-分号，5-没有分隔符，6-自定义字符
Password	打开文件的密码
WriteResPassword	具有写权限的密码
IgnoreReadOnlyRecommended	若该值为 true，则设置 Excel 不显示建议只读消息（如果该工作簿以"建议只读"选项保存）
Origin	文件为文本文件时，该参数用于指示文件来源于何种操作系统
Delimiter	Format 参数值为 6 时，用于指定用作分隔符的字符
Editable	是否显示 Excel 4.0 中包含的加载宏（本选项不能应用于由 Excel 5.0 或更高版本创建的加载宏）
Notify	当该文件不能以可读写模式打开时，若该参数的值为 true，则可将该文件添加到文件通知列表
Converter	指定打开文件时使用的第一个文件转换器的索引号
AddToMru	若该值为 true，则将该工作簿添加到最近使用的文件列表中
Local	若该值为 true，则以 Excel 语言保存文件，否则以 VBA 语言保存文件
CorruptLoad	指定文件以何种方式加载（普通、安全或数据恢复）

在使用 Open()方法打开 Excel 文件时，若缺省某个参数则可使用 System.Reflection.Missing 类的 Value 属性值替代（Missing 表示缺少的 object 类型数据）。

使用 Open()方法打开 Excel 工作簿文件后，可以通过设置 ApplicationClass 类对象的 Visible 属性值为 true 将其显示出来（该属性默认值为 false，表示文件在后台打开）。

例如，下列代码表示以只读方式打开存放在当前文件夹中的 Excel 文件 1.xls，并将其显示到屏幕中。

```
ApplicationClass ExcelApp =new ApplicationClass();
object missing = System.Reflection.Missing.Value;        //声明一个缺省的 object 值
Workbook ExcelBook = ExcelApp.Workbooks.Open("d:\\1.xlsx", missing, true,
```

```
                                    missing, missing, missing,
                                    missing, missing, missing,
                                    missing,missing, missing,
                                    missing, missing, missing);
        ExcelApp.Visible = true;
```

3．保存或另存 Excel 文件

使用 Workbook 对象的 Save()方法或 SaveAs()方法可以保存或另存 Excel 文件。

Save()方法不带任何参数，表示保存 Workbook 对象代表的文件，相当于在 Excel 环境中单击"保存"按钮或选择"文件"→"保存"命令。

SaveAs()方法带有 12 个参数，其中最常用的是第 1 个和第 7 个参数，前者表示文件另存时使用的文件名，后者为 XlSaveAsAccessMode 类型的参数，表示新文件的访问方式，一般取 XlSaveAsAccessMode.xlNoChange（不改变原有文件的访问方式）即可。其他参数可使用 System.Reflection.Missing.Value 替代。

4．释放 Excel 对象

对 Excel 文件操作完毕后，必须调用 ApplicationClass 对象的 Quit()方法，否则 Excel 对象不能从内存中退出。

操作完毕后通常使用以下所示的代码释放 Excel 对象。

```
ExcelApp.Quit();
ExcelApp = null;
ExcelBook = null;
ExcelSheet = null;
```

有时会因程序出错中断执行等造成内存中的 Excel 进程无法结束，此时可在结束 Excel 操作后，使用下列代码强制终止 Excel 进程（需引用 System.Diagnostics 命名空间）。

```
Process[] procs = Process.GetProcessesByName("Excel");
foreach (Process pro in procs)       //遍历当前内存中的进程，"杀掉"所有名为 Excel 的进程
{
    pro.Kill();
}
GC.Collect();                        //强制进行即时垃圾回收，释放它们对系统资源的占用
```

11.1.3 操作 Excel 工作表

对工作表的操作是指添加或删除工作表、工作表中数据的读取和写入、打印工作表或预览工作表等。

1．指定要操作的工作表

指定要操作的工作表，通常可以通过以下 3 种方式来实现。

```
//操作当前工作表
Worksheet ExcelSheet=(Worksheet)ExcelApp.ActiveSheet;
//操作 Excel 工作簿中的第一个工作表
Worksheet ExcelSheet = (Worksheet)ExcelBook.Worksheets[1];
//操作工作簿中名为 abc 的工作表
Worksheet ExcelSheet = (Worksheet)ExcelBook.Worksheets["abc"];
```

2．向工作表中写入数据

向工作表中写入数据时，首先要创建工作表对象，然后使用对象的 Cells 属性指定目标单

元格，并为目标单元格赋值即可。

例如，下列代码将字符串 abc 写到当前工作表的 D3 单元格中。

```
…                              //创建工作表对象
ExcelSheet.Cells[3, 4] ="abc";      //为工作表的第 3 行第 4 列单元格（D3）赋值
ExcelApp.DisplayAlerts = false;     //不显示保存文件提示信息框
ExcelBook.Save();                   //保存工作簿
ExcelApp.Quit();
```

3．向工作表中插入图片

使用 Worksheet 的子类 Shapes 的 AddPicture()方法可以向工作表的指定位置插入一个图片。AddPicture()方法带有 7 个参数，各参数的含义说明如表 11-2 所示。

表 11-2 AddPicture()方法的参数说明

参 数 名	类 型	说 明
Filename	string	要插入或链接的图片文件名
LinkToFile	MsoTriState	指定图片的链接方式
SaveWithDocument	MsoTriState	指定图片是否随文档一起保存（嵌入）
Left	float	图片插入位置左边距（像素）
Top	float	图片插入位置顶部边距（像素）
Width	float	图片的宽度（像素）
Height	float	图片的高度（像素）

例如，下列语句表示将图片文件 d:\C#2015\Code\pic.jpg 以嵌入方式插入到当前工作表中。图片插入位置的左边距和顶部边距分别为 200 像素和 37 像素，图片的大小为 124×164 像素。

```
Worksheet ExcelSheet = (Worksheet)ExcelApp.ActiveSheet;
Microsoft.Office.Core.MsoTriState f = Microsoft.Office.Core.MsoTriState.msoFalse;
Microsoft.Office.Core.MsoTriState t = Microsoft.Office.Core.MsoTriState.msoTrue;
ExcelSheet.Shapes.AddPicture("d:\\ pic.jpg", f, t, 200, 37, 124, 164);
```

4．读取工作表中的数据

读取单元格中的数据时，首先应将目标单元格转换成一个 Range 类型的对象，然后使用该对象的 Value2 属性获取单元格的值。

例如，下列代码可将当前工作表 D3 单元格的值显示到标签控件 label1 中。

```
Range r = (Range)ExcelSheet.Cells[3, 4];
label1.Text = r.Value2.ToString();
```

该属性用于获取一个 Range 类型的对象，该对象表示工作表中一个或一定范围内的若干个单元格。

5．打印工作表

通过 Worksheet 对象的 PrintPreview()方法或 PrintOut()方法，可实现工作表打印预览或进行打印输出。

（1）PrintPreview()方法

PrintPreview()方法带有 1 个 bool 类型的参数，表示打印预览时是否能对文档进行设置。参数值为 false 时，预览窗口中的"设置"和"页边距"按钮不可用。

需要注意的是，对工作表进行打印预览前应将 ApplicationClass 对象的 Visible 属性设置为

true，否则将无法看到预览效果。

（2）PrintOut()方法

PrintOut()方法带有 8 个参数，各参数的含义说明如表 11-3 所示。

表 11-3 PrintOut()方法的参数说明

参 数 名	说 明
From	打印的起始页
To	打印的终止页
Copies	打印份数
Preview	打印前是否预览
ActivePrinter	使用的打印机名称
PrintToFile	是否打印到文件
Collate	是否逐份打印
PrToFileName	指定打印到文件时使用目标文件名

若希望某个参数使用默认值，可使用 System.Reflection.Missing 类的 Value 属性值替代该参数。

例如，下列语句表示打印输出当前工作表的 1～3 页，打印 2 份，打印前不进行预览，使用计算机中安装的名为"票据打印机"的打印机作为输出设备。

```
Worksheet ExcelSheet=(Worksheet)ExcelApp.ActiveSheet;
object missing = System.Reflection.Missing.Value;
ExcelSheet.PrintOut(1, 3, 2, false, "票据打印机", missing, missing, missing);
```

11.1.4 Excel 与数据库的数据交互

Excel 工作簿本身就是一个简单的二维数据库，每张工作表相当于数据库中的一个数据表，所有数据的存放位置均由其行列坐标（行号和列号）来确定。通过前面介绍的通过编程读写 Excel 工作表的技术，可以很方便地实现将 Excel 数据导入到数据库中或将数据库中的数据导出到 Excel 工作表。

1. 从数据库导出记录到 Excel

从数据库中导出数据到 Excel 的操作步骤如下。

1）建立与源数据库的连接。

2）打开目标 Excel 模板文件。

3）创建 DataReader 对象，并通过调用其 Read()方法从数据库中读取需要的数据。

4）将 DataReader 对象读取到的数据写入 Excel 工作表的指定单元格。

5）关闭数据库连接，另存 Excel 文件，释放 Excel 对象。

例如，下列代码从 Students 数据库的 Grade 表中读取所有学生的成绩记录，并填写到 Excel 文件中。

```
string StrSQL = "Select * From Grade";
… //建立数据库连接，创建 SqlCommand 对象
… //创建 Excel 的 ApplicationClass 对象、Workbook 对象和 Worksheet 对象，打开模板文件（*.xlsx）
SqlDataReader dr = com.ExecuteReader();
int i = 0;
```

```
while (dr.Read())
{
    for (int j = 0; j < 6; j++)          //循环填写6个字段
    {
        //从 Excel 工作表的第3行第1列开始填写
        ExcelSheet.Cells[i + 3, j + 1] = dr[j].ToString();
    }
    i = i + 1;
}
//另存 Excel 文件
ExcelBook.SaveAs("D:\\名单.xls", missing, missing, missing, missing, missing,
                XlSaveAsAccessMode.xlNoChange, missing, missing, missing, missing, missing);
…//关闭数据库连接，释放 Excel 对象
```

2. 从 Excel 向数据库中添加记录

将 Excel 中的数据导入到数据库表的操作步骤如下。

1）建立与目标数据库的连接。
2）通过 DataAdapter 对象从数据库中取出需要的数据。
3）实例化一个 SqlCommandBuilder 类对象，并为 DataAdapter 自动生成更新命令。
4）使用 DataAdapter 对象的 Fill()方法填充 DataSet。
5）使用 NewRow()方法向 DataSet 中填充的表对象中添加一个新行。
6）打开源 Excel 数据文件。
7）读取 Excel 工作表对应单元格的数据赋值给新行的各字段。
8）关闭数据库连接，释放 Excel 对象。

例如，下列代码从 Excel 文件中读取记录，并添加到 Microsoft SQL Server 数据库 Students 的 Grade 表中。

```
…//建立数据库连接，创建 SqlCommand 对象，生成自动更新方法
…//创建 Excel 的 ApplicationClass 对象、Workbook 对象和 Worksheet 对象，打开数据文件（*.xls）
//ExcelSheet.UsedRange.Rows.Count 表示当前工作表中有效行数，
//因含有表标题和列标题行，故实际数据行应减去2
for (int i = 0; i < ExcelSheet.UsedRange.Rows.Count - 2; i++)
{
    DataRow NewRow = ds.Tables[0].NewRow();
    for (int j = 0; j < 6; j++)          //Grade 表共有7个字段
    {
        Range r = (Range)ExcelSheet.Cells[i + 3, j + 1];
        if (j > 3)
        {
            NewRow[j] = int.Parse(r.Value2.ToString());
        }
        else
        {
            NewRow[j] = r.Value2.ToString();
        }
    }
    ds.Tables[0].Rows.Add(NewRow);
}
da.Update(ds);
```

```
    …                //关闭数据库连接,释放Excel对象
```

11.2 使用Excel输出报表实例

Visual Studio中提供了专用的报表生成模块"水晶报表",但其格式与大家习惯的格式有一些差别,设置起来也不是十分简便。Excel具有强大的数据计算、分析功能,且具有深为广大用户熟知的编辑、排版功能,所以说使用Excel作为报表输出工具可以极大地提高开发效率,减少开发人员的工作量。

本节将通过一个实例介绍使用Excel作为报表输出工具的程序设计要领。实例要求设计一个模拟的物资入库管理程序,要求向数据库提交入库物资信息的同时,使用Excel打印入库单。

11.2.1 程序功能要求

程序功能主要包含用户登录、填写入库单,以及向数据库提交数据并打印入库单3项功能。各功能的具体要求如下。

1. 用户登录

程序启动后显示如图11-5所示的操作员"登录"界面。用户在输入了姓名和相应的密码后单击"登录"按钮,程序能根据数据库中存放的操作员信息检测用户的合法性。登录失败时显示如图11-6所示的提示信息。

图11-5 操作员"登录"界面

图11-6 登录失败

2. 填写入库单

用户成功登录后,显示如图11-7所示的填写入库单界面。程序能根据当前系统时间(年月日时分秒)自动生成入库单编号,能根据当前登录的用户名填写操作员姓名。

操作员在填写物资信息时,程序能提供下列便利条件。

1)计量单位可以从下拉列表框中选择。

2)如果同一发票中包含有多种物资,则只有第一行需要输入发票号,程序能自动为其他记录的发票号字段赋以相同值。

3. 提交数据并打印入库单

所有数据填写完毕后,单击"打印入库单"按钮,程序能调用Excel通过打印预览的方式显示由程序自动生成的入库单,如图11-8所示。入库单样式及合计字段的数据均在Excel模板中通过Excel公式或函数预先设置。

在前台显示入库单的同时,程序在后台将物资信息提交到数据库中,且每条记录均由程序自动生成一个取最大值的ID编号。

入库单打印完毕(打印预览关闭)后,程序将自动清除上次操作员填写的数据,生成新的入库单号,使界面恢复到初始状态。

图 11-7　填写入库单界面　　　　　图 11-8　使用 Excel 输出的入库单（打印预览）

11.2.2　程序设计要求

新建一个 Windows 应用程序项目，向项目中再添加一个窗体，将两个窗体文件分别重命名为 frmLogin（登录窗体）和 frmMain（主窗体）。向项目中添加一个名为 Material.cs（物资）的类文件。

1．在 Excel 中设计入库单模板

入库单模板的设计与通常编辑 Excel 文件的方法完全相同。一般可由最终用户直接设计，本例在"合计"栏中应用了 Excel 的 Sum 函数，使得报表能使用 Excel 的统计功能自动计算合计值。"复价"栏中数据由程序负责计算并填写到相应的单元格中（如果使用公式填充，在没有数据的地方会出现"0.00"，影响报表的美观）。

2．数据库设计要求

本实例中事先已在 Microsoft SQL Server 中创建了一个名为 Material（物资）的数据库，其中包含有 Storage（库存）和 Users（用户）两个数据表，其结构如图 11-9 和图 11-10 所示。

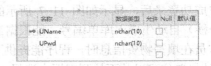

图 11-9　入库表 Storage 结构　　　　　图 11-10　用户表 Users 结构

Storage 表共有 9 个字段，主键 ID 由程序自动生成（当前最大 ID 值加 1 为新记录的 ID 号），StorageID 表示入库单号，Invoice 表示发票号，MName 表示物资名称，MModel 表示规格型号，MNum 表示数量，MMeasurement 表示计量单位，MPrice 表示单价，Uname 表示操作员姓名。

Users 表只有两个字段，分别表示操作员姓名和相应的密码。

3．Material 类成员

Material（物资）类包含除 ID 字段外对应其他所有字段的 8 个属性，属性名与字段名相同。Material 类中包含以下几个方法。

（1）GetMaxID()方法

该方式使用 Select 语句的 Max 函数返回当前最大 ID 值。由于该方法仅在 Add()方法中被

调用，故可将其访问修饰符设置为 private（私有）类型。

（2）CheckUser()静态方法

该方法用于检测登录用户是否合法。CheckUser()方法从调用语句接收 2 个 string 类型的参数（用户名和密码），返回 1 个 bool 类型的参数表示指定数据表中是否存在匹配的记录（用户登录是否成功）。

（3）Add()方法

该方法是整个程序功能实现的核心，用于将用户填写到 DataGridView 控件中的数据提交到数据库中，同时调用 Excel 模板文件生成入库单。Add()方法从调用语句接收一个 ArrayList 集合对象的参数，集合中存放有若干 Material 类的对象，且每个对象代表一条数据记录（各字段值分别存放在对象的各属性中）。Add()方法需要将这些记录逐一填写到数据库和 Excel 工作表中。

（4）ChineseMoney()方法

该方法用于将入库单中由 Excel 计算出来的"合计"值（小写金额）转换成人民币大写格式。该方法从调用语句接收一个 decimal 类型的参数，返回一个对应该参数的人民币大写格式字符串。由于 ChineseMoney()方法仅在 Add()方法中被调用，故可将其访问修饰符设置为 private（私有）类型。

11.2.3 程序功能的实现

新建一个 Windows 窗体应用程序项目后，需要参照前面介绍的方法，为项目添加对 Microsoft Excel 类库的引用。

1．编写 Material 类代码

添加以下命名空间的引用。

```
using System.Data;
using System.Data.SqlClient;
using System.Collections;
using Microsoft.Office.Interop.Excel;
```

编写 Material 类的代码如下。

```
class Material
{
    string _id, _invoice, _name, _model, _measurement, _uname;
    int _num;
    decimal _price;
    public string StorageID          //声明入库单号属性
    {
        get { return _id; }
        set { _id = value; }
    }
    public string Invoice            //发票号属性
    {
        get { return _invoice; }
        set { _invoice = value; }
    }
    public string MName              //物资名称属性
```

```csharp
        }
        get { return _name; }
        set { _name = value; }
    }
    public string MModel              //规格型号属性
    {
        get { return _model; }
        set { _model = value; }
    }
    public int MNum                    //数量属性
    {
        get { return _num; }
        set { _num = value; }
    }
    public string MMeasurement         //计量单位属性
    {
        get { return _measurement; }
        set { _measurement = value; }
    }
    public decimal MPrice              //单价属性
    {
        get { return _price; }
        set { _price = value; }
    }
    public string Uname                //操作员属性
    {
        get { return _uname; }
        set { _uname = value; }
    }
    //演练时要注意更改数据库文件的路径
    public static string ConnStr = @"Data Source=(LocalDB)\MSSQLLocalDB;
                        AttachDbFilename=d:\c#2015\code\db\Material.mdf;
                        Integrated Security=True";
    public static SqlConnection Conn = new SqlConnection(ConnStr);
    //检查用户是否合法（匹配用户名和密码）的CheckUser()静态方法
    public static bool CheckUser(string name, string pwd)
    {
        bool val;
        try
        {
            string StrSQL = "Select * From Users Where Uname='" + name +
                        "'and Upwd='" + pwd + "'";
            SqlCommand com = new SqlCommand(StrSQL, Conn);
            Conn.Open();
            SqlDataReader dr = com.ExecuteReader();
            dr.Read();              //从dr对象中读取当前记录（第一条记录）
            if (dr.HasRows)         //如果有返回记录存在
            {
                val = true;
            }
```

```csharp
            else
            {
                val = false;
            }
        }
        finally
        {
            Conn.Close();
        }
        return val;
    }
    //将数据添加到数据库和 Excel 工作表的 Add()方法
    public void Add(ArrayList objlist)
    {
        //声明 Excel 的 ApplicationClass 类对象
        ApplicationClass ExcelApp = new ApplicationClass();
        try
        {
            SqlDataAdapter da = new SqlDataAdapter();
            string SelectSql = "select * from Storage";
            da.SelectCommand = new SqlCommand(SelectSql, Conn);
            SqlCommandBuilder scb = new SqlCommandBuilder(da);
            DataSet ds = new DataSet();
            da.Fill(ds);
            //声明一个默认的 object 值
            object missing = System.Reflection.Missing.Value;
            //以只读方式打开 Excel 模板文件
            //Environment.CurrentDirectory 表示应用程序当前目录（bin\Debug）
            Workbook ExcelBook = ExcelApp.Workbooks.Open(Environment.CurrentDirectory +
                                        "\\print.xls", missing, true,
                                        missing, missing, missing,
                                        missing, missing, missing,
                                        missing, missing, missing,
                                        missing, missing, missing);
            //指定当前要操作的工作表为工作簿中的第一个工作表
            Worksheet ExcelSheet = (Worksheet)ExcelBook.Worksheets[1];
            int RowsNum = 9;                        //从第 9 行开始填写工作表
            //调用 GetMaxID()方法获取当前数据表中的最大 ID 值，加 1 后得到新 ID 值
            int NewID = GetMaxID() + 1;
            for (int i = 0; i < objlist.Count; i++)
            {
                DataRow NewRow = ds.Tables[0].NewRow();
                //从 ArrayList 对象中取出值，并赋给 DataRow 对象的字段
                Material obj = new Material();          //声明一个 Material 类对象
                obj = (Material)objlist[i];
                NewRow[0] = NewID + i;
                NewRow[1] = obj.StorageID;
                NewRow[2] = obj.Invoice;
                NewRow[3] = obj.MName;
                NewRow[4] = obj.MModel;
```

```csharp
            NewRow[5] = obj.MNum;
            NewRow[6] = obj.MMeasurement;
            NewRow[7] = obj.MPrice;
            NewRow[8] = obj.Uname;
            ds.Tables[0].Rows.Add(NewRow);
            //每张入库单中只填写一次编号和操作员姓名
            if (i == 0)
            {
                ExcelSheet.Cells[6, 2] = "入库单号：" + obj.StorageID;
                ExcelSheet.Cells[6, 5] = "操作员：" + obj.Uname;
            }
            ExcelSheet.Cells[RowsNum, 2] = obj.Invoice;
            ExcelSheet.Cells[RowsNum, 3] = obj.MName;
            ExcelSheet.Cells[RowsNum, 4] = obj.MModel;
            ExcelSheet.Cells[RowsNum, 5] = obj.MNum;
            ExcelSheet.Cells[RowsNum, 6] = obj.MMeasurement;
            ExcelSheet.Cells[RowsNum, 7] = obj.MPrice;
            ExcelSheet.Cells[RowsNum, 8] = obj.MPrice * obj.MNum;
            RowsNum = RowsNum + 1;
        }
        da.Update(ds);
        //读取 Excel 工作表对象的"合计"栏中的数据
        Range r = (Range)ExcelSheet.Cells[15, 7];
        decimal Sum = decimal.Parse(r.Value2.ToString());
        //根据"合计"值调用 ChineseMoney()方法得到人民币大写字符串
        //将大写字符串填写到工作表的指定单元格中
        ExcelSheet.Cells[16, 3] = ChineseMoney(Sum);
        ExcelApp.Visible = true;               //如果没有这条语句，将看不到打印预览窗口
        ExcelSheet.PrintPreview(false);        //打印预览
        //设置工作簿对象的保存状态为 true，使 Excel 不再询问是否保存，而直接关闭
        ExcelBook.Saved = true;
        ExcelBook = null;                      //释放 Excel 工作簿对象
        ExcelSheet = null;                     //释放 Excel 工作表对象
    }
    finally
    {
        Conn.Close();
        ExcelApp.Quit();                       //释放 Excel 对象
    }
}
//创建用于返回当前数据表中最大 ID 值的方法
int GetMaxID()
{
    int max;
    try
    {
        string StrSQL = "Select Max(ID) From Storage";    //返回最大 ID 值
        SqlCommand com = new SqlCommand(StrSQL, Conn);
        Conn.Open();
        if (com.ExecuteScalar().ToString() == "")
```

```csharp
            {
                max = 0;
            }
            else
            {
                max = int.Parse(com.ExecuteScalar().ToString());
            }
        }
        finally
        {
            Conn.Close();
        }
        return max;
    }
    //创建用于将 decimal 数字转换成人民币大写的方法
    string ConvertToChineseMoney(decimal num)
    {
        string StrChina = "零壹贰叁肆伍陆柒捌玖";           //0~9 所对应的汉字
        string StrUnit = "万仟佰拾亿仟佰拾万仟佰拾元角分";  //数字位所对应的汉字
        string StrSingleNum = "";                          //从原 num 值中取出的值
        string StrNum = "";                                //数字的字符串形式
        string Result = "";                                //人民币大写金额形式
        string ChChina = "";                               //数字的汉语读法
        string ChUnit = "";                                //数字位的汉语读法
        int i;                                             //循环变量
        int lenth;                                         //num 的值乘以 100 的字符串长度
        int NumZero = 0;                                   //用来计算连续的零值是几个
        int temp;                                          //从原 num 值中取出的值
        num = Math.Round(Math.Abs(num), 2);                //将 num 取绝对值并四舍五入取 2 位小数
        StrNum = ((long)(num * 100)).ToString();           //将 num 乘 100 并转换成字符串形式
        lenth = StrNum.Length;                             //找出最高位
        if (lenth > 15)                                    //超过 15 位本方法无效
        {
            return "位数过大，无法转换！";
        }
        //取出对应位数的 StrUnit 的值。例如 200.55，lenth 为 5，所以 StrUnit=佰拾元角分
        StrUnit = StrUnit.Substring(15 - lenth);
        //循环取出每一位需要转换的值
        for (i = 0; i < lenth; i++)
        {
            StrSingleNum = StrNum.Substring(i, 1);         //取出需转换的某一位的值
            temp = Convert.ToInt32(StrSingleNum);          //转换为数字
            if (i != (lenth - 3) && i != (lenth - 7) && i != (lenth - 11) && i != (lenth - 15))
            {
                //当所取位数不为元、万、亿、万亿上的数字时
                if (StrSingleNum == "0")
                {
                    ChChina = "";
                    ChUnit = "";
                    NumZero = NumZero + 1;
```

```
                }
                else
                {
                    if (StrSingleNum != "0" && NumZero != 0)
                    {
                        ChChina = "零" + StrChina.Substring(temp, 1);
                        ChUnit = StrUnit.Substring(i, 1);
                        NumZero = 0;
                    }
                    else
                    {
                        ChChina = StrChina.Substring(temp, 1);
                        ChUnit = StrUnit.Substring(i, 1);
                        NumZero = 0;
                    }
                }
            }
            else
            {
                //该位是万亿、亿、万、元位等关键位
                if (StrSingleNum != "0" && NumZero != 0)
                {
                    ChChina = "零" + StrChina.Substring(temp, 1);
                    ChUnit = StrUnit.Substring(i, 1);
                    NumZero = 0;
                }
                else
                {
                    if (StrSingleNum != "0" && NumZero == 0)
                    {
                        ChChina = StrChina.Substring(temp, 1);
                        ChUnit = StrUnit.Substring(i, 1);
                        NumZero = 0;
                    }
                    else
                    {
                        if (StrSingleNum == "0" && NumZero >= 3)
                        {
                            ChChina = "";
                            ChUnit = "";
                            NumZero = NumZero + 1;
                        }
                        else
                        {
                            if (lenth >= 11)
                            {
                                ChChina = "";
                                NumZero = NumZero + 1;
                            }
                            else
```

```
                    {
                        ChChina = "";
                        ChUnit = StrUnit.Substring(i, 1);
                        NumZero = NumZero + 1;
                    }
                }
            }
            if (i == (lenth - 11) || i == (lenth - 3))
            {
                //如果该位是亿位或元位,则必须写上
                ChUnit = StrUnit.Substring(i, 1);
            }
            Result = Result + ChChina + ChUnit;
            if (i == lenth - 1 && StrSingleNum == "0")
            {
                //最后一位(分)为 0 时,加上"整"
                Result = Result + '整';
            }
        }
        if (num == 0)
        {
            Result = "零元整";
        }
        return Result;
    }
}
```

2. 用户登录功能的实现

(1) 设计程序界面

向 frmLogin 窗体中添加 2 个标签、2 个文本框和 1 个按钮控件,适当调整各控件的大小和位置。

(2) 设置对象属性

设置 frmLogin 窗体的 MaximizeBox 属性为 false,不显示最大化按钮;MinimizeBox 属性为 false,不显示最小化按钮。设置窗体的 MaximumSize 属性值和 MinimumSize 属性值都等于窗体设计时的尺寸,使程序运行后窗体的大小不能改变。

设置 2 个标签的 Text 属性分别为"用户名"和"密码";设置 2 个文本框的 Name 属性分别为 txtName 和 txtPwd;设置命令按钮控件的 Text 属性为"登录",Name 属性为 btnLogin。

(3) 编写程序代码

登录窗体装入时执行的事件处理程序代码如下。

```
        private void frmLogin_Load(object sender, EventArgs e)
        {
            this.Text = "登录";
        }
```

"登录"按钮被单击时执行的事件处理程序代码如下。

```
        private void btonLogin_Click(object sender, EventArgs e)
```

```csharp
        {
            string username = txtName.Text.Trim();
            string userpwd = txtPwd.Text.Trim();
            if (username == "" || userpwd == "")
            {
                MessageBox.Show("用户名和密码不能为空！", "出错", MessageBoxButtons.OK,
                                MessageBoxIcon.Warning);
                return;
            }
            //调用 CheckUser()方法检查用户的合法性
            if (Material.CheckUser(username, userpwd))
            {
                this.Hide();
                frmMain main = new frmMain();
                //向填写入库单窗体传递操作员姓名值
                main.Tag = username;
                main.Show();
            }
            else
            {
                MessageBox.Show("用户名或密码错！", "出错", MessageBoxButtons.OK,
                                MessageBoxIcon.Warning);
            }
        }
```

3. 打印入库单功能的实现

（1）设计程序界面

向 frmMain 窗体中添加 4 个标签、1 个命令按钮和 1 个 DataGridView 控件。适当调整各控件的大小及位置。

（2）设置对象属性

设置用于数据提示的 2 个标签的 Text 属性分别为"入库单号："和"操作员："；设置用于显示入库单号值和操作员姓名的 2 个标签的 Name 属性分别为 lblNo 和 lblUser；设置 DataGridView 控件的 Name 属性为 dgvMaterial。

向 DataGridView 控件中添加 6 个列，其中将"计量单位"列的 ColumnType 属性设置为 DataGridViewComboBoxColumn（组合框列），并在该列的 Items 栏中添加"个""台"和"块"等计量单位供选项。适当调整各列的宽度属性。

（3）编写程序代码

添加对以下命名空间的引用。

```csharp
            using System.Collections;
```

frmMain 窗体装入时执行的事件处理程序代码如下。

```csharp
            private void frmMain_Load(object sender, EventArgs e)
            {
                this.Text = "打印入库单";
                string Num = DateTime.Now.ToString();      //得到当前系统时间
                Num = Num.Replace("-", "");                //移除字符串中的"-"符号
                Num = Num.Replace(":", "");                //移除字符串中的"："符号
                Num = Num.Replace(" ", "");                //移除字符串中的空格
```

```csharp
            lblNo.Text = Num;                                    //将处理后的日期时间字符串作为入库单编号
            lblUser.Text = this.Tag.ToString();                  //取出操作员姓名
            dgvMaterial.AllowUserToAddRows = false;              //不允许用户添加行
            dgvMaterial.RowCount = 6;                            //设置 DataGridView 控件中显示 6 个空白行
        }
```

frmMain 窗体关闭时执行的事件处理程序代码如下。

```csharp
        private void frmMain_FormClosed(object sender, FormClosedEventArgs e)
        {
            Application.Exit();            //应用程序退出
        }
```

"打印入库单"按钮被单击时执行的事件处理程序代码如下。

```csharp
        private void btnPrint_Click(object sender, EventArgs e)
        {
            ArrayList array = new ArrayList();
            for (int i = 0; i < 5; i++)
            {
                if (dgvMaterial.Rows[i].Cells[1].Value == null)      //如果物资"名称"栏为空
                {
                    break;
                }
                Material m = new Material();
                m.StorageID = lblNo.Text;
                //如果用户没有填写某栏的发票号值
                if (dgvMaterial.Rows[i].Cells[0].Value == null)
                {
                    //取出第 1 行中发票号值替代，使用户输入数据时可省略相同的发票号
                    m.Invoice = dgvMaterial.Rows[0].Cells[0].Value.ToString();
                }
                else
                {
                    m.Invoice = dgvMaterial.Rows[i].Cells[0].Value.ToString();
                }
                //将用户填写的数据保存到 Material 对象的对应属性中
                m.MName = dgvMaterial.Rows[i].Cells[1].Value.ToString();
                m.MModel = dgvMaterial.Rows[i].Cells[2].Value.ToString();
                m.MNum = int.Parse(dgvMaterial.Rows[i].Cells[3].Value.ToString());
                m.MMeasurement = dgvMaterial.Rows[i].Cells[4].Value.ToString();
                m.MPrice = decimal.Parse(dgvMaterial.Rows[i].Cells[5].Value.ToString());
                m.Uname = lblUser.Text;
                array.Add(m);                        //将 Material 对象添加到 ArrayList 集合对象中
            }
            Material mate = new Material();
            //调用 Material 对象的 Add()方法打印入库单，并提交数据到数据库
            mate.Add(array);
            //初始化 DataGridView 控件，并重新生成新的入库单号
            dgvMaterial.Rows.Clear();
            string Num = DateTime.Now.ToString();
            Num = Num.Replace("-", "");
```

```
            Num = Num.Replace(":", "");
            Num = Num.Replace(" ", "");
            lblNo.Text = Num;
            dgvMaterial.RowCount = 6;
        }
```

11.3 实训 使用 Excel 生成准考证

11.3.1 实训目的

进一步理解使用 C#操作 Excel 文件的常用编程技术（对 Excel 文件的读、写、插入图片、复制和保存等）。理解使用 Excel 作为 Windows 窗体应用程序的报表输出工具的优越性。

11.3.2 实训要求

设计一个能根据用户所选班级、输入的考场名称或考试科目等数据，自动生成学生准考证的 Windows 应用程序。准考证中需要的数据从【演练10-4】中使用过的 Student.mdb 数据库（Access 2003 格式）的 Grade 表中读取。

已设计完成的 Excel 模板文件样式如图 11-11 所示。要求每行填写 2 个准考证，数据记录超过 2 个时程序能自动向下延伸。设学生照片文件保存在 d:\pic 文件夹中，照片文件名与学号相同。

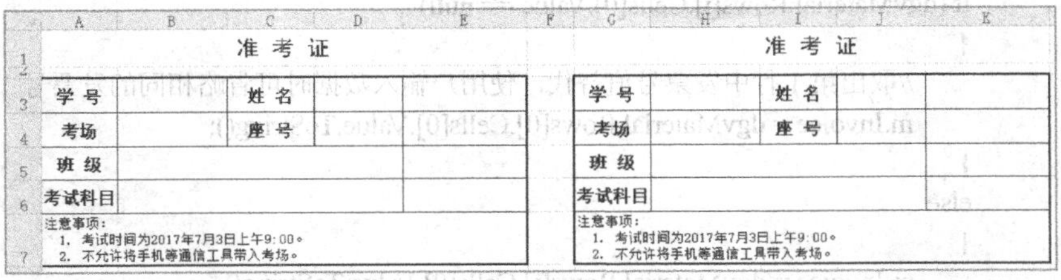

图 11-11 学生准考证模板

程序启动后显示如图 11-12 所示的界面。其中，"班级"组合框中的数据自动填充 Grade 表中所有班级名称（不能存在重复项）。用户在选择了班级，填写了"考试科目"和"考场"后，单击"生成准考证"按钮，程序将给出如图 11-13 所示的操作状态（生成成功或失败原因）提示信息框。

图 11-12 程序启动时的界面　　　　　图 11-13 操作成功提示信息框

操作成功后，在 Windows"资源管理器"窗口中双击打开由程序自动生成的"准考证.xls"文件，可以看到如图 11-14 所示的编排效果。

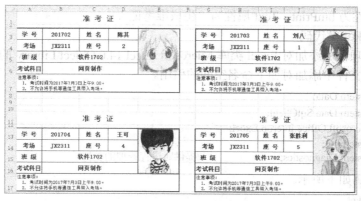

图 11-14 自动生成的准考证文档

文件中包含指定班级所有学生的准考证，准考证中"座号"栏中的数据由程序随机生成，其他数据来自 Grade 表和用户在启动界面中的输入。

程序设计方法要求如下。

新建一个 Windows 应用程序项目，向项目中添加一个名为 Ticket.cs 的类文件。在类文件中创建以下 Ticket 类的成员。

1）声明 Ticket 类的属性。在 Ticket 类中声明用于表示考生班级的 TestClass 属性，声明用于表示考场的 TestRoom 属性和用于表示考试科目的 Subject 属性。

2）创建 FillComboBox()方法。该方法用于在窗体装入时填充班级组合框，需要使用 Select 语句的 Distinct 函数仅返回不同值。FillComboBox()返回一个可用作组合框数据源的 DataTable 类型对象。

3）创建 GetMax()方法。该方法用于根据用户选择的班级名称，从 Grade 数据表中返回记录数，需要使用 Select 语句的 Count 函数。由于 GetMax()方法仅在类内部被 Print()方法调用，故可将其访问修饰符声明为 private（私有的）。

4）创建 GetNum()方法。该方法用于根据学生人数生成不重复的随机数作为学生座号值。同样，由于 GetNum()方法仅在类内部被调用（被 Print()方法调用），故可将其访问修饰符声明为 private（私有的）。GetNum()返回一个 int 类型的数组。

5）创建 Print()方法。该方法是实现程序功能的核心，用于将用户输入数据和 Grade 表中的数据填写到 Excel 准考证模板文件中，并控制数据填写的位置。数据和图片插入完毕后，能将 Excel 模板文件使用指定名称另存到指定位置。

在窗体各控件的事件处理程序中，根据用户输入或选择，通过设置 Ticket 类的各属性、调用类的方法来实现输出准考证的设计目的。

11.3.3 实训步骤

1. 设计程序界面

向窗体中添加 3 个标签、1 个组合框、2 个文本框和 1 个按钮控件。适当调整各控件的大小及位置。

2. 设置对象属性

设置 3 个标签控件的 Text 属性分别为"班级""考场"和"考试科目"；设置组合框的 Name 属性为 cboClass；设置 2 个文本框的 Name 属性分别为 txtSubject 和 txtRoom；设置按钮

控件的 Name 属性为 btnPrint，Text 属性为"生成准考证"。

3．编写 Ticket 类代码

首先需要向项目中添加对 Excel 类库 Microsoft Excel 14.0 Object Library 的引用。

在 Ticket 类文件中添加对如下命名空间的引用。

```csharp
using System.Data;
using System.Data.SqlClient;
using Microsoft.Office.Interop.Excel;
using System.IO;
using System.Diagnostics;                //提供对进程管理的支持
```

Ticket 类代码如下所示。

```csharp
class Ticket
{
    string _class, _room, _subject;      //声明字段变量
    public string TestClass              //声明"班级"的 TestClass 属性
    {
        get { return _class; }
        set { _class = value; }
    }
    public string TestRoom               //声明"考场"的 TestRoom 属性
    {
        get { return _room; }
        set { _room = value; }
    }
    public string Subject                //声明"考试科目"的 Subject 属性
    {
        get { return _subject; }
        set { _subject = value; }
    }
    //在类框架中声明 Conn 对象、连接字符串，以方便在所有方法中都可以使用
    OleDbConnection Conn = new OleDbConnection();
    //使用 Access 2003 格式的数据库，需要将项目的解决方案平台由默认的 Any CPU 改为 x86
    //否则会出现"未在本计算机中注册 Microsoft.Jet.OleDb.4.0"的错误
    string ConnStr = @"Provider = Microsoft.Jet.OleDb.4.0;
                      Data Source=d:\c#2015\code\db\student.mdb";
    //创建用于填充组合框选项的 FillComboBox()方法
    public System.Data.DataTable FillComboBox()
    {
        try
        {
            Conn.ConnectionString = ConnStr;
            //使用 Select 语句的 Distinct 函数可仅返回不同值
            string Sql = "select Distinct class From Grade";   //仅返回"班级"字段的不同值
            OleDbDataAdapter da = new OleDbDataAdapter(Sql, Conn);
            da.SelectCommand = new OleDbCommand(Sql, Conn);
            System.Data.DataTable dt = new System.Data.DataTable();   //创建 DataTable 对象
            da.Fill(dt);     //填充 DataTable 对象
            return dt;
        }
```

```csharp
            finally
            {
                Conn.Close();
            }
        }
        //创建用于得到指定班级记录总数的 GetMax()方法
        int GetMax()
        {
            int max;
            try
            {
                Conn.ConnectionString = ConnStr;
                //使用 Select 语句的 Count 函数返回统计值
                string SqlStr = "Select Count(*) From Grade Where class ='" + TestClass + "'";
                OleDbCommand cmd = new OleDbCommand(SqlStr, Conn);
                Conn.Open();
                max = (int)cmd.ExecuteScalar();
            }
            finally
            {
                Conn.Close();
            }
            return max;
        }
        //创建 GetNum()方法，用于返回座号数组（由若干不相同的随机数组成），元素数与记录数相同
        int[] GetNum()
        {
            //方法的返回值，存放随机生成的座号数据
            int[] arr = new int[GetMax()];
            Random rd = new Random();
            int n = 0;                                      //用于存放临时随机数
            for (int i = 0; i < GetMax(); i++)
            {
                while (true)                                //创建一个"死"循环
                {
                    n = rd.Next(1, GetMax()+1);             //产生一个随机数
                    bool b = false;
                    foreach (int a in arr)                  //遍历返回值集合
                    {
                        //若该随机数已存在，则丢弃，并跳出 foreach 循环生成下一个随机数
                        if (n == a)
                        {
                            b = true;
                            break;
                        }
                    }
                    if (!b)                                 //若产生的随机数没有存在于返回值数组中
                    {
                        arr[i] = n;                         //将随机数添加到数组中
                        break;                              //跳出 while 循环，寻找下一个符合条件的随机数
```

```csharp
                }
            }
        }
    return arr;
}
//创建用于生成准考证文件的 Print()方法
public string Print()
{
    //若目标文件已存在，则删除该文件
    if (File.Exists("d:\\准考证.xls"))
    {
        File.Delete("d:\\准考证.xls");
    }
    OleDbConnection Conn = new OleDbConnection(ConnStr);
    //声明用于返回指定班级所有记录的 Select 语句
    string StrSQL = "Select uid, uname, class From Grade
                     Where class ='" + TestClass + "'";
    OleDbCommand com = new OleDbCommand(StrSQL, Conn);
    ApplicationClass ExcelApp = new ApplicationClass();
    Worksheet ExcelSheet = new Worksheet();
    object missing = System.Reflection.Missing.Value;
    string msg;                    //用于存放操作状态（成功或失败原因）信息
    try
    {
        //打开 Excel 模板文件，模板文件保存在 bin\x86\Debug 中
        Workbook ExcelBook = ExcelApp.Workbooks.Open(Environment.CurrentDirectory +
"\\准考证模板.xls", missing,
                                    missing, missing, missing, missing, missing,
                                    missing, missing, missing, missing, missing,
                                    missing, missing, missing);
        //指定要操作的 Excel 工作表
        ExcelSheet = (Worksheet)ExcelBook.Worksheets[1];
        Conn.Open();
        OleDbDataReader dr = com.ExecuteReader();
        int row = 3;              //向 Excel 模板文件中填写数据的起始行
        int col;                  //用于存放填写位置的列索引
        int count = 0;            //用于存放当前处理的是第几条记录
        //确定模板中准考证的"行"数（每行 2 个共多少行），例如 5 条记录，则需要 3 行
        int times = (GetMax() + 1) / 2;
        //确定要复制的次数（模板中已包含 1 行，故应减去 1），
        //如 5 条记录需要 3 行，则再复制 2 行
        times = times - 1;
        //用于存放将 Excel 行复制到下面多少行处，
        //k 的初始值为 10 表示将准考证的第 1 个 Excel 行复制到第 10 个 Excel 行
        int k = 10;
        for(int i = 0;i < times;i++)
        {
            for (int j = 1; j < 10; j++)
            {
                //声明源数据行对象
```

```csharp
                Range r1 = (Range)ExcelSheet.Rows.get_Item(j, missing);
                //声明目标数据行对象
                Range r2 = (Range)ExcelSheet.Rows.get_Item(j+k, missing);
                r1.Copy(r2);              //将第 j 行复制到第 j+k 行
            }
            k = k + 10;
        }
        int pic_y = 37;                   //存放图片距顶端的距离（像素）
        int[] A = GetNum();               //调用 GetNum()方法得到座号数组
        while (dr.Read())
        {
            Microsoft.Office.Core.MsoTriState f = Microsoft.Office.Core.MsoTriState.msoFalse;
            Microsoft.Office.Core.MsoTriState t = Microsoft.Office.Core.MsoTriState.msoTrue;
            count = count + 1;
            if (count % 2 != 0)           //如果当前处理的记录数为奇数
            {
                col = 2;                  //则起始填写列为第 2 列
                //向 Excel 工作表中插入图片，图片文件名与学号值相同
                ExcelSheet.Shapes.AddPicture("d:\\pic\\" +
                        dr[0].ToString().Trim() + ".jpg", f, t, 256, pic_y, 86, 97);
            }
            else                          //若当前处理的记录数为偶数
            {
                col = 8;                  //则起始填写列为第 8 列
                ExcelSheet.Shapes.AddPicture("d:\\pic\\" +
                        dr[0].ToString().Trim() + ".jpg", f, t, 624, pic_y, 86, 97);
            }
            //在指定行和列（单元格）中填写各项数据
            ExcelSheet.Cells[row, col] = dr[0].ToString();        //学号
            ExcelSheet.Cells[row, col+2] = dr[1].ToString();      //姓名
            ExcelSheet.Cells[row + 1, col] = TestRoom;            //考场
            ExcelSheet.Cells[row+1, col+2] = A[count - 1];        //座号
            ExcelSheet.Cells[row+2, col] = dr[2].ToString();      //班级
            ExcelSheet.Cells[row+3, col] = Subject;               //科目
            if (count % 2 == 0)                                   //若偶数个记录处理完毕后
            {
                row = row + 10;                                   //再次填写的行数下移 10 行
                pic_y = pic_y + 217;                              //图片插入位置下移 217 像素
            }
        }
        //所有数据处理完毕后，将模板文件另存（不破坏模板文件）
        ExcelBook.SaveAs("d:\\准考证.xls", missing, missing, missing, missing, missing,
                    XlSaveAsAccessMode.xlNoChange,
                    missing, missing, missing, missing, missing);
        // "@" 表示字符串中的 "\" 符号不是转义符
        msg = @"准考证生成成功，文件保存在 d:\准考证.xls";
    }
    catch (Exception ex)
    {
        msg = ex.Message;
```

```
        }
        finally
        {
            Conn.Close();
            ExcelApp.Quit();
            ExcelApp = null;
            ExcelSheet = null;
            //得到名为 Excel 的进程数组
            Process[] procs = Process.GetProcessesByName("Excel");
            //遍历当前内存中的进程，"杀掉"所有名为 Excel 的进程
            foreach (Process pro in procs)
            {
                pro.Kill();
            }
            GC.Collect();      //强制进行即时垃圾回收，释放它们对系统资源的占用
        }
        return msg;
    }
}
```

4．编写窗体控件的事件处理代码

窗体装入时执行的事件处理程序代码如下。

```
private void Form1_Load(object sender, EventArgs e)
{
    Ticket Test = new Ticket();
    cboClass.DataSource = Test.FillComboBox();
    cboClass.DisplayMember = "class";        //组合框的数据绑定
    this.Text = "生成准考证";
}
```

"生成准考证"按钮被单击时执行的事件处理程序代码如下。

```
private void btnPrint_Click(object sender, EventArgs e)
{
    Ticket Test = new Ticket();      //声明一个 Ticket 类对象
    //为类的各属性赋值
    Test.TestClass = cboClass.Text.Trim();
    Test.TestRoom = txtRoom.Text.Trim();
    Test.Subject = txtSubject.Text.Trim();
    string Msg = Test.Print();       //调用 Print()方法生成准考证
    //显示操作状态（生成成功或出错原因）信息框
    MessageBox.Show(Msg, "系统提示", MessageBoxButtons.OK, MessageBoxIcon.Information);
}
```

第 12 章 使用多线程

多线程是一种使计算机并行工作的方式,使用多线程技术可以实现同时执行多项数据处理和加工任务。以多线程方式运行的应用程序将需要完成的任务分成几个并行的子任务,各子任务相对独立地并发执行,从而提高了应用程序的性能和效率,也尽可能地将计算机硬件的性能发挥到最高。

12.1 进程和线程的概念

一个进程就是一个正在执行的应用程序,而线程则是进程执行过程中产生的更小分支。每个线程都是进程内部一个单一的执行流。本章主要介绍使用 C#语言实现多线程的编程技术。

12.1.1 进程

应用程序是指为完成某种特定任务,用某种计算机程序设计语言编写的一组指令的集合,是一段静态的代码。而进程通常被定义为一个正在运行的程序的实例,是系统进行统一调度和资源分配的一个独立单元。进程使用系统中的运行资源,而程序不能请求系统资源,不能被系统调度,也不能作为独立运行的单元。因此,它不占用系统的运行资源。进程主要由内核对象和地址空间两部分组成。

1. 内核对象

内核对象(Kernel Object)是操作系统用来管理进程的对象,是操作系统的一种资源。系统对象一旦产生,任何应用程序都可以开启并使用该对象,系统给予内核对象一个计数值(usage count)作为管理之用。

2. 地址空间

地址空间(Address Space)包含所有可执行模块或 DLL 模块的代码和数据。此外,它还包含了动态内存分配的空间,如线程和堆栈的分配空间。

进程可分为系统进程(如系统程序、服务进程等)和用户进程。简单地说,凡是用于完成操作系统的各种功能的进程都是系统进程,它们就是处于运行状态的操作系统本身。而用户进程就是由用户启动的进程。进程和程序的主要不同是,程序是静止的,而进程是动态的。

12.1.2 线程

线程与进程相似,是一段完成某种特定功能的代码,是程序中的一个执行流。线程也主要由两部分组成。

1)操作系统。用来管理线程的内核对象。该对象也是系统用来存放线程统计信息的地方。
2)线程的堆栈。用于维护线程在执行代码时需要的所有函数的参数和局部变量。

线程总是在某个进程环境中创建,而且它的整个生命周期都是在该进程中生存的。这就意味着线程是在它的进程地址空间中执行代码的,并且在地址的进程空间中对数据进行各种操作。

典型的 Windows 应用程序具有两种不同类型的线程:用户界面线程(User Interface

Thread）和工作线程（Work Thread）。用户界面线程与一个或多个窗口相关联。这些线程拥有自己的消息循环，并能对用户的输入做出输出响应。工作线程用于后台处理没有相关联的窗口，通常也没有消息循环。一个应用程序通常会包含多个用户界面线程和多个工作线程。工作线程较为简单，它会在后台完成一些数据处理工作。用户可以把一些不需要用户处理的事件交给工作线程去完成，任其自生自灭。这种线程对处理后台计算、后台打印等十分有用。

12.1.3　线程和进程的比较

一个进程就是执行中的一个程序。每一个进程都有自己独立的一块内存空间和一组系统资源。在进程概念中，每个进程的内部数据和状态都是完全独立的。"多进程"是指在操作系统中能同时运行多个任务程序。

线程是比进程更小的执行单位。一个进程在其执行过程中可以产生多个线程。每个线程是进程内部一个单一的执行流。"多线程"则是指在单个应用程序中可以同时运行多个不同的执行单位，执行不同的任务。多线程意味着一个程序的多行语句看上去像在同一时间内同时运行。例如，在执行较大的数据处理任务时，为了改善用户感受，通常会显示一个表示任务完成情况的进度条控件。这时应用程序就同时维护着"处理数据"和"显示进度"两个不同的进程，这也是多线程编程的一个典型应用。

概括地说，进程和线程的主要不同有以下几方面。
1）进程的特点是允许计算机同时运行两个或更多的程序。
2）在基于线程的多任务处理环境中，线程是最小的处理单位。
3）多个进程的内部数据和状态都是完全独立的，而多线程共享一块内存空间和一组系统资源，有可能相互影响。
4）线程本身的数据通常只有寄存器数据，以及一个程序执行时使用的堆栈，所以线程的切换要比进程的切换容易一些。

本章主要讨论在使用 C#语言编写的 Windows 窗体应用程序中，如何使用多线程技术同时完成多个子任务。

12.1.4　单线程与多线程程序

单线程处理是指一个进程中只能有一个线程，其他进程必须等待当前线程执行结束后才能执行。例如，DOS 操作系统就是一个典型的单任务处理，同一时刻只能进行一项操作。其缺点在于系统完成一个很小的任务都必须占用很长的时间。这就好比在一家只有一名出纳员的银行办理业务，只安排一个出纳对银行来说会比较省钱，当顾客流量较低时，这名出纳员足以应付。但当顾客较多时，等待办理业务的队伍就会越排越长，造成拥堵。这时所发生的正是操作系统中常见的"瓶颈"现象：大量的数据和过于狭窄的信息通道。而最好的解决方案就是安排更多的出纳员，也就是"多线程"策略。

多线程处理是指将一个进程分成几部分，由多个线程同时独立完成，从而最大限度地利用 CPU 和用户的时间，提高系统的效率。例如，在执行复制大文件操作时，系统一方面在进行磁盘的读写操作，同时还会显示一个不断变化的进度条，这两个动作是在不同线程中完成的，但给用户的感受就像两个动作是同时进行的。

对比单线程，多线程的优点是执行速度快，同时降低了系统负荷；但其缺点也不容忽略，使用多线程的应用程序一般比较复杂，有时甚至会使应用程序的运行速度变得缓慢，因为开发人员必须提供线程的同步,以保证线程不会并发地请示相同的资源,导致竞争情况的发生。所以要合理地使用多线程处理技术。

12.2 线程的基本操作

在 C#中对线程进行操作时,主要用到了 Thread 类,该类位于 System.Threading 命名空间下,使用线程时必须首先使用 using 命令引用该命名空间。线程的基本操作主要包括线程的创建、启动、暂停、休眠和挂起等。

12.2.1 Thread 类的属性和方法

Thread 线程类主要用于创建并控制线程、设置线程优先级并获取其状态。该类以对象的方式封装了特定应用程序域中给定的程序执行路径,Thread 类中提供了许多关于多线程操作的方法,通过调用这些方法可以降低编写多线程程序代码的复杂度。

1. Thread 类的常用属性

Thread 类的常用属性及说明如表 12-1 所示。

表 12-1 Thread 类的常用属性及说明

属 性 名	说 明
CurrentThread	获取当前正在运行的线程。该属性为静态属性
IsAlive	当前线程的执行状态。如果此线程已启动并且尚未正常终止或中断,则为 true;否则为 false。
IsBackground	获取或设置一个值,该值指示某个线程是否为后台线程
IsThreadPoolThread	获取一个值,该值指示线程是否属于托管线程池
ManagedThreadId	获取当前托管线程的唯一标识符
Name	获取或设置线程的名称
Priority	获取或设置一个值,该值指示线程的调度优先级
ThreadState	获取一个值,该值包含当前线程的状态

2. Thread 类的常用方法

Thread 类的常用方法及说明如表 12-2 所示。

表 12-2 Thread 类的常用方法及说明

方 法 名	说 明
Abort()	调用此方法通常会终止线程
Join()	阻塞调用线程,直到某个线程终止时为止
Sleep()	将当前线程阻塞指定的毫秒数(暂停若干毫秒),该方法为静态方法
Start()	启动线程,使其开始按计划执行
Interrupt()	中断处于 WaitSleepJoin 线程状态的线程

12.2.2 创建线程

实例化一个线程对象,常用的方法是将该线程执行的委托方法作为 Thread 构造函数。委托方法的创建通过 ThreadStart 委托对象创建,其语法格式如下。

Thread 线程名称 = new Thread(new ThreadStart(方法名));

其中，ThreadStart 委托指定的方法名必须是一个没有参数且没有返回值的 void 方法。例如，创建线程 mythread1 和 mythread2，两个线程执行的方法分别是 ShowMsg1()和 ShowMsg2()。

创建时需要在窗体类内声明线程对象和方法，在窗体的 Load 事件中实例化该线程，代码如下。

在窗体类中声明线程对象和对应的方法的代码如下。

```
Thread mythread1;        //声明线程 1
Thread mythread2;        //声明线程 2
void ShowMsg1()          //该方法将被封装成 ThreadStart 委托对象，不能有返回值和参数
{
    MessageBox.Show("这是第 1 个线程！");
}
void ShowMsg2()          //该方法将被封装成 ThreadStart 委托对象，不能有返回值和参数
{
    MessageBox.Show("这是第 2 个线程！");
}
```

窗体的 Load 事件代码如下。

```
private void Form1_Load(object sender, EventArgs e)
{
    mythread1 = new Thread(new ThreadStart(ShowMsg1));
    mythread2 = new Thread(new ThreadStart(ShowMsg2));
}
```

注意：上述代码只是创建了线程对象，并未启动线程。

12.2.3 线程的控制

创建一个线程之后，它会经历一个生命周期，即从创建、暂停、恢复等直到结束的过程。

1. 线程的启动

使用 ThreadStart 委托创建线程之后，必须使用 Start()方法启动线程才能开始工作。其格式为

  线程对象名.Start();

2. 线程的暂停

（1）使用 Sleep()方法暂停线程

采用 Thread 类创建并启动线程后，可使用 Sleep()静态方法让线程暂时休眠一段时间（时间的长短由 Sleep()方法的参数指定，单位为毫秒 ms），并将其时间片段的剩余部分提供给其他线程使用。需要注意的是，一个线程不能对另一个线程调用 Sleep()方法。

Sleep()方法的语法格式为

  Thread.Sleep(暂停时间);

例如，下列代码使线程暂停 1 秒（1000 毫秒）。

  Thread.Sleep(1000);

线程进入休眠后，其状态值（ThreadState属性值）为 WaitSleepJion。当暂停时间到时，线

程会被自动唤醒，继续执行任务。如果希望强行将暂停的线程唤醒，可调用 Thread 类的 Interrupt()方法。

（2）使用 Join()方法暂停线程

Join()方法与 Sleep()方法的主要区别为：使用 Join()方法的线程会中止其他正在运行的线程，即运行的线程进入 WaitSleepJion 状态，直到 Join()方法的线程执行完毕，等待状态的线程才会恢复到 Running 状态。

Join()方法有以下 3 种重载形式。

    线程对象名.Join();
    线程对象名.Join(等待线程终止的毫秒数);
    线程对象名.Join(TimeSpan 类型时间);

需要注意的是，使用 Join()方法暂停线程时，要确保线程是可以终止的。如果线程不能被终止，则调用方会产生无限期阻塞。

3．线程的中断

如果要使处于休眠状态的线程被强行唤醒，可以使用 Interrupt()方法。它会中断处于休眠的线程，将其放回调度队列中。Interrupt()方法的一般格式为

    线程对象名.Interrupt()

调用 Interrupt()方法时，如果一个线程处于 WaitSleepJoin 状态，则将导致在目标线程中引发 ThreadInterruptedException。如果该线程未处于 WaitSleepJoin 状态，则直到该线程进入该状态时才会引发异常。如果该线程始终不阻塞，则它会顺利完成而不被中断。为确保程序的正常运行，需使用异常处理语句。

4．线程的终止

若由于某种原因要永久地终止一个线程，可以调用 Abort()方法。当调用 Abort()方法终止线程时，该线程将从任何状态中唤醒，在调用此方法的线程上引发 ThreadAbortException，以开始终止此线程的过程。一般表示形式为

    线程对象名.Abort()

线程终止后，无法通过再次调用 Start()方法启动该线程。如果尝试重新启动该线程，就会引发 ThreadStateException 异常，退出应用程序。

C#中的 Timer 定时器控件采用的就是线程，如果在窗体中添加多个定时器，就相当于增加了多个线程。Interval 属性用于设置定时器的间隔时间，即线程暂停；启动定时器的 Start()方法，相当于 Thread 类线程的启动；停止定时器的 Stop()方法，相当于 Thread 类线程的终止。

5．线程的优先级

正常情况下，按照程序的执行顺序，先启动的进程先执行。但是某些情况下，希望个别线程优先执行，可以通过设置线程的优先级完成。

每个线程都有一个由系统分配的优先级。在运行库内创建的线程最初被分配 Normal 优先级，而在运行库外创建的线程在进入运行库时将保留其先前的优先级。可以通过访问线程的 Priority 属性来获取和设置其优先级。线程的 Priority 属性为 ThreadPriority 枚举类型，其取值及说明如表 12-3 所示。

表 12-3 ThreadPriority 枚举的取值及说明

成　　员	说　　明
AboveNormal	安排在优先级为 Highest（最高）的线程之后，以及优先级为 Normal（普通）的线程之前
BelowNormal	安排在优先级为 Normal（普通）的线程之后，以及优先级为 Lowest（最低）的线程之前
Highest	安排在任何其他优先级的线程之前
Lowest	安排在任何其他优先级的线程之后
Normal	安排在优先级为 AboveNormal 的线程之后，以及在优先级为 BelowNormal 的线程之前。默认情况下，线程的优先级为 Normal（普通）

例如，下列代码将 mythread1 线程的优先级设置为最高。

mythread1.Priority = ThreadPriority.Highest;

程序执行时会根据线程的优先级调度线程的执行。需要注意的是，用于确定线程执行顺序的调度算法随操作系统的不同而不同。操作系统也可以在用户界面的焦点在前台和后台之间移动时动态地调整线程的优先级。一个线程的优先级不影响该线程的状态，但线程的状态在操作系统可以调度它之前必须为 Running。

访问 Windows 窗体控件本质上不是线程安全的。如果有两个或多个线程操作某一控件的状态，则可能会迫使该控件进入一种不一致的状态。还可能出现其他与线程相关的问题（如争用、锁死等）。所以确保以线程安全方式访问控件是程序员要关心的一个重要问题。

在以非线程安全方式访问控件时，.NET Framework 能检测到这个问题。在调试器中运行应用程序时，如果创建某控件的线程之外的其他线程试图调用该控件，则调试器会引发 InvalidOperationException（无效操作）异常。

在代码中，可以通过将被操作控件的 CheckForIllegalCrossThreadCalls 属性值设置为 false 来禁用该异常。一般情况下，如果希望使用线程来操纵某窗体控件时，禁用该异常是必需的。

【演练 12-1】多线程编程示例。设计一个 Windows 窗体应用程序，程序启动后显示如图 12-1 所示的界面。界面由 2 个分别代表子任务进度和总进度的进度条组成，当模拟的 10 个子任务均结束后，总进度完成，弹出如图 12-2 所示的信息框显示程序结束。

（1）设计方法分析

1）首先在项目中引用 System.Threading 命名空间。

2）在窗体类中声明两个线程对象 mythread1 和 mythread2，并创建它们执行的方法 GetProgress1()和 GetProgress2()。

3）线程执行的方法分别实现对进度条 1（子任务）和进度条 2（总进度）的操作，以 Step 属性来区分它们的进度，如果进度条 2 的 Value 值没有到达最大值 100，那么进度条 1 完成后再重新开始；如果进度条 2 完成，则使用 Abort 方法终止这两个线程。

4）在窗体的加载事件中实例化线程并启动，将 CheckForIllegalCrossThreadCalls 属性设置为 false，以禁用非安全线程异常。

图 12-1 执行子任务和总进度

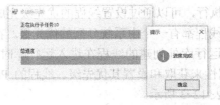

图 12-2 总进度完成

（2）设计程序界面和控件初始属性

新建一个 Windows 窗体应用程序项目，向默认窗体中添加 2 个标签控件 label1、label2 和 2 个进度条控件 progressBar1、progressBar2。适当调整各控件的大小和位置。

设置 2 个标签控件的 Name 属性分别为 lblSub 和 lblTotal；设置 progressBar1 和 progressBar2 的 Step 属性（步长值）分别为 10 和 1。

（3）编写程序代码

在窗体类（class Form1）中声明线程及执行的方法，代码如下。

```
Thread mythread1;        //声明子任务线程
Thread mythread2;        //声明总进度线程
//子任务线程执行的方法，该方法实现进度条 1 的加载，以及进度条 2 完成时终止子任务线程
void GetProgress1()
{
    int i = 1;
    while (progressBar1.Value < 100)
    {
        progressBar1.PerformStep();
        if (progressBar2.Value >= 100)
        {
            if (mythread1.IsAlive)
            {
                mythread1.Abort();        //终止子任务线程
            }
        }
        else
        {
            if (progressBar1.Value >= 100)
            {
                //进度条 1 归零进入下一轮进度加载，模拟依次执行若干任务
                progressBar1.Value = 0;
                i = i + 1;
                lblSub.Text = "正在执行子任务" + i.ToString();
            }
        }
        Thread.Sleep(50);        //子任务线程暂停 50 毫秒
    }
}
//总进度线程执行的方法，该方法实现进度条 2 的加载，以及进度条 2 完成时终止总进度线程
void GetProgress2()
{
    while (progressBar2.Value < 100)
    {
        progressBar2.PerformStep();
        if (progressBar2.Value >= 100)        //判断进度条 2 是否已完成
        {
            MessageBox.Show("进度完成", "提示", MessageBoxButtons.OK,
                                MessageBoxIcon.Information);
            if (mythread2.IsAlive)
            {
```

```
                    mythread2.Abort();            //终止总进度线程
                }
            }
            Thread.Sleep(50);                     //线程暂停 50 毫秒
        }
    }
```

窗体装入时执行的事件处理程序代码如下。

```
private void Form1_Load(object sender, EventArgs e)
{
    this.Text = "多线程示例";
    CheckForIllegalCrossThreadCalls = false;     //禁用不安全线程的检测
    mythread1 = new Thread(new ThreadStart(GetProgress1));
    mythread2 = new Thread(new ThreadStart(GetProgress2));
    lblSub.Text = "正在执行子任务 1";
    lblTotal.Text = "总进度";
    mythread1.Start();                            //启动线程
    mythread2.Start();
}
```

12.3 多线程同步

在多线程编程中，当多个线程共享数据和资源时，根据中央线程调度机制，线程将在没有警告的情况下中断和继续，因此多线程处理存在资源共享和同步的问题。

12.3.1 多线程同步概述

在包含多个线程的应用程序中，线程间有时会存在一些共享的存储空间，当两个以上线程同时访问同一共享资源时，必然会出现冲突。如线程 A 可能尝试从一个文件中读取数据，而线程 B 则尝试在同一个文件中修改数据。在这种情况下，数据可能变得不一致。针对这种问题，通常需要让一个线程彻底完成其任务后，再运行下一个线程。或者要求线程 A 对共享资源访问完全结束后，再让线程 B 访问该资源。总之，必须保证一个共享资源一次只能被一个线程使用。实现此目的的过程称为"线程同步"。

.NET Framework 提供了 3 种方法来完成对共享资源（如全局变量域、特定的代码段、静态的或实例化的方法和域）进行同步访问。

1）代码域同步：使用 Monitor 类可以同步静态或实例化方法的全部代码或者部分代码段，但不支持静态域的同步。在实例化方法中，this 指针用于同步；而在静态方法中，类用于同步。lock 关键字提供了与 Monitoy.Enter 和 Monitoy.Exit 同样的功能。

2）手工同步：使用不同的同步类（如 WaitHandle、Mutex、ReaderWriterLock、ManualResetEvent、AutoResetEvent 和 Interlocked 等）创建自己的同步机制。这种同步方式要求用户手工为不同的域和方法同步，这种同步方式也可以用于进程间的同步和对共享资源的等待而造成的死锁解除。

3）上下文同步：使用 SynchronizationAttribute 为 ContextBoundObject 对象创建简单的、自动的同步。这种同步方式仅用于实例化的方法和域的同步。所有位于同一个上下文域的对象共享同一个锁。

C#提供了多种实现线程同步的方法。本节主要介绍 lock（加锁）、Monitor（监视器）和 Mutex（互斥体）。

12.3.2 lock（加锁）

实现多线程同步的最直接的办法就是"加锁"。这就像服装店的试衣间一样，当一个顾客占用了试衣间后会将门锁上，其他顾客只能等他出来后才能使用该试衣间。lock 语句就可以实现这样的功能。它可以把一段代码定义为"互斥段"，在某一时刻只允许一个线程进入执行，而其他线程必须等待这个线程的结束。其基本语法格式为

lock (expression) statement_block;

其中，expression 表示要加锁的对象，它必须是引用类型。一般情况下，若要保护一个类的实例成员，可以使用 this 关键字。若要保护一个静态成员，或者要保护的内容位于一个静态方法中，可以使用类名，其语法格式为

lock(typeof(类名)){ }

格式中 statement_block 表示共享资源，在某一时刻只能被一个线程执行。

通常，最好避免锁定 public 类型或锁定不受应用程序控制的对象实例。例如，如果该实例可以被公开访问，则 lock(this)可能会出现问题，因为不受控制的代码也可能会锁定该对象。这可能会导致锁死，即两个或更多个线程等待释放同一对象。出于同样的原因，锁定 public 数据类型（相比于对象）也可能导致问题。锁定字符串尤其危险，因为字符串被公共语言运行库（CLR）"暂留"。这意味着整个程序中的任何给定字符串都只有一个实例，也就是这同一个对象表示了所有运行的应用程序域的所有线程中的该文本。因此，只要在应用程序进程中的任何位置处具有相同内容的字符串上放置了锁，就将锁定应用程序中该字符串的所有实例。因此，最好锁定不会被暂留的私有的或受保护的成员。某些类提供专门用于锁定的成员，例如，Array 类型和其他一些集合类型都提供了 SyncRoot。

12.3.3 Monitor（监视器）

Monitor 的功能与 lock 十分相似，但它比 lock 更加灵活、更加强大。Monitor 相当于试衣间的管理人员，它拥有试衣间的钥匙，而线程好比是要使用试衣间的顾客，他要进入试衣间前，必须从管理人员手中拿到钥匙，试衣完毕后必须将钥匙还给管理人员，再轮转到等待使用试衣间的下一位顾客。在这个过程中顾客会出现 3 种不同的状态，分别对应线程的状态。

1）已获得钥匙的顾客对应正在使用共享资源的线程。
2）准备获取钥匙的顾客对应位于就绪队列中的线程。
3）排队等待的顾客对应位于等待队列中的线程。

Monitor 类封装了类似监视共享资源的功能。由于 Monitor 类是一个静态类，所以不能使用它创建类的对象，它的所有方法都是静态的。Monitor 类通过使用 Enter()方法向单个线程授予锁定对象的"钥匙"来阻止其他线程对资源的访问，该"钥匙"提供限制访问代码块（通常称为"临界区"，由 Monitor 类的 Enter()方法标记临界区的开头，Exit()方法标记临界区的结尾）的功能。当一个线程拥有对象的"钥匙"时，其他线程都不可能再获得该"钥匙"。

Monitor 类的常用方法如表 12-4 所示。

表 12-4 Monitor 类的主要方法

方 法 名	说　　明
Enter()	在指定对象上获取排他锁
TryEnter()	试图获取指定对象的排他锁
Exit()	释放指定对象上的排他锁
Wait()	释放对象上的锁并阻塞当前线程，直到它重新获取该锁
Pulse()	通知等待队列中的线程锁定对象状态的更改
PulseAll()	通知所有的等待线程对象状态的更改

例如，线程 A 获得了一个对象锁，这个对象锁是可以释放的（调用 Monitor.Exit()方法或 Monitor.Wait()方法）。当这个对象锁被释放后，Monitor.Pulse()方法和 Monitor.PulseAll()方法会通知就绪队列的下一个线程或其他所有就绪队列的线程，它们将有机会获取排他锁。

线程 A 释放了锁而线程 B 获得了锁，同时调用 Monitor.Wait()的线程 A 进入等待队列。当从当前锁定对象的线程（线程 B）收到了 Pulse()或 PulseAll()，等待队列的线程就进入就绪队列。线程 A 重新得到对象锁时，Monitor.Wait()才返回。如果拥有锁的线程（线程 B）不调用 Pulse()或 PulseAll()方法，可能被不确定地锁定。对每一个同步的对象，需要有当前拥有锁的线程的指针，以及就绪队列和等待队列（包含需要被通知锁定对象的状态变化的线程）的指针。

当两个线程同时调用 Monitor.Enter()时，无论这两个线程调用 Monitor.Enter()是多么接近，实际上肯定有一个在前，一个在后。因此，永远只会有一个获得对象锁。既然 Monitor.Enter()是原始操作，那么 CPU 是不可能偏好一个线程而不喜欢另外一个线程的。为了获取更好的性能，应该延迟后一个线程的获取锁调用和立即释放前一个线程的对象锁。对于 private 和 internal 的对象，加锁是可行的，但是对于 external 对象有可能导致锁死，因为不相关的代码可能因为不同的目的而对同一个对象加锁。

如果要对一段代码加锁，最好是在 try 语句里面加入设置锁的语句，而将 Monitor.Exit()放在 finally 语句里面。对于整个代码段的加锁，可以使用 MethodImplAttribute 类（在 System.Runtime.CompilerServices 命名空间中）在其构造器中设置同步值。这是一种可以替代的方法，当加锁的方法返回时，锁也就被释放了。如果需要很快释放锁，可以使用 Monitor 类和 C#中的 lock 关键字代替上述的方法。

12.3.4 Mutex（互斥体）

Mutex 类是通过只向一个线程授予独占访问权的方式实现共享资源管理的。如果一个线程获取了互斥体，则其他希望获取该互斥体的线程将被挂起，直到第一个线程释放该互斥体。Mutex 就代表了互斥体，该类继承于 WaitHandle 类，它代表了所有同步对象。Mutex 类通过 WaitOne()方法请求互斥体的所有权，通过 ReleaseMutex()方法释放互斥体的所有权。

一个线程可以多次调用 Wait()方法来请求同一个 Mutex，但是在释放 Mutex 时必须调用同样次数的 Mutex.ReleaseMutex()。如果没有线程占有 Mutex，那么 Mutex 的状态就变为 Signaled，否则为 nosignaled。一旦 Mutex 的状态变为 Signaled，等待队列的下一个线程将会得到 Mutex。Mutex 类对应于 win32 的 CreateMutex，创建 Mutex 对象的方法非常简单，常用的有以下几种：一个线程可以通过调用 WaitHandle.WaitOne()方法、WaitHandle.WaitAny()方法或 WaitHandle.WaitAll()方法得到 Mutex 的拥有权。如果 Mutex 不属于任何线程，则上述调用将使得线程拥有 Mutex，WaitOne()会立即返回。如果有其他的线程拥有 Mutex，WaitOne()将陷入无限期的等待直到获取 Mutex。可以在 WaitOne()方法中指定参数（等待的时间）以避免无限期的等待。一旦 Mutex 被创建，就可以通过 GetHandle()方法获得 Mutex 的句柄传递给 WaitHandle.WaitAny()或 WaitHandle.WaitAll()方法使用。

12.4 使用 backgroundWorker 组件

backgroundWorker 是.NET Framework 中用来执行多线程任务的组件，它允许开发人员在一个单独的线程上执行一些操作。例如，在执行一些非常耗时的操作时（如从 Excel 工作簿向数据库中导入上千条记录时），可能会导致用户界面（UI）处于"假死"状态。通常在执行类似操作时，程序会显示一个进度条表明当前任务执行的进度，以改善用户体验。使用 backgroundWorker 组件就可以方便地解决这一问题。

12.4.1 backgroundWorker 组件的常用属性、事件和方法

backgroundWorker 组件是.NET Framework 2.0 以上版本中包含的一个新组件，通常用来处理应用程序中的多线程问题。组件的常用属性及说明如表 12-5 所示。

表 12-5 backgroundWorker 组件的常用属性

属 性 名	说 明
CancellationPending	指示应用程序是否已请求取消后台操作。只读属性，默认为 false，当执行了 CancelAsync()方法后，值为 true
WorkerSupportsCancellation	指示是否支持异步取消。要执行 CancelAsync 方法，需要先设置该属性为 true
WorkerReportsProgress	指示是否能报告进度。要执行 ReportProgress 方法，需要先设置该属性为 true

backgroundWorker 组件的常用方法如表 12-6 所示。

表 12-6 backgroundWorker 组件的常用方法

方 法 名	说 明
RunWorkerAsync()	开始执行后台操作。该方法被调用后将引发 DoWork 事件
CancelAsync()	请求取消挂起的后台操作。需要注意的是，该方法只是将 CancellationPending 属性设置为 true，并不会终止后台操作。在后台操作中要通过检查 CancellationPending 属性值，来决定是否继续执行耗时的后台操作
ReportProgress()	引发 ProgressChanged 事件

backgroundWorker 组件的常用事件如表 12-7 所示。

表 12-7 backgroundWorker 组件的常用事件

事 件 名	说 明
DoWork	调用 RunWorkerAsync()方法时发生
RunWorkerCompleted	后台操作已完成、被取消或引发异常时发生
ProgressChanged	调用 ReportProgress()方法时发生

12.4.2 使用 backgroundWorker 组件时应注意的问题

使用 backgroundWorker 组件时应注意以下几点。

1）在 DoWork 事件处理程序中不操作任何用户界面对象。而应该通过 ProgressChanged

和 RunWorkerCompleted 事件与用户界面进行通信。

2）如果想在 DoWork 事件处理程序中和用户界面的控件通信，可调用 ReportProgress()方法 ReportProgress(int percentProgress, object userState)，可以传递一个对象。ProgressChanged 事件可以从参数 ProgressChangedEventArgs 类的 UserState 属性得到这个信息对象。

3）简单的程序用 backgroundWorker 组件要比 Thread 方便，Thread 中和用户界面上的控件通信比较麻烦，需要用委托来调用控件的 Invoke()或 BeginInvoke()方法，不如使用 backgroundWorker 组件方便。

【演练 12-2】 使用 backgroundWorker 组件实现多线程示例。设计一个 Windows 窗体应用程序，程序启动后显示如图 12-3 所示的界面。单击"开始"按钮后，后台操作（产生一个连续的整数）启动，同时进度条显示当前操作执行的进度值（当前产生的整数值）。如图 12-4 所示，若执行过程中用户单击了"取消"按钮，则中断后台操作并弹出提示信息框。本例中应用程序需要同时维护后台操作和显示进度条两个线程。

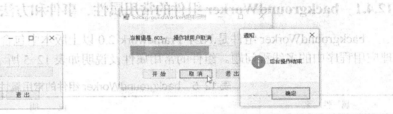

图 12-3　启动时的界面　　　　　　　　图 12-4　用户中断后台操作

程序设计步骤如下。

（1）设计程序界面

新建一个 Windows 窗体应用程序，向窗体中添加 1 个标签控件 label1、1 个进度条控件 progressBar1、3 个按钮控件 button1~button3 和 1 个后台工作器控件 backgroundWorker1（该控件在程序运行时不显示，故添加后出现在窗体设计器的最下方）。适当调整各控件的大小和位置。

（2）设置控件属性

设置 label1 的 Name 属性为 lblMsg；设置 progressBar1 控件的 Maximum 属性为 1000；设置 3 个按钮控件的 Name 属性分别为 btnStart、btnCancel 和 btnQuit，Text 属性分别为"开始""取消"和"退出"。设置 backgroundWorker1 的 WorkerSupportsCancellation 属性和 WorkerReportsProgress 属性为 true，使后台操作支持取消并能向主线程报告进度。

（3）编写程序代码

backgroundWorker 控件的 DoWork 事件处理程序代码如下。

```
private void backgroundWorker1_DoWork(object sender, DoWorkEventArgs e)
{
    work(backgroundWorker1);
}
```

backgroundWorker 控件的 ProgrssChanged 事件处理程序代码如下。

```
private void backgroundWorker1_ProgressChanged(object sender, ProgressChangedEventArgs e)
{
    progressBar1.Value = e.ProgressPercentage;
    lblMsg.Text = e.UserState.ToString();
```

```csharp
            lblMsg.Update();
        }
```

backgroundWorker 控件的 RunWorkerCompleted 事件处理程序代码如下。

```csharp
        private void backgroundWorker1_RunWorkerCompleted(object sender,
                                                    RunWorkerCompletedEventArgs e)
        {
            //后台操作完成后（无论是正常结束还是用户取消）弹出信息框
            MessageBox.Show("后台操作结束", "通知",
                                    MessageBoxButtons.OK,MessageBoxIcon.Information);
        }
```

用于模拟后台数据处理的 work()方法代码如下。

```csharp
        private bool work(BackgroundWorker bk) //在实际应用中，后台操作的代码要放在这里
        {
            int tatle = progressBar1.Maximum;          //使循环次数与进度条的最大值相等
            for (int i = 1; i <= tatle; i++)
            {
                if (bk.CancellationPending)            //若监听到用户要求取消后台操作
                {
                    //向主线程报告当前进度，并显示取消信息
                    bk.ReportProgress(i, String.Format("当前值是  {0},     操作被用户取消", i));
                    return false;
                }
                //正常运行时向主线程报告当前进度。实际应用时可换算成进度的百分比显示
                bk.ReportProgress(i, String.Format("当前值是: {0} ", i));
                Thread.Sleep(1);     //暂停 1 毫秒，使进度条推进慢一些，也为了避免主界面失去响应
            }
            return true;
        }
```

窗体装入时执行的事件处理程序代码如下。

```csharp
        private void Form1_Load(object sender, EventArgs e)
        {
            this.Text = "backgroundWorker 组件示例";
            lblMsg.Text = "当前值是：";
        }
```

"开始"按钮被单击时执行的事件处理程序代码如下。

```csharp
        private void btnStart_Click(object sender, EventArgs e)
        {
            backgroundWorker1.RunWorkerAsync();           //后台工作开始
        }
```

"取消"按钮被单击时执行的事件处理程序代码如下。

```csharp
        private void btnCancel_Click(object sender, EventArgs e)
        {
            backgroundWorker1.CancelAsync();//用户要求取消时，可以这样处理一下。但有时运行结果不准确
        }
```

"退出"按钮被单击时执行的事件处理程序代码如下。

```csharp
        private void btnQuit_Click(object sender, EventArgs e)
```

```
            this.Close();
        }
```

12.5 实训　使用 Thread 类实现多线程

12.5.1 实训目的

通过本实训进一步理解 Thread 类及其常用属性和方法。掌握使用 Thread 类实现多线程的编程技巧。

12.5.2 实训要求

设计一个 Windows 窗体应用程序，程序启动后显示如图 12-5 所示的界面，单击"开始"按钮，打开如图 12-6 所示的子窗口，其中显示有表示当前后台操作进度的进度条和后台数据处理（向文本框中添加连续的数字）的情况。后台操作完成后子窗口自动关闭，并弹出提示信息框。

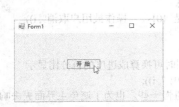
图 12-5　程序主界面

图 12-6　子窗口

12.5.3 实训步骤

1. 设计程序主界面

新建一个 Windows 窗体应用程序，向默认窗体中添加一个按钮控件 button1，设置其 Text 属性为"开始"。

2. 编写主界面中的代码

在命名空间引用区添加对 Thread 类的引用，代码如下。

```
using System.Threading;
```

在窗体类（class Form1）中添加如下代码。

```
private frmWait fwait = null;                              //弹出的子窗体（用于显示进度条）
private delegate bool IncreaseHandle(int nValue, string vinfo);   //创建委托
private IncreaseHandle myIncrease = null;                  //用于后面的实例化委托
private int vMax = 100;                                    //用于实例化进度条，可以根据自己的需要更改
```

"开始"按钮被单击时执行的事件处理程序代码如下。

```
private void button1_Click(object sender, EventArgs e)
{
    //使用构造函数创建 Thread 类对象，ThreadStart 委托指向 ThreadFun()方法
    Thread thdSub = new Thread(new ThreadStart(ThreadFun));
```

```
            thdSub.Start();          //启动线程
        }
```
ThreadFun()方法的代码如下。
```
        private void ThreadFun()    //该方法用于向子窗口传递进度数据和显示当前数据处理情况
        {
            MethodInvoker mi = new MethodInvoker(ShowProcessBar);
            this.BeginInvoke(mi);
            Thread.Sleep(100);
            object objReturn = null;
            for (int i = 1; i <= vMax; i++)
            {
                objReturn = this.Invoke(this.myIncrease, new object[] { 1, i.ToString() + "\r\n" });
                Thread.Sleep(50);
            }
        }
```
用于显示子窗口的 ShowProcesBar()方法的代码如下。
```
        private void ShowProcessBar()
        {
            fwait = new frmWait(vMax);          //声明一个子窗口对象,并传递最大值数据
            myIncrease = new IncreaseHandle(fwait.Increase);
            fwait.ShowDialog();                 //以对话框方式显示子窗口
            fwait = null;                       //线程结束后销毁子窗口对象
            MessageBox.Show("操作完成");         //弹出提示信息框
        }
```

3. 设计程序子窗口界面

向项目中添加 Windows 窗体,并将其命名为 frmWait。向该窗体中添加一个进度条控件 progressBar1 和一个文本框控件 textBox1。设置 textBox1 的 Multiline 属性为 True。适当调整各控件的大小及位置。

4. 编写子窗口程序代码

修改子窗口的初始化方法代码如下。
```
        public frmWait(int vMax)    //窗体初始化时接收主窗体传递过来的最大值参数
        {
            InitializeComponent();
            progressBar1.Maximum = vMax;    //设置进度条的最大值
        }
```
用于执行后台操作的 Increase()方法的代码如下。
```
        public bool Increase(int nValue, string nInfo)
        {
            if (nValue > 0)
            {
                //如果进度条当前值加上增量后仍小于预设的最大值
                if (progressBar1.Value + nValue < progressBar1.Maximum)
                {
                    progressBar1.Value += nValue;   //变更进度条的当前值
                    textBox1.AppendText(nInfo);     //将接收到的数据显示到文本框中
                    return true;
```

```
            }
            else
            {
                progressBar1.Value = progressBar1.Maximum;    //使进度条当前值等于预设的最大值
                textBox1.AppendText(nInfo);
            }
            this.Close();          //后台操作完成后，自动关闭子窗口
            return false;
        }
```

思考：若要求使用 backgroundWorker 组件实现与本实训相同的功能，应如何编写相关主窗口和子窗口的代码？